能源战略与政策

Energy Strategy and Policy

崔树银 ◎ 主　编

汪昕杰　谈淑娟　崔　璨 ◎ 副主编

清華大學出版社

北　京

内 容 简 介

本书以能源战略为主线,从能源战略分析、能源战略选择和能源战略实施三个环节分析能源战略管理过程。能源战略分析的主要内容包括能源系统和能源形势分析;能源战略选择的主要内容包括节能战略、可再生能源战略、区域能源协调发展战略、能源科技创新战略;能源政策是实施能源战略的重要保障,能源战略实施的主要内容包括发达国家的能源政策、我国的能源政策和能源战略实施效果。

本书注重前沿性和实用性,聚焦国内外能源领域的发展现状和最新研究进展,提供了大量的能源战略与政策相关拓展阅读材料和形式多样的习题,以便读者理解和巩固所学知识,帮助读者学以致用。

本书既可作为能源经济与管理类专业的本科生教材,又可供政府、企业和学术界的能源专业人士,以及对能源战略与政策感兴趣的读者学习和参考之用。

图书在版编目(CIP)数据

能源战略与政策 / 崔树银主编 . —北京:清华大学出版社,2024.4

21 世纪工程管理新形态教材

ISBN 978-7-302-66095-8

Ⅰ.①能…　Ⅱ.①崔…　Ⅲ.①能源战略—高等学校—教材②能源政策—高等学校—教材　Ⅳ.① TK018

中国国家版本馆 CIP 数据核字 (2024) 第 072565 号

责任编辑:吴　雷
封面设计:汉风唐韵
责任校对:宋玉莲
责任印制:丛怀宇

出版发行:清华大学出版社
　　　　　网　　　址:https://www.tup.com.cn,https://www.wqxuetang.com
　　　　　地　　　址:北京清华大学学研大厦 A 座　　　　　邮　　编:100084
　　　　　社 总 机:010-83470000　　　　　邮　　购:010-62786544
　　　　　投稿与读者服务:010-62776969,c-service@tup.tsinghua.edu.cn
　　　　　质 量 反 馈:010-62772015,zhiliang@tup.tsinghua.edu.cn
印 装 者:北京同文印刷有限责任公司
经　　销:全国新华书店
开　　本:185mm×260mm　　　印　　张:16.5　　　字　　数:378 千字
版　　次:2024 年 5 月第 1 版　　　印　　次:2024 年 5 月第 1 次印刷
定　　价:59.00 元

产品编号:095740-01

全球能源形势正发生复杂而深刻的变化，能源低碳转型正在推动全球能源格局重塑。在此背景下，大力发展可再生能源，加快化石能源的清洁替代，已成为众多国家的战略选择。目前，我国已经成为世界上最大的能源生产国，同时也是最大的能源消费国。加快构建清洁低碳、安全高效的能源体系，确保国家能源安全和能源可持续发展，是我国能源战略与政策所要解决的重要问题。党的二十大提出，要积极稳妥推进碳达峰、碳中和，深入推进能源革命，加快规划建设新型能源体系，确保能源安全。新型能源体系的规划建设，将有助于推进"双碳"目标和"美丽中国"目标的实现。

本书围绕能源战略管理过程展开，能源战略分析是能源战略管理的基础，能源战略选择是制定能源战略规划的过程，能源战略实施则是实现能源战略规划的过程。本书共分为四篇十章。第一篇绪论包括第一章；第二篇能源战略分析包括第二章和第三章；第三篇能源战略选择包括第四章～第七章；第四篇能源战略实施包括第八章～第十章。

第一章，能源战略与政策概论。本章主要介绍能源战略和能源政策的概念及二者之间的关系，并就能源战略管理的主要内容进行分析。

第二章，能源系统分析。能源系统属于社会—经济—环境系统的一部分，研究和制定一个国家或地区的能源战略和政策离不开对能源系统的分析。本章的主要内容包括能源需求分析、能源供给分析、能源系统评价。

第三章，能源形势分析。能源战略的制定不仅需要分析我国的能源形势，而且需要分析全球的能源形势。本章根据权威机构发布的数据，对全球及我国能源生产和供给情况、一次能源的消费量、能源消费结构及未来能源发展趋势等进行分析。

第四章，节能战略。我国实施节约与开发并举、把节约放在首位的能源发展战略。本章主要介绍美国、欧盟、德国和日本等发达国家和地区的节能战略，重点介绍我国节能中长期专项规划、节能减排综合性工作方案、2030 年前碳达峰行动方案等不同时期的节能战略。

第五章，可再生能源战略。大力发展可再生能源已成为全球能源转型和应对气候变化的重大战略方向。本章介绍美国、欧盟、德国和日本等发达国家和地区的可再生能源战略，重点介绍我国不同时期的可再生能源战略，主要包括可再生能源中长期发展规划、可再生能源发展"十一五""十二五""十三五""十四五"规划。

第六章，区域能源协调发展战略。区域能源协调发展有助于提升我国能源供给保障水平。长期以来，我国形成了"西电东送、北煤南运、西气东输"的能源流向格局，因此，需要对能源生产布局和输送格局作出统筹安排，着力推动区域能源协调发展。本章的主要内容包括我国的能源生产基地建设规划、能源运输通道建设规划及跨地区能源协作规划。

第七章，能源科技创新战略。科技决定能源未来，科技创造未来能源。加强对能源科技发展的顶层设计、系统谋划，有助于构建清洁低碳、安全高效的能源体系。本章基于能源科技发展形势和能源科技创新成果，分析主要发达国家的能源科技创新战略和我国的能源技术创新规划。

第八章，发达国家的能源政策。能源政策是实施能源战略的重要保障，美国、欧盟、德国和日本等发达国家和地区制定了一系列能源政策，并将部分能源政策通过立法的方式加以推动。本章在简要介绍这些发达国家和地区能源政策的基础上，主要分析这些国家和地区的节能政策和可再生能源政策。

第九章，我国的能源政策。为适应经济社会发展、能源转型等形势的发展变化，我国不断调整和完善能源政策，已较好地解决了不同时期能源发展所面临的问题。本章在简要介绍我国能源政策的基础上，重点分析我国的节能政策和可再生能源政策。

第十章，能源战略实施效果。本章根据权威机构发布的数据，分析美国、欧盟、德国、法国和日本等发达国家和地区能源战略实施的效果，重点分析"十一五""十二五"和"十三五"时期，我国在节能减排和可再生能源发展方面所取得的成就。

总之，本书以能源战略为主线，从能源战略分析、能源战略选择和能源战略实施三个环节分析能源战略管理过程。本书既可以作为能源经济与管理类专业的本科生教材，也可以供政府、企业和学术界的能源专业人士，以及对能源战略与政策感兴趣的读者学习和参考。

本书由崔树银负责组织编写教材大纲、统稿和定稿，参与本书编写的有国网上海市电力公司的汪昕杰和崔璨，上海电力大学研究生谈淑娟等。在本书写作的过程中，参考了大量资料，作者已尽可能地在书后的参考文献中详细列出，在此，对本书所引用的参考文献的作者们表示诚挚的感谢！本书得到上海电力大学的出版资助，在此表示感谢！感谢所有为本书的编写和出版提供支持和帮助的人！

由于作者的水平有限，书中难免存在缺陷和不足，欢迎广大同行和读者批评指正。

编者

2023 年 10 月

目录
CONTENTS

第一篇 绪 论

　　本篇主要介绍：能源战略与能源政策及其相关的重要概念；能源战略与能源政策的关系；能源战略管理的主要内容及能源战略分析、能源战略选择、能源战略实施所包含的内容等。目的是让读者对能源战略和能源政策有一个总体和概括性的认识，为学习后续各篇章内容打下基础。

第一章　能源战略与政策概论

第一节　能源战略概述

　　能源问题是影响一个国家经济社会发展的全局性、战略性问题，必须系统谋划和长远考虑。能源战略是筹划和指导能源可持续发展、保障能源安全的总体方略，是制定能源规划和能源政策的基本依据。坚持节能优先，提高能源利用效率，大力发展可再生能源，提高能源科技自主创新能力是加快能源绿色低碳转型、实现经济社会可持续发展的重要途径。

一、能源的概念与分类

（一）能源的概念

　　"能"是物质做功的能力，"能量"指"能"的数量，其单位是焦耳（J）。能量是考察物质运动状况的物理量，是物质运动的度量，如物体运动的机械能、分子运动的热能、电子运动的电能、原子振动的电磁辐射能、物质结构改变而释放的化学能、粒子相互作用而释放的核能等。

　　能量的来源即能源，自然界中能够提供能量的自然资源及由它们加工或转化而得到的产品都统称为能源。也就是说，能源就是能够向人类提供某种形式能量的自然资源，包括所有的燃料、流水、阳光、地热、风等，它们均可通过适当的转换手段使其为人类生产和生活提供所需的能量。例如，煤和石油等化石能源燃烧时提供热能，流水和风力可以提供机械能，太阳的辐射可转化为热能或电能等。

自然资源指在一定时期和地点，在一定条件下具有开发价值、能够满足或提高人类当前和未来生存和生活状况的自然因素和条件，包括气候资源、水资源、矿物资源、生物资源和能源等。能源指产生热能、机械能、电能、核能和化学能等能量的资源，主要包括煤炭、石油、天然气（含页岩气、煤层气、生物天然气等）、核能、氢能、风能、太阳能、水能、生物质能、地热能、海洋能、电力和热力及其他直接或者通过加工、转换而取得有用能的各种资源。根据《中华人民共和国节约能源法》，能源指煤炭、石油、天然气、生物质能和电力、热力及其他直接或者通过加工、转换而取得有用能的各种资源。

（二）能源的分类

在能源的获取、开发和利用的过程中，为了表达的需要，可以根据其生成条件、使用性能、利用状况等进行分类，能源的分类方式多种多样。能源的种类如表 1-1 所示。

表 1-1　能源的种类

类　　别		常 规 能 源	新 能 源
一次能源	可再生能源	水能	太阳能、风能、生物质能、地热、潮汐能等
	不可再生能源	煤炭、石油、天然气	核能
二次能源		焦炭、电力、氢气、沼气、乙醇、汽油、柴油、煤油、重油等	

资料来源：《世界经济百科全书》

1. 按能源的产生方式分类

按能源的产生方式，可以把能源分为一次能源（primary energy）与二次能源（secondary energy）。一次能源又称自然能源，是指从自然界取得的、未经改变或转变而直接利用的能源，如风能、太阳能等可再生资源和化石燃料等不可再生资源。自然界中一次能源的初始来源又可分为三类：第一类能源是来自地球以外天体（主要是太阳）的能量。例如，能以光和热的形式直接利用的太阳能。第二类能源是来自地球内部的能源，主要是核能和地热能，还包括地震、火山喷发和温泉等自然呈现的能量。第三类能源是地球与其他天体相互作用产生的能量。例如，受太阳、月亮的引力作用而形成的潮汐能。

对于一次能源来说，各种燃料的热值是不同的，在统计能源的生产和消费，特别是在计算能耗指标时，常定义一种假想的标准燃料，即标准煤。标准煤的热值为 2.9×10^4 kJ/kg，各种燃料均可按平均发热量折算成标准煤。

为了满足生产和生活的需要，有些能源通常需要经过加工进行直接或间接的转换才能使用。二次能源指由一次能源经过加工转换以后得到的能源，如电能、煤气、沼气、液化石油气、酒精、氢能和焦炭等，其中电能是最重要的二次能源。

2. 按开发技术成熟度分类

按开发技术成熟度，可把能源分为常规能源（conventional energy）与新能源（new energy）。常规能源是在当前的技术水平和利用条件下，已被人们广泛应用了较长时间的能源，这类能源使用较普遍，技术比较成熟，现阶段主要有煤炭、石油、天然气、水能、核（裂变）能等。它们的工业化程度非常高，在总耗能量中占据绝对优势和份额。

新能源是由于技术、经济或能源品质等因素的限制而未能大规模使用的能源，有的甚至还处于研发或试用阶段，如太阳能、风能、海洋能、地热能、生物质能和氢能等。

常规能源与新能源的分类是相对的，在不同历史时期会有变化，这取决于应用历史和使用规模。例如，在 20 世纪 50 年代，核（裂变）能属于新能源，现在有些国家已把它归为常规能源。有些能源虽然应用的历史很长，但正经历着利用方式的变革，而那些较有发展前途的能源新型应用方式尚不成熟或规模尚小，也被归为新能源，如太阳能、风能。在我国，新能源指除常规化石能源和大中型水力发电、核裂变发电之外的一次能源，包括生物质能、太阳能、风能、地热能及海洋能。

3. 按可否再生分类

按可否再生，能源分为非再生能源（non-renewable energy）和可再生能源（renewable energy）。非再生能源又称不可再生能源，是指用完后不可重新生成的能源，如化石类能源和核能等。化石类能源是指由远古动植物的化石演变而成的能源，主要包括煤炭、石油和天然气等。不可再生能源随着大规模的开采，储量将越来越少，总有枯竭之时。

可再生能源是指自然界中可以循环再生、反复持续利用的一次能源，主要包括水能、风能、太阳能、生物质能、地热能和海洋能等。可再生能源可以循环使用，能够有规律地不断得到补充、没有使用期限，也不会因长期使用而减少。

4. 按对环境影响程度分类

按对环境影响程度，能源分为清洁能源（clean energy）和非清洁能源（non-clean energy）。清洁能源是指开发利用、使用过程中环境污染物和二氧化碳等温室气体零排放或者低排放的能源，有时也叫绿色能源，如太阳能、风能、海洋能、垃圾发电和沼气等。非清洁能源指可能对环境造成较大污染的能源，如煤炭等化石燃料。需要指出的是，清洁能源与非清洁能源的划分也是相对的。

（三）能源计量

能源计量是指在能源生产、存储、转化、利用、管理和研究中，实现单位统一、量值准确可靠的活动。能源计量是能源统计的技术基础，没有能源计量就没有能源统计。

能源计量单位指表示能源的量和单位时间内能源量的计量单位。能量的国际计量单位是焦耳（J），1 J 能量相等于 1 N 的力在作用点的方向上移动 1 m 距离所做的功。

由于各种燃料燃烧时释放能量存在差异，国际上为了使用的方便，统一标准，在进行能源数量、质量的比较时，将煤炭、石油、天然气等都按一定的比例统一换算成标准煤（standard coal）来表示。我国采用标准煤为能源的度量单位，标准煤指 7 000 kcal/kg 的煤炭。

能源折标准煤的折算系数 = 某种能源每千克实际热值（kcal/kg）/ 每千克标准煤热值（7 000 kcal）。

在各种能源折算标准煤之前，首先应测算各种能源的实际平均热值，再折算标准煤。平均热值也称平均发热量，指不同种类或品种的能源实测发热量的加权平均值。计算公式为平均热值（kcal/kg）= $\sum$［某种能源实测低位发热量（kcal/kg）× 该能源数量（t）/ 能源总量（t）］。

二、战略的概念及分类

（一）战略的概念

战略（strategy）一词最早是军事方面的概念。在西方，"strategy"一词源于希腊语"strategos"，意为军事将领、地方行政长官。后来它演变成军事术语，指军事将领指挥军队作战的谋略。在我国，战略一词历史久远，"战"指"战争"，"略"指"谋略"。春秋时期孙武所著的《孙子兵法》被认为是我国最早对战略进行全局筹划的著作。

美国哈佛商学院教授肯尼斯·安德鲁斯（Kenneth Andrews）与伊戈尔·安索夫（Igor Ansoff）及艾尔弗雷德·D. 钱德勒（Alfred D. Chandler）提出了商业战略（business strategy）的概念。

安德鲁斯认为，战略是目标、意图、目的，是企业为实现目标而制定主要政策和计划的模式。该模式定义了公司正在从事和应该从事的业务范围。该模式还定义了公司所处的业务类型，以及公司应处于的业务类型。从本质上讲，安德鲁斯的战略定义是要通过一种模式，把企业的目的、方针、政策和经营活动有机地结合起来，使企业形成自己的特殊战略属性和竞争优势，将不确定的环境具体化，以便较容易地着手解决这些问题。

战略管理的鼻祖安索夫认为，战略是贯穿企业业务、产品和市场的一条"共同经营主线"，决定着企业目前所从事的，或者计划要从事的业务的基本性质。

加拿大麦吉尔大学教授亨利·明茨伯格（Henry Mintzberg）借鉴市场营销学中的四要素（4P's），提出了战略的5P's。战略是一种计划（plan），强调企业管理人员要有意识地进行领导，凡事谋划在先，行事在后；战略是一种计策（ploy），强调战略是为威胁或击败对手而采取的一种手段，重在达成预期竞争目的；战略是一种模式（pattern），强调无论企业是否事先制定了战略，只要有具体的经营行为，就有事实上的战略；战略是一种定位（position），强调企业应适应外部环境，创造更好的条件进行经营上的竞争和合作；战略是一种观念（perspective），强调战略过程的集体意识，要求企业成员共享战略观念，形成一致的行动。

（二）战略的分类

战略分类是一种根据目的和目标对不同战略进行分类的方法。常见的类别包括经济战略、环境战略、社会战略和企业战略。以企业战略为例，如果按照管理层次划分，企业战略可以分为总体战略、业务单位战略和职能战略三个层次。

总体战略又称公司层战略（corporate strategy），公司层战略主要强调公司应该在哪些经营领域进行生产经营活动。一般来说，总体战略管理主要关注两个问题：其一，公司应该做些什么。涉及如何确定公司的性质和宗旨，选择公司的活动范围和重点。显然，这是公司生存和发展的根本问题；其二，公司怎样去发展这些业务。主要的关注点在于在公司不同的业务单位之间如何分配资源，以及采取何种成长方向等。公司层战略又可以分为增长战略、稳定增长战略和防御战略，其中增长战略又可以细分为集中生产单一产品或服务的战略、一体化战略和多元化战略。

业务单位战略（business or competitive strategy）是在总体战略的指导下，一个业务单位进行竞争的战略，也称竞争战略。"业务单位"被赋予一定的战略决策权力，可以根据外部市场的状况对产品和市场进行战略规划并进行战略决策。竞争战略的目标是取得竞争优势。迈克尔·波特（Michael Porter）定义了三类适合多种商业环境的基本竞争战略，即成本领先战略、差异化战略和集中化战略。

职能战略（operational strategy）又称职能层战略，指企业中的各职能部门制定的指导职能活动的战略，描述了在执行总体战略和业务单位战略的过程中，企业中的每一个职能部门所采用的方法和手段。主要涉及企业内各职能部门，如营销、财务、生产、研发、采购、人力资源等，其主要职责是如何更好地配置企业内部资源，为各级战略服务并提高组织效率。

三、能源战略的概念与特点

（一）能源战略的概念

能源战略（energy strategy）指一个国家或国际组织依据能源外部环境和自身资源，围绕能源生产、供应、消费所制定的一系列的方针和策略。一般来说，能源战略是在国家整体战略范围内确定的未来长期的全局性、基本性的能源目标策略，是为应对不同时期的能源安全挑战、保障其经济社会发展所需要的能源供应而制定的战略性规划。

能源战略是国家战略的重要组成部分，是对能源发展全局性的筹划和指导。能源战略一般包括能源发展的指导思想、依据、目的和目标、重点和步骤、政策和措施，具有长期性、根本性和综合性的特点。

《中华人民共和国能源法（征求意见稿）》规定了国家能源战略的地位、制定的依据和内容。国家能源战略是指导能源可持续发展、保障能源安全的总体方略，是制定能源规划、政策的基本依据。国家能源战略根据基本国情、国防安全、经济和社会发展需要、环境保护需要及国内外能源发展趋势等制定。国家能源战略应当规定国家能源发展的战略思想、战略目标、战略布局和战略重点等内容。

国家能源战略目标是国家未来能源发展所要达到的预期结果，是制定和实施国家能源战略的出发点和归宿点，是国家能源战略愿景或战略企图的最集中体现，也是国家制定具体的能源政策或措施的基本依据。

国家能源战略重点是能源战略目标的具体化，是体现国家能源总体战略意图的具体战略目标，也是为了实现国家能源战略目标而必须解决的主要矛盾。

（二）能源战略的特点

（1）长期性。能源战略的制定需要立足于当前，着眼于未来。它需要考虑未来的能源需求、能源供应、能源技术和能源政策等方面的长期趋势和变化。对于国家能源战略来说，绝对不是仅仅为了解决能源发展的现实问题，而是为了解决未来能源发展的关键问题，这就决定了国家能源战略具有长期性的特征。如果一个国家对能源战略目标朝令夕改，那么这个国家其实就没有真正意义上的国家能源战略。

（2）全局性。"不谋全局者，不足以谋一域"。能源战略是对能源发展的总体谋划，具有全局性的特征。国家能源战略制定必须进行前瞻性思考、全局性谋划，抓住能源发展的根本性矛盾和全局性问题，综合考虑国家或地区的经济、社会、环境等多方面的因素，制定出符合整体利益的能源战略。

（3）综合性。能源战略的系统性指能源战略制定者需要有系统性思维，要着眼于整个能源系统。国家能源战略制定要统筹稳增长和调结构，处理好发展和减排、整体和局部、长远目标和短期目标、政府和市场的关系。能源战略需要综合考虑各种能源资源的开发利用，包括煤炭、石油、天然气、核能、水能、风能、太阳能等，同时也需要考虑能源的进出口、能源的运输、能源的消费等各个方面。

四、能源规划的分类

能源规划的意义在于合理地配置能源资源，优化能源产业结构，促进能源资源的节约和高效利用，保障能源安全和可持续发展。能源规划的内容和重点往往需要根据能源战略的要求进行调整和修改，同时也要符合能源战略的整体方向和目标。能源规划的具体内容包括：能源资源开发利用现状分析；能源需求预测；能源产业结构调整与优化；能源生产与供应能力建设；能源技术研发与推广；能源基础设施建设；能源环境保护与可持续发展等。

按编制的层次，能源规划可分为国家能源规划、地区能源规划、部门能源规划和企业能源规划等。根据《中华人民共和国能源法（征求意见稿）》，我国的能源规划包括综合能源规划、分领域能源规划和区域能源规划等。分领域能源规划和区域能源规划应当服从综合能源规划，区域能源规划与分领域能源规划应当相互协调。

全国综合能源规划应当依据国民经济和社会发展规划及国家能源战略编制，并与有关规划相衔接。全国综合能源规划由国务院能源主管部门组织编制，经国务院发展改革部门审核后报国务院批准实施。全国分领域能源规划由国务院能源主管部门会同国务院发展改革部门，依据全国综合能源规划组织编制和实施。

国务院能源主管部门组织有关省级人民政府的有关部门，根据区域经济社会发展需要，以及能源资源禀赋情况、能源生产消费特点，编制相应的区域能源规划。区域能源规划应当符合全国综合能源规划，并与全国分领域能源规划相衔接。

国家级层面上，我国能源发展主体思路框架主要由国民经济和社会发展五年规划中的能源部分、能源中长期规划及细分领域中长期规划、能源五年专项规划及细分品种的五年专项规划等构成。

国民经济和社会发展五年规划中的能源部分，主要阐明国家能源战略方向，包括五年间的能源发展总目标及重大建设项目等，为能源专项规划的制定提供重要遵循。

能源中长期规划主要基于未来的经济运行需要，确立较长阶段的能源发展目标，为能源的可持续发展指明方向。能源中长期规划一般规划较为长期的能源发展方向，可再生能源、核能等中长期专项规划是细分领域更为长期的发展战略，设定行业健康发展的远景目标。

我国能源中长期规划中，《能源中长期发展规划纲要（2004—2020年）》《能源发展战略行动计划（2014—2020年）》《核电中长期发展规划（2005—2020年）》《可再生能源中长期发展规划》均是面向2020年的中长期规划。《能源生产和消费革命战略（2016—2030）》《能源技术革命创新行动计划（2016—2030年）》为面向2030年的能源中长期规划。《氢能产业发展中长期规划（2021—2035年）》则为面向2035年的能源中长期规划。

能源五年规划根据国民经济与社会发展五年规划纲要制定，是对未来五年内能源发展的规模与重点项目进行设计。能源五年规划及其细分领域五年规划同一时间段基本目标一致。例如，《能源发展"十一五"规划》《能源发展"十二五"规划》《能源发展"十三五"规划》《"十四五"现代额能源体系规划》都是能源五年规划，煤炭、石油、天然气、可再生能源五年规划则是细分领域的五年规划。

五、能源战略与能源规划的关系

能源战略和能源规划是两个不同的概念，但它们之间有着密切的联系。能源战略是一国或地区在一定时期内制定的具有全局性、长远性和综合性的能源发展方针、原则、目标规划，以及根本性的重大措施。能源战略的核心是确定能源发展的方向、目标和重点，合理配置能源资源，提高能源利用效率，保障能源安全和可持续发展。

能源规划是依据一定时期的国民经济和社会发展规划，预测相应的能源需求，从而对能源的结构、开发、生产、转换、使用和分配等各个环节作出的统筹安排。能源规划是政府实施能源战略的行动纲领，它根据能源战略的要求，对一定时期内的能源开发、利用、等方面进行总体规划。能源规划是政府对能源发展的总体规划和战略部署，是保障经济、社会和环境可持续发展的重要手段。

能源战略对能源规划具有指导性和决定性的作用，能源规划是能源战略的具体实施方案。能源规划是能源战略的重要组成部分，它是对能源战略的具体落实和实施。能源规划的内容和重点往往根据能源战略的要求进行调整和修改，同时也要符合能源战略的整体方向和目标。

总之，能源战略和能源规划是相互联系、相互影响的两个概念。只有制定科学合理的能源战略，才能制定出符合整体利益的能源规划；而实施有效的能源规划，则是实现能源战略目标的重要保障。

第二节　能源政策概述

当前全球经济形势复杂，能源行业难以依靠市场机制自我调节，因此通过政府政策进行调控，协助市场手段调节行业供需，可以推动能源行业的良性发展。能源政策是国家处理和解决能源问题的基本手段，关系到国计民生和国家经济繁荣发展、人民生活改善和社会长治久安。能源政策是国家政策制度体系的重要组成部分，世界各国都将能源政策置于重要地位。

一、能源政策的内涵及作用

（一）能源政策的内涵

广义的政策指政策制定主体有目标、有计划的活动及过程，不涉及对政策内涵和内容的界定和描述。狭义的政策是公共机关，如国家机关、政党及其他政治团体在特定的时期为实现或服务于一定的社会政治、经济、文化等公共目标所采取的政治行为或规定的行为准则，它是一系列战略、法令、措施、办法、方法、条例、标准等的总称。

能源政策（energy policy）是一个国家或地区为引导和规范能源开发、生产、消费和使用而制定的一系列策略与方针，涉及能源开发、投资、运输、价格、市场、节能、技术革新、进出口、新能源、安全等各个方面。

国家能源政策是指某个国家政府、部门或者相关组织机构等，以实现国家发展战略目标和国家能源战略目标为依据，针对国家能源开发、生产、供给、消费、运输、储备、分销、贸易、价格和技术等诸多领域或环节而制定的一系列策略和措施，包括能源资源勘探开发政策、能源生产政策、能源消费政策、能源贸易政策、能源价格政策、能源科学和技术政策和能源管理政策等。因此，国家能源政策内涵十分广泛，绝对不应理解成某一种单一、孤立的能源政策，而是众多涉及能源领域各种政策的集合或政策群。一国能源政策的制定不仅需要考虑本国经济和社会发展水平，同时也需要综合考量国家能源结构、能源产品价格和国际能源形势等多种因素。

（二）能源政策的作用

1. 保障能源安全

自 20 世纪 70 年代初第一次石油危机以来，世界主要发达国家和地区纷纷把能源政策的重点转向保障能源供应安全。能源安全是国民经济发展和社会稳定的前提，保障能源安全可靠供应是一个国家能源发展的首要问题。能源政策的一个重要作用就是要解决能源供需之间的矛盾，尤其是解决某一时期内的能源供需失衡问题，严重的供不应求或能源消耗过度会导致能源危机的出现。为了保障国家能源安全，可以采取的能源政策措施包括降低能源对外依存度、提高能源储备能力、加强能源消费需求管理和提高能源转换和利用效率等。

2. 确保能源的可持续发展

能源的可持续发展是实现社会经济可持续发展的重要环节。能源既是重要的必不可少的经济发展和社会生活的物质前提，又是现实的重要污染来源。在能源开发和利用过程中，土地资源、水资源和大气环境等都会遭到不同程度的污染。因此，政府应该制定和实施相关的政策法规，以确保新能源发展过程中的可持续性。全面落实节能优先方针，不断提高能源利用效率，继续实施煤炭清洁高效利用，大力发展可再生能源是人类解决生态危机、环境污染和应对全球气候变化的必然政策选择。

3. 实现能源公平、效率

能源公平是可持续发展理念的重要组成部分，它旨在保障每个人都能平等地获得能源服务、能源消费和能源收益。能源效率是单位能源所带来的经济效益多少的问题，能源效率是一个综合性的指标，它反映了能源利用的水平和经济效益的高低。提高能源效率是实现经济可持续发展的关键之一，也是人类社会发展的必然趋势。

政府通过制定和实施能源政策，可以实现能源资源配置效率最优化，从而提高能源利用效率。同时，对于垄断环节或缺乏竞争的能源产业环节进行相应的行政干预，为国家提供基本的能源供应，可以减少社会能源资源分配不合理的现象。

二、能源政策的类型及形式

（一）能源政策的类型

能源政策按照不同标准可划分为不同的类型：按照能源类别，能源政策可分为煤炭政策、石油政策、天然气政策、电力政策、可再生能源政策等；按照政策的性质，能源政策可以分为节能政策、能源替代政策、能源储备政策、能源进出口政策等；按照政策的约束程度，能源政策可以分为能源展望、能源报告、能源政令和能源法规等；按照时间的长短，能源政策还可以分为短期政策和长期政策。

我国能源政策从适用范围角度可以划分为全国性能源政策、地方性能源政策和行业性能源政策;从政策角度则可划分为强制执行型政策、鼓励引导型政策两种类型。我国能源政策还可以分为能源开发政策、能源工业政策、能源技术装备政策、能源价格/税收/信贷政策、能源消费政策、能源进出口政策、能源外交政策、新能源政策、能源安全政策。

(二)能源政策的形式

能源政策的表现形式包括法律、规划、纲要、标准、办法、条例等。例如,欧盟制定的有关新能源的法律是以"指令""条例""决定""建议""意见"的形式出现的。欧盟理事会和委员会的条例、指令和决定具有法律约束力,而建议和意见则不具有法律约束力。除了"指令""条例""决定"以外,欧盟新能源政策还体现在一些非法律文件中,如"白皮书""绿皮书",主要表现为一种政治承诺,之后通过立法程序最终确定为欧盟的正式法令。

三、能源政策与法律

政策的实质是阶级利益的观念化、主体化、实践化反映。政策体现政党和权力机关一段时期的目标或行动方向,具有可变性。法律部分体现政策内容,但法律不同于政策,法律具有强制性和稳定性,法律的稳定性表现在较长时期内可以保持不变。政策多以法律法规、规章制度等形式存在,具有强制性、规范性和约束性,体现统治阶级和阶层的意志,目的是维护其利益。

能源法律是经过一定时间实践检验的、以相对稳定的形式体现的能源政策。能源法律指规范能源领域中各种活动的法律,其目的是保障能源的正常供应和使用,并且促进能源资源的合理利用。

我国现有法律体系中已有四部能源单行法,即《中华人民共和国电力法》《中华人民共和国煤炭法》《中华人民共和国节约能源法》《中华人民共和国可再生能源法》,并有相配套的一系列能源行政法规。

为了保障和促进电力事业的发展,维护电力投资者、经营者和使用者的合法权益,保障电力安全运行,我国第一部能源专门法律《中华人民共和国电力法》于1995年12月28日通过,自1996年4月1日起开始施行。《中华人民共和国电力法》历经2009年、2015年和2018年三次修订,增加了如鼓励支持清洁能源发电的内容,为能源绿色转型奠定了必要的法律基础。

为了合理开发利用和保护煤炭资源,规范煤炭生产、经营活动,促进和保障煤炭行业的发展,我国于1996年8月29日通过了《中华人民共和国煤炭法》,自1996年12月1日起施行。《中华人民共和国煤炭法》历经2009年、2011年、2013年和2016年四次修订。

1997年11月1日,《中华人民共和国节约能源法》颁布,自1998年1月1日起施行。《中华人民共和国节约能源法》是为了推动全社会节约能源,提高能源利用效率,保护和改善环境，促进经济社会全面协调可持续发展而制定的法律。《中华人民共和国节约能源法》历经 2008 年、2016 年和 2018 年三次修订。

2005 年 2 月 28 日，《中华人民共和国可再生能源法》正式通过，自 2006 年 1 月 1 日起施行。《中华人民共和国可再生能源法》是为了促进可再生能源的开发利用，增加能源供应，改善能源结构，保障能源安全，保护环境，实现经济社会的可持续发展制定。此后，多套配套法规相继出台。

2020 年 4 月 10 日，国家能源局就《中华人民共和国能源法（征求意见稿）》公开征求意见。此次公示的《中华人民共和国能源法（征求意见稿）》共十一章、一百一十七条。

四、能源政策工具

（一）能源政策工具的概念

政策工具是一种解决公共问题的手段、方式、路径，目的是达成政策目标。能源政策工具是用于实施能源战略的政策工具。能源政策工具包括补贴、税收、法规和激励措施等。这些工具可用于鼓励采用节能技术、推广可再生能源和减少能源消耗。

（二）我国能源政策工具的分类

能源政策工具可以分为一般性政策工具、特殊性政策工具和间接性引导工具三种。一般性政策工具是政策工具的主体部分，主要是基于市场的经济手段，如财税政策、金融政策、价格政策。特殊性政策工具是在特殊阶段或有助于一般性工具的有效使用而形成的政策措施，包括直接性控制和选择性控制。间接性引导工具是以窗口指导或道义劝告等方式，促进生产和消费低污染、低能耗产品，具有告示性、引导性、志愿性、合作性的特点。国家层面能源政策工具分类如表 1-2 所示。

表 1-2　国家层面能源政策工具分类

一般性政策工具	财税政策	税收	征收排污税、环境税、能源税、资源税
			减免绿色技术研发、绿色设备及产品
		财政	政府绿色采购、绿色转移支付、绿色补贴
			绿色基础设施投资、"三废"处理
	金融政策	信贷	对绿色研发、项目、设施、生产优惠贷款的扶持，对排污、耗能的限制与惩罚性高利率
		证券	股票、债券：符合节能减排要求的企业可发行证券或再融资，否则禁入或退出证券市场
		基金	资助：节能减排项目、技术、产品、人员
	价格政策	价格调控	居民水电气"阶梯价"，高污染、高能耗行业"差别电价"，排污权价格，清洁能源上网价格

续表

特殊性政策工具	选择性控制	信息公开、公众参与，媒体、网络等舆论监督，行业协会自律
	直接性控制	环境影响评价，节能减排的强制性技术标准、认证、环境标识，资源环境审计，清洁生产，循环经济
间接性引导工具	道义劝告	绿色行为：绿色建筑/交通/生产/生活/消费，绿色理念/价值/文化
	窗口指导	节能减排志愿性技术标准、认证、标识

（三）可再生能源政策工具

可再生能源政策工具是政策目标实现的机制和手段，对于促进可再生能源治理能力现代化至关重要。固定上网电价制度、可再生能源配额制、税收优惠和财政补贴政策是各国常用的可再生能源政策工具。每一种政策工具对政策目标的实现都有相应的作用，在何种政策目标的何种情况下选择何种政策工具成为关键的内容。

（1）固定上网电价机制指根据各类可再生能源发电标准成本，政府直接明确规定其上网电价，电网企业按照政府定价无条件收购可再生能源上网电量，由此增加的额外购电成本由国家补贴或计入终端用户销售电价。

（2）可再生能源配额制指政府以法律的形式对可再生能源发电市场份额作出的强制性规定，即电力系统所供电力中必须有一定比例（即配额标准）由可再生能源供应。

（3）直接针对可再生能源的税收优惠政策，包括直接税、间接税和庇古税的优惠。直接税就是直接向个人或企业开征的税种，其课税对象是私人所得或财产。直接税（direct tax）一般包括个人所得税、公司税和财产税。间接税（indirect tax）是以流动中的商品和劳务为征收对象，包括增值税、消费税、营业税和关税。庇古税（Pigovian tax）是根据污染所造成的危害程度对排污者征税，用税收来弥补排污者生产的私人成本和社会成本之间的差距，使两者相等。

（4）财政补贴工具是有利于可再生能源发展的政策工具，可再生能源补贴的方式主要有三种，即投资补贴、生产补贴和消费补贴。投资补贴是根据投资额来确定补贴额，其优点是可以增加投资者投资可再生能源的积极性，增加可再生能源的生产能力，扩大产业规模；缺点是投资补贴难以激励企业更新技术、降低成本。生产补贴是根据可再生能源的产量来确定补贴额，其优点有利于企业增加可再生能源的产量，降低生产成本，提高企业的经济效益。消费补贴的优点是可以刺激消费，扩大可再生能源的市场需求，从而带动生产能力的扩大，以达到降低成本的效果；缺点是仅仅靠补贴难以实现目标。

五、能源政策与能源战略的关系

（一）能源政策与能源战略的联系

能源战略和能源政策紧密相连，两者相辅相成。能源战略是制定能源政策的基本依据，能源政策服从和服务于能源战略。能源政策是为了实现能源战略而采取的各种措施，能源政策的有效执行可以保证能源战略目标的实现。例如，实现能源一体化是欧盟的战略目标，通过实施共同的能源政策，建立统一的能源机构，整合内部能源市场，逐步实现共同能源外交政策是其能源政策的主要内容。

（二）能源政策与能源战略的区别

能源战略是以成本效益和可持续的方式满足能源需求的长期计划。能源战略包括分析能源供应和需求、评估能源资源、制定政策和计划，以确保可靠和负担得起的能源服务。例如，能源发展"十一五""十二五""十三五"规划及"十四五"现代能源体系规划就是我国不同时期的能源战略。

能源政策是一套指导能源生产、消费和管理的法律、法规和激励措施。能源政策旨在实现具体目标，如减少排放、提高能源效率和推广可再生能源。例如，《关于完善风电上网电价政策的通知》（发改价格〔2019〕882号）、《关于建立健全可再生能源电力消纳保障机制的通知》（发改能源〔2019〕807号）就是我国有关可再生能源发展的能源政策。

第三节　能源战略管理的主要内容

能源战略问题一直是世界各国普遍关注的重要问题。能源战略管理一般指在分析能源形势的基础上，制定旨在减少能源消耗、提高能源效率和促进能源可持续发展的战略，并通过能源政策工具加以实施的过程。能源战略管理的主要内容包括能源战略分析、能源战略选择和能源战略实施。

一、能源战略分析

能源战略分析是能源战略制定的基础，能源战略分析的主要内容包括能源系统分析和能源形势分析。能源系统是能源进行转化和利用的载体，是将能源资源转变为社会生产和生活所需要的特定能量服务形式（有用能）的过程。能源系统分析是以系统整体最优为目标，对能源系统从生产到终端利用的各个环节进行定性与定量分析，从而为决策者提供参考。

能源系统分析的主要内容包括能源需求分析、能源需求预测、能源供给分析和能源系统评价。正确把握能源需求是制定一个有效能源战略规划的起点。能源需求分析就是研究和评价人类社会经济活动对能源数量和品种的需求，以及对未来能源需求趋势进行分析和预测的活动。

能源需求预测则是从研究一个国家或地区能源消费的历史和现状开始，分析影响能源消费的各种因素，找出能源需求量与这些因素的关系，并根据这些关系对未来能源需求发展趋势作出判断。

能源供给分析的目的在于评价资源供应的潜力，为制定相应的能源供应方案奠定基础。能源供给分析的内容包含能源资源禀赋、能源的开采成本、能源生产的限制及能源生产与转换的相关技术等。

鉴于能源系统自身的复杂性及其与人类经济、环境和社会的紧密关系，对能源系统评价的内容很难达成共识。一般来说，能源系统的环境影响、能源系统的社会经济效益、能源系统的技术创新等都是能源系统评价的内容。

能源形势分析对于能源战略制定至关重要。国际能源署（International Energy Agency, IEA）、世界银行、英国石油公司（BP Amoco）等机构发布的能源数据有助于能源形势的分析。例如，根据英国能源学会公布的 2023 年《世界能源统计年鉴》，2022 年，全球能源需求增长了 1%，可再生能源创纪录增长，但并没有改变化石燃料的主导地位，化石燃料仍占全球能源供应量的 82%。

二、能源战略选择

能源战略选择实质上就是能源战略决策过程，即对能源战略进行探索、评价和制定。能源战略选择过程是作出选定某一特定能源战略方案的决策过程。选择能源战略并非例行公事或很容易决策，战略决策者需要考虑多种因素，进行多方面的权衡。能源的需求状况、供应状况、利用效率、环境保护、能源安全等都是影响能源战略选择的重要因素。

扩展阅读1.1

由于在能源资源禀赋、经济发展水平和能源技术水平等方面存在差异，世界各国的能源战略各具特色。例如，由于日本传统能源资源极其匮乏，因此，日本能源战略的核心内容就是推进能源供给多元化，并注重能源节约。德国是工业化程度最高的国家之一，其自然资源相对贫乏，大力发展可再生能源是德国能源战略中最突出的特色。即便是同一个国家，在其发展的不同阶段，能源战略也存在差异。例如，日本的《能源政策基本法》明确规定，日本政府每三年要制定"能源基本计划"，而我国则是每五年重新制定能源发展规划。

虽然世界各国的能源战略各具特色，但也有不少共同之处。一是各发达国家大都选择了能源多元化战略，即通过大力发展风能、太阳能、水能、生物能、核能、地热能等新能源，逐步降低一次性化石能源在能源消费结构中的比重。二是选择节能优先战略，即通过优先考虑节能措施来减少能源消耗，注重提高能源利用效率。三是选择能源科技创新战略，抢占未来新能源技术的制高点。世界主要发达国家和地区非常重视新能源技术的研发和应用。例如，欧盟于 2010 年发布了《欧盟 2020 年战略——为实现灵巧增长、可持续增长和包容性增长的战略》，提出发展智能、现代化和全面互联的运输和能源基础设施等措施，设立资源效率更高、更加绿色、竞争力更强的经济目标。

三、能源战略实施

能源战略制定固然重要，能源战略实施同样关键。一个良好的能源战略方案仅仅是能源战略成功的前提条件，有效的能源战略实施才是能源战略目标顺利实现的保证。能源战略实施就是利用能源政策工具实现能源战略目标的过程。能源政策工具指政府为了实现能源政策目标而采取的手段和方法，能源政策工具多种多样，财政政策、税收优惠政策、价格政策、补贴政策等都是常用的能源政策工具。

需要指出的是，能源法律虽然不属于能源政策工具，但能源法律是保障能源战略实施的重要手段。法律是由国家制定或认可，并依靠国家强制力保证实施的一种特殊的行为规范。推进能源战略的实施，能源立法是基础。例如，美国、欧盟、德国、日本等发达国家和地区大都通过能源立法的方式来推动能源的发展。《美国能源政策法》（2005）是集美国能源战略规划与能源政策和重大能源法律制度的综合能源法，内容包罗万象，广泛而具体，几乎涵盖美国能源领域的方方面面。而《日本能源政策基本法》只规定能源战略和规划思想及基本的政策手段与程序等，是一种务虚的立法模式。

需要说明的是，能源战略评估也是能源战略管理的重要内容，能源战略评估贯穿能源战略管理的全过程。能源战略评估可以分为能源战略分析评估、能源战略选择评估和能源战略绩效评估。能源战略分析评估是对组织的内外部能源环境进行评估；能源战略选择评估是在能源战略执行前对能源战略是否具有可行性进行分析；能源战略绩效评估是对能源战略的实施结果进行评估。能源战略绩效评估的目的在于检验能源战略的合理性和有效性，并能就实际情况与目标之间的差异及时采取纠正措施，为实施既定能源战略目标提供保证。能源安全、能源效率是能源战略绩效评估的主要内容。事实上，能源战略绩效评估是能源战略控制的基础和前提，能源战略绩效评估为能源战略控制提供科学依据。

关键词

能源；自然资源；一次能源；二次能源；常规能源；新能源；清洁能源；能源计量；战略；总体战略；业务单位战略；职能战略；能源战略；能源规划；能源政策；能源政策工具；能源战略分析；能源战略选择；能源战略实施

思考题

1. 简述能源的分类情况。
2. 如何区分一次能源与二次能源？
3. 什么是能源战略？能源战略有什么特点？
4. 什么是能源政策？能源政策有什么特点？

5. 试述能源战略与能源政策的区别和联系。

6. 能源战略管理的主要内容有哪些?

【在线测试题】扫描二维码，在线答题。

02

第二篇　能源战略分析

　　能源战略分析是能源战略管理的重要环节。能源战略分析的主要内容包括能源系统分析和能源形势分析。能源系统分析是以能源系统为研究对象，应用系统工程的理论和方法，分析能源系统的现状和发展趋势。能源形势分析是根据权威机构发布的近几年的能源数据，分析全球及我国能源生产和能源消费的现状。

第二章 能源系统分析

学习目标

1. 理解能源系统的含义和分类；
2. 了解能源需求和能源供给的影响因素；
3. 理解能源需求预测的含义、分类及方法；
4. 理解能源供给的基本概念；
5. 了解能源系统评价的主要内容。

本章提要

　　能源系统分析指应用系统工程的理论和方法，综合研究和评价能源系统的现状及发展趋势。它是以能源的资源开发、加工、转换与运输分配、最终使用及与之相关的社会经济发展这样一个复杂的过程为研究对象，对能源发展战略、能源政策及能源与社会经济发展的相互影响进行综合分析和系统评价，为决策提供科学依据。能源系统分析的具体内容包括能源需求分析、能源供给分析、能源系统评价等。

第一节　能源系统概述

　　能源系统属于社会—经济—环境系统的一部分，研究和制定一个国家或地区的能源战略和政策离不开对能源系统的分析。能源系统是能源系统工程学的研究对象，而能源系统工程学则应用系统工程方法研究和评价未来能源的供需问题，旨在提出相应的能源战略和政策。

一、能源系统的概念

　　简单来说，能源系统是一个主要为最终用户提供能源服务的系统，也就是将自然界的能源资源转变为人类社会生产和生活所需要的特定能量服务形式（有效能）的系统。从系统结构上来看，联合国政府间气候变化专门委员会（Intergovernmental Panel on Climate Change，IPCC）将能源系统定义为与能源生产、转换、交付和使用有关的所有组成部分。能源系统通常由勘探、开采、运输、加工、分配、转换、储存、输配、使用和环境保护等一系列工艺环节及其设备所组成。

　　能源系统是为研究能源转换、使用规律的需要而抽象出来的社会经济系统的子系统。能源经济学领域将能源系统视为以热、燃料和电的形式满足消费者对能源需求的技术和经济系统。

二、能源系统的分类

（一）按照能源类型划分

按照能源类型划分，能源系统可分为煤炭系统、石油系统、天然气系统、核能系统、可再生能源系统、电力系统、热力系统等。煤炭系统由煤炭的勘探、开采、加工与转化、销售、储存与运输、利用等环节构成。石油系统由石油勘探、油田开发、油气集输和石油炼制、石油消费等环节构成。天然气系统主要包括天然气勘探、天然气开采、天然气净化、天然气输送和天然气消费等五部分。

电能在能源系统中居于中心地位。电力系统是由发电厂、送变电线路、供配电所和用电等环节组成的电能生产与消费系统。电力系统的构成如图 2-1 所示。电力系统的功能是将自然界的一次能源通过发电动力装置转化成电能，再经输电、变电和配电将电能供应到各用户。为实现这一功能，电力系统在各个环节和不同层次还具有相应的信息与控制系统，对电能的生产过程进行测量、调节、控制、保护、通信和调度，以保证用户获得安全、优质的电能。

扩展阅读2.1

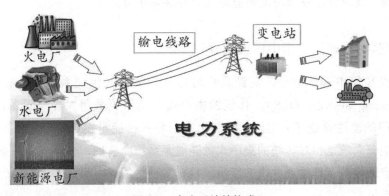

图 2-1　电力系统的构成

在电力系统中，电力不能大量存储，电能的生产、输送、分配和消费是同时进行的。发电厂在任何时刻发电的功率必须等于该时刻用电设备所需的功率、输送和分配环节中的功率损失之和。

微电网简称微网，是新型电力系统不可或缺的组成部分，它是由分布式电源、储能和负荷构成的独立可控功能系统，是发挥分布式电源效能的最有效方式。微网的优势包括：①实现多种能源综合互补利用；②保障重要负荷的持续供电；③解决偏远地区的供电问题；④提高供电的可靠性和电能质量等。

（二）按照地域和范围划分

按照地域和范围划分，能源系统可以分为全球能源系统、国家能源系统、城市能源系统、农村能源系统、企业能源系统等。全球能源系统是从全球的整体角度来考虑能源的开发和利用，特别是能源在使用过程中所产生的环境问题。国家能源系统指国家层面的涵盖国家行政区域界线的能源系统。各个国家的能源系统具有不同的特性，其能源生产和消费结构也各不相同。城市能源系统指在城市范围内由能源的生产、传输、分配和利用等各个环节所构成的能源系统，如城市电力输配系统、城市燃气输配系统、城市供热系统等。农村能源系统与城市能源系统有所不同。农村能源的供给方式相对比较分散，加工和转换环节较为简单，能源利用效率有待于进一步提高。

小链接 2-1　　　　　　　　　　**能源互联网**

能源互联网可理解是综合运用先进的电力电子技术、信息技术和智能管理技术，将大量由分布式能量采集装置、分布式能量储存装置和各种类型负载构成的新型电力网络节点互联起来，以实现能量双向流动的能量对等交换与共享网络。

从政府管理者视角来看，能源互联网是兼容传统电网的，可以充分、广泛和有效地利用分布式可再生能源的，满足用户多样化电力需求的一种新型能源体系结构；从运营者视角来看，能源互联网是能够与消费者互动的、存在竞争的一个能源消费市场，只有提高能源服务质量，才能赢得市场竞争；从消费者视角来看，能源互联网不仅具备传统电网所具备的供电功能，还提供了一个公共的能源交换与共享平台。

（三）按照建设规模和集中程度划分

按照规模和集中程度划分，能源系统可以分为集中式供能系统和分布式能源系统（distributed energy system，DES）。传统的集中式供能系统采用大容量设备、集中生产，然后通过专门的输送设施（大电网、大热网等）将各种能量输送给较大范围内的众多用户。分布式能源系统是相对传统的集中式供能能源系统而言的，分布式能源系统直接面向用户，按用户的需求就地生产并供应能量，具有多种功能，可满足多重目标的中、小型能量转换利用系统。

国家发改委和能源局在《关于分布式能源系统有关问题的报告》中提出，分布式能源系统是近年来兴起的利用小型设备向用户提供能源供应的新的能源利用方式。与传统的集中式供能系统相比，分布式能源系统接近负荷，不需要建设大电网进行远距离高压或超高压输电，可大大减少线损，节省输配电建设投资和运行费用；由于兼具发电、供热等多种能源服务功能，分布式能源系统可以有效地实现能源的梯级利用，达到更高能源综合利用效率。分布式能源系统设备起停方便，负荷调节灵活，各系统相互独立，系统的可靠性和安全性较高；此外，分布式能源系统多采取天然气、可再生能源等清洁能源为燃料，较传统的集中式供能系统更加环保。

冷热电联供系统（combined cooling，heating and power，CCHP）是目前典型的分布式能源利用方式，在发达国家已得到广泛的推广利用。冷热电联供系统是以小型发电机组为核心，配以余热锅炉及吸收式制冷装置，同时生产电力和冷热的联合系统。

三、综合能源系统

（一）综合能源系统的定义

综合能源系统（integrated energy systems，IES）指一定区域内利用先进的物理信息技术和创新管理模式，整合区域内煤炭、石油、天然气、电能、热能等多种能源，实现多种异质能源子系统之间的协调规划、优化运行、协同管理、交互响应和互补互济，是在满足系统内多元化用能需求的同时，有效地提升能源利用效率，促进能源可持续发展的新型一体化的能源系统。

（二）综合能源系统的特性

1. 灵活性

单一能源供应系统对能源供应的稳定性依赖极强，当能源供应中断时，生产系统将处于瘫痪状态，造成极大的经济损失。综合能源系统在正常工作时，能针对能源的不同特性提升能源的传输及转化率，在某种能源供应因故障而中断时，系统能够利用其他能源保证生产系统的正常运行。

2. 可靠性

清洁能源因其自身的间歇性和随机性，不能持续和稳定供能，制约了其发展。综合能源系统可接受多种清洁能源，在能源获得的难易程度上进行互补，此外，综合能源系统中的储能设备同样极大提高了能源供应的可靠程度。

3. 低碳性

由于化石能源的大量使用，温室气体的排放量越来越大，海平面升高，臭氧层也遭到了破坏。以清洁低碳能源为主体的综合能源系统，为解决环境污染问题提供了新的途径。

4. 可扩展性

以模块式划分的综合能源系统可根据各适用区域面积，形成单独的综合能源系统或多个综合能源系统联合供应，对于各类供能网络、能源交换及存储模块有较强的适应性及融合度，以满足更大规模的用户需求。

（三）综合能源系统的关键技术

1. 多能协同规划设计技术

多能协同规划设计技术以目标区域的经济、资源现状为依据，确定区域内各种能源资源的最优分配和各种能源转换技术的最优组合。

2. 多能优化运行技术

多能优化运行技术通过降低总需求、负荷平准化等方式实现对综合能源系统的智能调度。

3. 智能化技术

综合能源系统的智能化技术涉及系统中能源信息的智能监测、智能采集及对数据的智能分析处理。

4. 能源转换技术

能源转换技术是将一次能源转换成二次能源的技术，包括风电转换技术、光电转换技术、生物质气化技术、微型燃气轮机发电技术等。

5. 储能技术

储能技术是通过储能装置把一种能量转换为另一种易于存储的能量进行高效存储的技术。综合能源系统中的储能技术包括储电、储气、储热和蓄冷四种。

专栏 2-1	上海电力大学临港校区微电网示范项目

上海电力大学临港新校区智能微电网示范项目是全国首批微电网示范中的上海首个、高校唯一的新能源微电网示范项目。该项目由原上海电力学院与原国网节能服务有限公司合作完成。

上海电力大学临港新校区智能微电网综合能源服务项目采用多能互补、能源互补的综合能源服务整体解决方案，建设了 10 栋公寓楼空气源热泵辅助太阳能热水系统、约 2 MW 光伏发电系统（单晶、多晶、BHPV、高效组件等多种组件）、300 kW 风力发电系统、1 套混合储能系统、49 kW 光电一体化充电站及一体化智慧路灯。

通过智慧能源管理系统，实现建筑能效管理、综合节能管理和"源网荷储充"协同运行。全系统共有 2017 个采集计量点，"电、气、水"等的使用情况均实现数据化，而且所有数据都分层分类计算，如分为照明电、插座电、动力电等。

该项目与校区主体同步建设，2018 年 12 月正式投入使用。项目总投资为 3 502 万元，计划运营 20 年，收益率 5.83%，实现年发电量 2 452.1 MW·h，新能源担任 1/5 的供电任务；年供应热水 14 万 t，年节省标煤 900 余 t，减排二氧化碳 2 500 余 t。

资料来源：上海电力大学官网。

四、能源系统工程

能源系统工程是系统工程的一个分支，它是以系统观点和系统思维方式为指导，运用现代数学方法、系统技术和电子计算机技术等建立能源模型，对能源系统进行仿真分析，确保能源开发、利用的综合化、高效化和最优化。能源系统工程的研究对象是能源系统。能源系统工程的主要内容包括能源预测、规划、计划、评价、可行性研究和各类系统分析等。能源系统工程在制订国家或地区能源规划、评价能源政策，以及加强各级能源科学管理、促进能源有效利用等方面都具有非常重要的作用。

能源系统工程的特征：①整体性。它吸收系统论、运筹学等学科的新成果，对能源相互联系、互相依赖、互相作用的多个组成部分进行总体考察、合理安排，使能源建设的每个局部服从于整体目标，取得最佳效果。②科学性。通过严密方法和比较准确的数据，定量定性分析能源问题，制订科学的能源发展计划，明确能源建设各个阶段的任务，使能源与国民经济各部门之间协调发展。③实用性。能源系统工程可以研究经济结构、产业结构、企业结构和产品结构的合理调整问题，研究改善各级能源管理的办法，分析并协助规划各类节能措施，评比各种能源开发投资方案，研究能源进出口政策等。

五、能源系统管理

能源系统管理是能源开发利用的决策与实施过程中形成的系统化和科学化的管理活动。系统就是相互联系事物的集合，管理是对事物的疏导与控制，使之有序地运行。能源系统管理使能源管理目标、管理内容、管理形式和管理手段达到统一协调和整体效能，它是系统论在能源工作中的运用。

能源系统作为一个大系统，一般包括四部分，即能源的物质资源、能源的人力资源、能源的信息资源、能源的物资装备等。能源系统管理的目标任务和基本要求是，使能源资源合理开发和利用、合理的能源投资、节能的实施、能源的环境保护、能源创新和新能源的开发等，以达到能源的总体平衡，能源与其他经济部门的相互促进、共同发展。能源系统管理在发达国家达到了较高的程度，是发达国家实现高度能源利用率的社会因素。

第二节 能源需求分析

能源需求分析是研究和评价人类社会经济活动对能源数量和品种的需求，以及对未来能源需求趋势进行分析和预测的活动。能源需求分析是对一个国家、地区或企业制定能源政策或供给规划的手段。能源需求分析主要分为部门能源需求分析、终端用能需求分析等。

一、能源需求的基本概念

（一）能源需求的含义

能源需求指在各种可能的价格下，消费者对能源资源愿意并且能够购买的数量。能源需求是一种派生需求，是由人们对社会产品、服务的需求而派生出来的，可看作一种特殊生产要素。

能源需求并不等于能源消费，能源消费指生产和生活所消耗的能源，能源消费是有效能源需求的反映。当能源市场出现供不应求时，能源需求就会大于能源消费；反之，能源市场供大于求时，能源需求就近似等于能源消费。由于能源需求一般很难准确测算，通常用能源消费代替能源需求。

（二）能源消费总量与能源需求结构

能源消费总量是指一定地域（行政或地理区域）内，国民经济各行业和居民家庭在一定时期消费的各种能源的总和。能源消费总量在消费环节上包括终端能源消费量、能源加工转换损失量、能源运输和管理过程的损失量；在能源类别上包括全部化石能源，以及作为能源使用、作为商品流通并使用的可再生能源和新能源。

按照经济合作与发展组织（Organization for Economic Cooperation and Development, OECD）和国际能源署的定义，终端能源消费是终端用能设备入口得到的能源。因此，终端能源消费量等于一次能源消费量减去能源加工、转化和储运这三个中间环节的损失和能源工业所用能源后的能源量。

能源加工转换损失量指一定时期内投入加工转换的各种能源数量之和与产出各种能源产品之和的差额，是观察能源在加工转换过程中损失量变化的指标。

能源损失量指一定时期内能源在输送、分配、储存过程中发生的损失和由客观原因造成的各种损失量，不包括各种气体能源放空、放散量。

能源需求结构指能源需求总量中各能源品种所占比例。一个国家的能源需求结构主要受制于该国的能源资源禀赋、能源技术水平、产业结构和产业政策等。

2011—2021年我国能源消费总量及构成如表2-1所示。从表2-1可以看出，2011—2021年，煤炭在我国能源消费结构中的比重逐年下降，天然气在能源消费结构中的比重逐年上涨。

表 2-1 2011—2021 年我国能源消费总量及构成[①]

年 份	能源消费总量/万 t 标准煤	占能源消费总量的比重（%）				
		煤 炭	石 油	天然气	水 电	核 电
2011	370 163	73.4	17.6	4.8	2.3	0.3
2012	381 515	72.2	17.9	5.1	2.8	0.3
2013	394 794	71.3	18.0	5.6	2.9	0.3
2014	402 649	70.0	18.4	6.0	3.3	0.4
2015	406 312	68.1	19.7	6.2	3.4	0.5
2016	410 984	66.8	20.1	6.6	3.5	0.6
2017	423 108	65.3	20.4	7.4	3.5	0.7
2018	435 649	63.9	20.4	8.3	3.5	0.8
2019	447 597	62.8	20.7	8.7	3.6	1.0
2020	455 737	62.2	20.6	9.2	3.7	1.0
2021	479 161	61.3	20.5	9.7	3.4	1.0

资料来源：《中国能源统计年鉴2022》。

（三）能源强度

能源强度（energy intensity）又称单位产值能耗（amount of energy consumed for every

---

① 能源生产量采用发电煤耗计算法。

unit of economic output）或能源密集度，它是能源消耗与产出的比重。能源强度用于衡量不同经济体能源综合利用效率，也可用于比较不同经济体经济发展对于能源的依赖程度。能源强度是用于对比不同国家和地区能源综合利用效率的常用指标之一，体现了能源利用的经济效益。

能源强度最常用的计算方法有两种：一种是单位国内生产总值（gross domestic product，GDP）所需消耗的能源；另一种是单位产值所需消耗的能源。由于产值随市场价格变化波动较大，因此若非特别注明，能源强度均指代单位 GDP 能耗，最常用的单位为"吨标准煤/万元"。

能源强度的计算公式为

$$能源强度 = 能源消耗总量 / 国内生产总值$$

能源强度的计算只需要当年的能源需求总量和当年的 GDP，这两个数据比较容易获得，因而在实际中得到广泛的运用。

能源强度反映了由技术水平、发展阶段、经济结构、能源需求结构等多方面因素形成的能源需求水平和经济产出的比例关系，而非单纯技术水平决定的能源利用效率。在运用能源强度对不同国家能源效率进行比较时，要考虑到汇率因素的影响。

（四）能源需求弹性系数

能源需求弹性系数指能源消费总量增长率与国民经济增长率的比值，从总体上综合反映能源消费总量增长与国民经济增长之间的相互关系。计算公式为

$$能源需求弹性系数 = 能源消费量年增长率 / GDP 年增长率$$

电力消费弹性系数是反映电力消费增长速度与国民经济增长速度之间比例关系的指标，用以评价电力与经济发展之间的总体关系。计算公式为

$$电力消费弹性系数 = 电力消费量年增长速度 / 国民经济年增长速度$$

2011—2021 年我国能源消费与电力消费弹性系数如表 2-2 所示。从表 2-2 可以看出，2011—2021 年，我国能源消费弹性系数均小于或等于 1，其中"十二五"期间（2011—2015 年），我国能源消费弹性系数明显回落，从 0.76 降至 0.19，但"十三五"期间（2016—2020 年），我国能源消费弹性系数持续回升，2020 年能源消费弹性系数升至 1，说明近年来单位不变价 GDP 能耗下降态势趋缓，继续提高经济增长利用能源效率需要付出更多努力。

表 2-2　2011—2021 年我国能源消费与电力消费弹性系数[①]

年　份	国内生产总值增长速度 /%	能源消费增长速度 /%	电力消费增长速度 /%	能源消费弹性系数	电力消费弹性系数
2011	9.6	7.3	12.1	0.76	1.26
2012	7.9	3.2	5.8	0.49	0.75

---

① 国内生产总值增长速度按可比价格计算，能源消费增长速度采用等价值总量计算。

年　份	国内生产总值增长速度 /%	能源消费增长速度 /%	电力消费增长速度 /%	能源消费弹性系数	电力消费弹性系数
2013	7.8	2.2	8.9	0.47	1.14
2014	7.4	1.0	6.7	0.36	0.91
2015	7.0	0	0.3	0.19	0.04
2016	6.8	-4.5	5.5	0.25	0.81
2017	6.9	3.7	7.7	0.46	1.12
2018	6.7	5.6	8.5	0.52	1.27
2019	6.0	4.9	4.7	0.55	0.78
2020	2.2	2.5	3.7	1.00	1.68
2021	8.4	5.5	9.8	0.65	1.17

资料来源:《中国能源统计年鉴 2022》。

一般来说，当国民经济中耗能高的部门（如重工业）比重大，科学技术水平还很低的情况下，能源消费增长速度总是比国内生产总值的增长速度快，即能源消费弹性系数＞1。随着科学技术的进步，能源利用效率的提高，国民经济结构的变化和耗能工业的迅速发展，能源消费弹性系数会普遍下降。

二、能源需求的影响因素

能源的需求量主要是由经济的发展水平、产业结构、能源价格、能源供给、人口数量、城市化进程、技术水平及政府的能源政策导向等多种因素决定的。

（一）经济发展水平

能源工业是一个长期性高投入的产业，其发展水平直接受制于经济发展水平，因此，经济发展水平是影响能源需求的一个非常重要的因素。世界各国的能源消费量与经济发展水平有着密切的关系，经济总量越大，其能源需求量也越大。

能源消费一般与经济增长有很强的正相关性。我国自进入 21 世纪以来的经济增长带有明显的重工业领先增长的特征，由于重工业主要依靠能源和矿产品为原料，使我国经济增长对石油、煤炭、电力等能源的需求急速增加。当前，我国工业化进程的推进仍然需要大量的能源作为支撑。

（二）产业结构

随着经济的发展，产业结构也在发生不断的变动。不同产业的能耗水平是不同的，如果高能耗产业在国民经济中比重较大，就会拉动整体能源消费，反之就会减少耗能水平。三次产业的能耗水平不尽相同，第二产业的能耗水平相对较高。我国的产业结构中，第二产业作为高耗能产业（其能源消耗占总能源消费量的比例达到 70% 以上）占比一直处于 46% 左右的水平。相比西方发达国家，我国的第二产业占比还是处于比较高的水平。可以想象，如果工业在国民经济中的比重增加势必就会带来能源需求的增加。

（三）能源价格

根据消费者需求理论，商品价格的变动会带来收入效应和替代效应，从而影响消费者的购买行为。能源同样也是市场中的一种商品，能源价格必定也会对能源的需求产生影响。当能源价格上升时，能源的需求会降低；反之，能源价格降低，能源的需求会增加。但是能源同时也是一种特殊商品，不同于一般商品，能源价格对能源需求的影响并不一定会完全遵循消费者需求理论。能源是世界各国重点争夺的战略性资产，能源价格与国家经济命脉密切相关。各国都在密切关注国际能源价格的变动，尤其是原油价格的变动。

（四）能源供给

目前全球消费的能源主要是石油、煤、天然气等不可再生能源。这就决定了石油、煤炭、天然气等能源在一定期限内的供给是有限的。能源是关系到国家经济发展和国家政治经济安全的重要物质基础。世界范围内发生的种种争端其中有很大一部分是由于能源供给的争端造成的。我国目前正处于经济发展时期，对能源需求急速增长，而国内和国外的能源供给有限，造成能源市场处于供不应求的状态，即卖方市场。此时某种意义上来说，是能源供给决定了能源的消费。在能源供给不足的情况下，能源需求者也会努力地寻找能源替代品以期减少对能源的依赖或改进技术提高能源利用率，这也会在一定程度上降低对能源的需求。

扩展阅读2.2

三、能源需求预测

（一）能源需求预测的概念

能源需求预测（energy demand forecasting）是通过分析一个国家或地区能源消费的历史和现状，对未来社会经济活动所需要的能源消费量作出估计和推测。能源需求预测受未来社会发展、人民生活水平、能源价格和节能措施等许多不确定因素的影响。科学合理的能源需求预测不仅是优化调整能源消费结构的基础，还是各级政府制定能源发展战略的重要依据。

（二）能源需求预测的分类

按照预测期限的不同，能源需求预测可分为近期预测（5～10 年）、中期预测（10～20 年）和远期预测（20～30 年）。按照能源预测的品种范围的不同，可分为总量预测和分品种预测。总量预测是对煤炭、石油、天然气、可再生能源及电力的总需求量作出预测；分品种预测是预测某一种能源的需求量，如煤炭需求预测、石油需求预测、天然气需求预测、可再生能源需求预测、电力需求预测。

（三）能源需求预测方法

能源需求预测的模型和方法有很多，既有投入产出分析法、LEAP 模型、能源消费弹性系数法、时间序列模型、灰色预测模型、人工神经网络算法等单一模型方法，又有运用这些模型的组合模型方法，这些方法有各自的优点、适用情景和局限性。

1. 投入产出分析法

投入产出分析法最早是由美国经济学家瓦西里·列昂剔夫（Wassily Leontief）提出来的，用以研究国民经济各部门产品生产与消耗之间的数量关系。投入产出分析法需要编制棋盘式的投入产出表，建立相应的线性代数方程，构成模拟国民经济结构和产品生产过程的经济数学模型。静态投入产出模型只分析本时期生产和消耗部门间平衡关系和最终产品的去向；而动态投入产出模型则较具体地分析积累和扩大再生产的关系。投入产出法常常与情景分析法、线性规划、动态规划等优化技术和计量经济学方法相结合。

由于投入产出法需要非常庞大的数据才能获得较准确的精度，需要耗费大量的时间，而且部分数据难以获得，因此常常是政府部门进行能源规划时才会用到。

2. LEAP 模型

LEAP（long-range energy alternatives planning system）模型是瑞典斯德哥尔摩环境研究所（Stockholm Environment Institute，SEI）开发的静态能源经济环境模型。它需要收集各种技术数据、财务数据和环境排放数据，通过数学模型来预测各部门的能源需求、能源成本及对应的环境收益。

LEAP 拥有灵活的结构，使用者可以根据研究对象特点、数据的可得性、分析的目的和类型等来构造模型结构和数据结构，用来分析不同情景下的能源消耗和温室气体排放，这些情景是基于能源如何消耗、转换和生产的复杂计算，综合考虑关于人口、经济发展、技术、价格等一系列假设。

国内外能源 - 环境研究者已广泛采用 LEAP 模型进行能源需求分析，它包括能源供应、能源加工转换、终端能源需求等环节。该模型主要可用于国家和城市中长期能源环境规划，可以用来预测不同驱动因素的影响下，全社会中长期的能源供应与需求，并计算能源在流通和消费过程中产生的大气污染物及温室气体排放量。

3. 能源消费弹性系数法

能源消费弹性系数法是一种能源需求预测方法。该方法假定在一定的历史时期内，能源消费弹性系数有一个大体上比较稳定的数值范围，并假定一个国家或地区在未来预测年份的经济发展对能源的依赖程度与过去的程度相比无明显的改变。依据历史上能源需求与经济增长的统计数据，计算出能源消费弹性系数，然后利用该系数预测此后年份的能源需求量。能源消费弹性系数法计算简单，容易理解，常见于政府部门的中长期能源预测。

4. 时间序列模型

时间序列模型本质上是通过历史时间序列的趋势来推测未来能源需求，具体又分为确定性时间模型（极少使用）和随机性时间模型（常用），其中随机性时间模型分为平稳和非平稳两类。平稳随机过程的描述可建立多种形式的时序模型，如自回归模型、移动平均模型等。若随机过程是非平稳时间序列，需要将随机序列平稳化，再运用平稳随机时间序列的方法去实现。

时间序列模型只考虑时间因素，所需数据量较少，常常用于精度要求不高的快速计算与粗略估计，多适用于中短期预测。

5. 灰色预测模型

灰色预测模型是通过少量的、不完全的信息，建立数学模型作出预测的一种预测方法。该模型基于客观事物的过去和现在的发展规律，借助于科学的方法对未来的发展趋势和状况进行描述和分析，并形成科学的假设和判断。

灰色预测模型以其简易性和可以良好利用较少数据的特点，以及对未知结构系统的灰处理方式，从提出开始就受到学者们的青睐。能源系统常被认为是灰色系统，虽然知道GDP、财政、人口等对能源需求有重要的影响，但是常常并不知道它们如何作用于能源系统。而灰色预测模型正是通过极少的已知信息对系统的灰色信息进行演化，因此灰色预测模型被越来越多地运用到能源预测中。

在灰色预测模型中将未知信息进行灰色处理，由于对能源系统作用的因素是时变的，因此在进行长期预测时精度会下降。

6. 人工神经网络算法

人工神经网络（artificial neural networks，ANN）算法是一种综合运用多种相关学科理论、模仿动物神经网络进行算法处理的新兴智能化预测方法。

由于能源领域的数据有不断变大的趋势，未来数值容易超过学习样本最大值，因此人工神经网络算法不适合长期预测。

第三节　能源供给分析

自然界中存在的各种能源资源并不是能供消费者直接使用的能量形式，这些能源资源必须经过开采、加工转换，并通过终端用能设备才能转化成为经济活动和人们生活所需要的能量形式。将能源资源转化为终端能源的一系列流程组成了能源供应系统。能源供应分析就是对能源供应系统进行分析。

一、能源供给的基本概念

（一）能源供给的含义

能源供给指在一定时期内，能源生产部门在各种可能的价格下，愿意并能够提供的能源数量。能源供给具有有限性和区域性的特点，有限性指煤炭、石油、天然气等化石能源的储量有限；区域性指能源资源在分布上具有不均衡性，存在数量或质量上的显著地域差异，并且具有特殊的分布规律。

（二）能源供给总量与能源供给结构

能源供给总量指一定范围内各种能源供给量之和。例如，化石能源供给量为原煤、原油、天然气供给量之和；可再生能源供给量则为风能、太阳能、水能、生物质能、地热能、海洋能供给量之和。

能源供应量是有效能源供给在量上的反映，当能源需求充足，且不存在库存时，能源供给在数量上等于能源供应量。

能源供给结构指能源供给总量中各类能源所占的比例。能源需求结构在很大程度上受制于能源供给结构，因此，优化能源需求结构需要从改善和优化能源供给结构做起。从全球范围来看，世界能源供给正朝着多样化、清洁化、高效化的方向发展。

2011—2021 年我国一次能源生产总量和构成如表 2-3 所示。从表 2-3 可以看出，原煤在我国能源生产结构中的比重始终保持第一，远高于原油和天然气在能源生产结构中的比重。

表 2-3　2011—2021 年我国一次能源生产总量和构成[①]

年　份	能源生产总量（万吨标准煤）	占能源生产总量的比重（%）				
		原　煤	原　油	天然气	水　电	核　电
2011	323 045	81.9	9.0	4.3	2.7	0.3
2012	330 203	81.0	9.0	4.4	3.2	0.4
2013	336 452	80.4	8.9	4.7	3.4	0.4
2014	336 314	79.2	9.0	5.0	3.9	0.5
2015	334 162	78.2	9.2	5.2	4.2	0.6
2016	315 217	76.7	9.0	5.7	4.6	0.8
2017	325 917	76.6	8.4	6.0	4.5	0.9
2018	342 312	76.6	7.9	6.0	4.4	1.1
2019	357 130	76.2	7.6	6.3	4.5	1.2
2020	364 419	75.4	7.6	6.8	4.6	1.2
2021	380 135	74.9	7.5	6.8	4.3	1.3

资料来源：《中国能源统计年鉴 2022》。

（三）能源生产弹性系数

能源生产弹性系数指能源产量增长速度相对于国民经济增长速度的比值。计算公式为

能源生产弹性系数 = 能源生产总量年平均增长速度 / 国民经济年平均增长速度

电力生产弹性系数是电力生产总量年平均增长速度与国民经济平均增长速度之比，它是反映发电量增长同国民经济增长之间关系的指标。计算公式为

---

① 计算标煤单位下的能源生产量，采用发电煤耗计算法。

电力生产弹性系数 = 电力生产量年平均增长速度 /GDP 年平均增长速度

2011—2021 年我国能源生产与电力生产弹性系数如表 2-4 所示。从表 2-4 可以看出，2020 年，受全球新冠疫情影响，我国出现了能源生产增长快于经济增长的现象，而在 2015 年，能源生产增长速度为零，2016 年甚至出现了负增长，其他年份，我国能源生产弹性系数均小于 1。

表 2-4 2011—2021 年我国能源生产与电力生产弹性系数 [①]

年　份	国内生产总值增长速度 /%	能源生产增长速度 /%	电力生产增长速度 /%	能源生产弹性系数	电力生产弹性系数
2011	9.6	9.0	12.0	0.94	1.25
2012	7.9	3.2	5.8	0.41	0.73
2013	7.8	2.2	8.9	0.28	1.14
2014	7.4	1.0	6.7	0.14	0.91
2015	7.0	0.0	0.3	—	0.04
2016	6.8	−4.5	5.5	—	0.81
2017	6.9	3.7	7.7	0.54	1.12
2018	6.7	5.6	8.5	0.84	1.27
2019	6.0	4.9	4.7	0.82	0.78
2020	2.2	2.5	3.7	1.14	1.68
2021	8.4	4.9	9.7	0.58	1.15

资料来源：《中国能源统计年鉴 2022》。

能源生产弹性系数小于 1，表明能源生产增速落后于经济增长的速度；能源生产弹性系数大于 1，则表明能源生产增速快于经济增长的速度；能源生产弹性系数等于 1，表明能源生产增速与经济增长的速度同步。

二、能源供给的主要影响因素

（一）能源资源禀赋

能源资源禀赋指一个国家或地区的各种能源资源的储量。能源资源禀赋在很大程度上决定了该国或地区的能源供给总量和供给结构，是影响能源供给的最主要因素。能源资源的天然储备量直接影响能源供给。

1. 全球煤炭资源储量及分布

煤炭是目前全球储量最为丰富、分布最为广泛且使用最为经济的能源资源之一。根据英国石油公司发布的《世界能源统计年鉴 2021》统计数据，截至 2020 年年底，全球已探明的煤炭储量为 1.07 万亿 t。分地区来看，亚太地区储量占比 42.8%，北美地区占比

---

① 国内生产总值增长速度按可比价格计算，能源生产增长速度采用等价值总量计算。

23.9%，独联体国家占比 17.8%，欧盟地区占比 7.3%，以上 4 个地区储备合计占比超过 90%。分国家来看，美国是全球煤炭储量最丰富的国家，占全球资源的 23.2%，俄罗斯占比 15.1%，澳大利亚占比 14%，中国占比 13.3%，印度占比 10.3%，以上 5 个国家储量之和占全球总储量的 76%。

2. 全球石油资源储量及分布

根据英国石油公司发布的《世界能源统计年鉴 2021》统计数据，截至 2020 年年底，全球已探明的石油储量为 17324 亿桶。分地区来看，中东地区储量占比 48.3%，中南美洲地区占比 18.7%，北美地区占比 14.0%，独联体国家占比 8.4%，以上 4 个地区储备合计占比接近 90%。

分国家来看，全球石油储量最多的国家是位于南美洲的委内瑞拉，石油储量约为 3038 亿桶，占到全球储备的 17.5%。沙特阿拉伯石油储量 2975 亿桶，占全球储备的 17.2%。加拿大石油储量 1681 亿桶，占全球储备的 9.7%。其他石油储量在 1000 亿桶以上的还有伊朗、伊拉克、俄罗斯和科威特。

小链接 2-2　　　　　　　石油输出国组织

石油输出国组织（Organization of the Petroleum Exporting Countries，OPEC）简称"欧佩克"，是亚、非、拉地区石油生产国为协调成员国石油政策、反对西方石油垄断资本的剥削和控制而建立的国际组织，1960 年在伊拉克首都巴格达成立。石油输出国组织的宗旨是：协调和统一成员国石油政策，维持国际石油市场价格稳定，确保石油生产国获得稳定收入。石油输出国组织的最高权力机构为成员国大会，由成员国代表团组成，负责制定总政策，执行机构为理事会，日常工作由秘书处负责处理。另设专门机构经济委员会，以协助维持石油价格的稳定。石油输出国组织自成立以来，与西方石油垄断资本坚持斗争，在提高石油价格和实行石油工业国有化方面取得了重大进展。

3. 全球天然气资源储量及分布

根据英国石油公司发布的《世界能源统计年鉴 2021》统计数据，截至 2020 年年底，全球已探明的天然气储量为 188.1 万 m^3。分地区来看，中东地区储量占比 40.3%，独联体国家占比 30.1%，亚太地区占比 8.8%，北美地区占比 8.1%，以上 4 个地区储备合计占比达到 87.3%。分国家来看，天然气储量最多的 5 个国家分别是俄罗斯（19.9%）、伊朗（17.1%）、卡塔尔（13.1%）、土库曼斯坦（7.2%）和美国（6.7%），占据全球总储量的约 64%。

4. 全球可再生能源储量及分布

可再生能源指那些能够源源不断地提供能量的能源，如太阳能、风能、水能和生物质能等。可再生能源具有取之不尽、用之不竭的巨大开发潜力。可再生能源的资源总量没有上限，能否得到充分利用将取决于该种能源资源转换及利用技术的成熟度。

太阳能一般指太阳光的辐射能量，是最重要的可再生能源。全球太阳能资源丰富，分布广泛，开发利用前景广阔。我国太阳能资源十分丰富，适宜太阳能发电的国土面积和建筑物受光面积很大，青藏高原、黄土高原、冀北高原、内蒙古高原等太阳能资源丰富地区占我国陆地国土面积的 2/3，具有大规模开发利用太阳能的资源潜力。

风能指空气流动所产生的动能，是太阳能的一种转化形式。风能是可再生的清洁能源，储量大、分布广。风能发电是最为常见的可再生能源利用方式，风电在减排温室气体、应对气候变化的新形势下，越来越受到世界各国的重视，并已在全球大规模开发利用。我国"三北"（东北、华北、西北）及沿海地区风能资源较为丰富，内陆地区风能资源分布也很广泛，可满足风电大规模发展需要。

水能是清洁的可再生能源，具有技术成熟、成本低廉、运行灵活的特点。根据《水电发展"十二五"规划》，全球水能资源理论蕴藏量约 39.9 万亿 kW·h，技术可开发量约 14.6 万亿 kW·h，经济可开发量约 8.7 万亿 kW·h。2003 年的全国水力资源复查成果显示，我国水能资源理论蕴藏年电量 6.08 万亿 kW·h。我国水能资源理论蕴藏量、技术可开发量和经济可开发量均居世界第一。

生物质能是重要的可再生能源，具有资源来源广泛、利用方式多样化、能源产品多元化、综合效益显著的特点。目前，世界上技术较为成熟、实现规模化开发利用的生物质能利用方式主要包括生物质发电、生物液体燃料、沼气和生物质成型燃料等。我国生物质资源丰富，能源利用潜力很大。

（二）能源技术进步

能源技术进步可以提高能源供应能力，同时降低能源供应成本。例如，通过大力研发能源开采技术，加快高耗能设备的技术改造，可以增强能源开采能力，提高能源开采效率，降低能源开采成本，增加能源供给量。

技术进步对能源供给的影响主要体现在以下两方面：技术进步可有效提高能源的供给效率，解决能源供给率较低的问题；另外，技术进步将大力推进清洁能源和可再生能源对化石能源的有效替代，缓解化石能源供应不足的问题。

（三）能源投资

能源投资是保证能源稳定、高效、清洁供给的根本保障。一般来说，能源投资的增加可以促进能源供给的增加。根据国际能源署发布的《2023 年世界能源投资报告》，预计 2023 年全球能源投资总额将达到 2.8 万亿美元，超过 2022 年的 2.6 万亿美元。其中，2023 年清洁能源投资将达到 1.7 万亿美元，而化石燃料投资将达 1.1 亿美元，清洁能源投资高于化石燃料。

为实现"双碳"目标，能源供给结构的调整至关重要。近年来，世界各国政府通过采取税收优惠等政策措施，引导能源投资方向，促进能源供给结构的调整。根据《2023 年世界能源投资报告》，2021—2023 年，清洁能源年度投资预计将增长 24%，而同期化石燃料投资增长 15%，其中超过

扩展阅读2.3

90% 的增长来自发达经济体和中国。2021 年以来，发达经济体和中国的清洁能源投资增长超过了世界其他地区的清洁能源投资总额。全球清洁能源投资增长具体体现在可再生能源和电动汽车两个方向。

三、能源供给预测方法

（一）能源储量预测法

能源储量预测法多用于石油供给预测，比较具有代表性的是石油峰值理论（peak oil theory），该理论是由美国著名石油地质学家哈伯特（Hubbert）提出。他认为，石油作为不可再生资源，任何地区的石油产量都会达到最高点；达到峰值后该地区的石油产量将不可避免地开始下降。1956 年，哈伯特大胆预言美国石油产量将在 1967—1971 年达到峰值，以后便会下降。当时美国的石油工业蒸蒸日上，他的这一言论引来很多的批判和嘲笑，但后来美国的确于 1970 年达到石油峰值，历史证明了他预测的正确性。

（二）趋势预测法

趋势预测法指利用能源供给的历史数据，进行数据处理与分析，推测未来的能源供应量。趋势预测法的假定条件是，未来能源供给会沿着历史趋势发展。趋势预测法具有操作性强的特点，但只能用于短期能源供给预测。常用的方法主要包括灰色预测模型、时间序列模型和人工神经网络算法等。

（三）能源系统分析法

能源系统分析法指综合考虑能源资源、能源需求、投资、环境等条件，提出若干可行的方案，优选出在技术、经济和社会上可接受的方案。

第四节　能源系统评价

能源系统评价是制定能源战略的重要依据，没有客观的评价就不可能制定出适合的能源战略方案。能源战略选择离不开能源系统评价，只有用系统的思想权衡各个能源战略方案的利弊得失，才能选择出在一定社会、经济、环境、技术条件下，技术上先进、经济上合理、环境效果良好的满意方案。能源系统评价的主要内容包括：能源资源评价，能源技术评价，能源环境影响评价，能源经济、社会影响评价，能源政策评价等。

一、能源资源评价

能源资源评价（energy resource assessment）指评价能源资源的供应潜力，为能源规划提供能源资源的可获取量、资源的增加速度、资源的生产能力和开发投资及成本等相关信息。能源资源评价是能源供应系统分析的一个组成部分。

能源资源评价的主要内容包括地质评价和经济评价两方面。能源资源地质评价是根据能源资源的形成和分布情况，研究与开发有关的资源赋存特征，从而确定能源资源的利用价值及其后续勘探的发展方向。能源资源的地质评价是能源经济评价的前提条件。

能源资源经济评价是从国民经济需要与合理开发能源资源的原则出发，利用技术经济分析方法，在一定的开发利用技术条件下，全面综合研究各种自然和社会因素对能源资源开发利用的影响，分析能源资源的工业意义和开发利用价值。经济评价的任务是回答能源资源开发利用合理性的问题。

由于能源资源通常划分为非再生能源资源和可再生能源资源，因此能源资源评价也可分为非再生能源资源评价和可再生能源资源评价。非再生能源资源评价的主要内容包括可获得资源总量、由勘探进度决定的资源增加速度、可供开采的能源资源年新增量，以及开采成本和所受的制约。不同的能源品种，其赋存特点和应用过程所受的现实条件限制不同，故其资源评价指标也不尽相同。

对可再生能源而言，其资源总量没有上限，能否得到利用将取决于该种能源资源转换及利用技术的成熟度。因此，除了提供类似非再生能源资源的评价信息外，关键在于评价每种可再生能源的工艺技术特性及其商业化程度。

一些国家或地区也经常依靠进口能源来填补本国能源供需平衡的缺口。同时，国内能源资源是否开采也往往取决于其开采和生产成本与国际市场上能源资源进口价格的比较。因此，对能源资源的国际供应，需要评价其能源进口的可能性及产品价格，提供各种能源产品（主要是原油及石油产品、煤炭、天然气、核燃料等）的年供应能力、进口设施的扩建速度，以及进口口岸的供应成本等信息。

二、能源技术评价

能源技术评价（energy technology evaluation）指应用一定的理论和方法，对能源开发、利用过程中所有环节构成的系统或其中某一环节，进行技术可行性、技术成熟度、经济性及对环境和社会影响的全面评价。

由于能源通常划分为非再生能源和可再生能源，因此能源技术评价也可分为非再生能源技术评价和可再生能源技术评价。可再生能源技术评价是对可再生能源从开发到转换成最终可用能形式的各环节，进行技术、经济及社会和环境影响的全面评价。

可再生能源开发技术评价主要包括对太阳能开发利用技术、风能开发技术、水能开发利用技术、生物质能开发技术和地热能开发技术进行评价。可再生能源开发技术评价需注意可再生能源的一些特点：与非再生能源相比，可再生能源的开发利用水平更多地取决于获取并将其转换成有用能的技术水平；可再生能源技术具有明显的地域性和分散性特点，数量多，体量小；各种可再生能源技术水平和成熟度差别较大，且大多数技术尚未达到大规模商业化应用的程度。

三、能源环境影响评价

《中华人民共和国环境保护法》《中华人民共和国环境影响评价法》《环境影响评价技术导则》规定了环境影响评价（environmental impact assessment，EIA）的基本原则、程序和要求，是环境影响评价的基础和保障。根据《中华人民共和国环境影响评价法》第二条的规定，环境影响评价指对规划和建设项目实施后可能造成的环境影响进行分析、预测和评估，提出预防或者减轻不良环境影响的对策和措施，进行跟踪监测的方法与制度。

能源环境影响评价除了需要对能源规划和建设项目实施后可能造成的环境影响进行评估外，还需要对能源利用过程中对环境造成的影响进行评估。例如，能源生产和利用过程中排放的废气会对大气造成影响。燃烧化石燃料（如煤炭、汽油、天然气）是能源生产和利用过程中最主要的二氧化碳排放来源。这些排放物会在大气中积累并加剧全球变暖，引发气候变化。硫氧化物是由燃料中的硫分子在燃烧时产生的，它们会形成酸雨并对人体健康和环境造成危害。与硫氧化物一样，氮氧化物也是由燃料中的元素在燃烧时产生的。它们对大气有害，并可能导致酸雨、光化学烟雾等问题。

为了评估能源生产和利用过程中对大气造成的影响，需要进行排放监测和模拟，以确定各种污染物的排放量和分布情况。大气污染物排放标准是评估环境影响的主要依据。《大气污染物综合排放标准》（GB 16297—1996）适用于现有污染源大气排放管理，以及建设项目的环境影响评价、设计、环境保护设施竣工验收及其投产后的大气污染物排放管理。

《火电厂大气污染物排放标准》（GB 13223—2011）适用于现有火电厂的大气污染物排放管理，以及火电厂建设项目的环境影响评价、环境保护工程设计、竣工环境保护验收及其投产后的大气污染物排放管理。

能源生产和利用过程中可能会对当地生态系统造成破坏，如水电站改变河流流向、风力发电机对鸟类迁徙路线的干扰等。能源生态环境影响评价的依据是生态环境影响评价标准。目前的生态环境影响评价标准是《环境影响评价技术导则 生态影响》（HJ 19—2022），该标准规定了生态影响评价的一般性原则、工作程序、内容、方法及技术要求。

四、能源经济、社会影响评价

能源经济评价是从国民经济需要与合理开发能源的原则出发，利用技术经济分析方法，在一定的开发利用技术条件下，全面综合研究各种自然和社会因素对能源开发利用的影响，分析能源的工业意义和开发利用价值。经济评价的任务是回答能源开发利用合理性问题。

社会影响评价是一套预先对预计项目或政策的社会影响作出评估的知识体系。能源开发利用社会影响评价是对于能源政策、能源开发项目、事件、活动等所产生的社会方面的影响、后果，进行事前与事后分析评估的一种技术手段。是具体应用于政策或项目的社会科学研究方法，目的在于理解社会生活的状况、原因和结果。它通过运用社会科学的知识和方法，来分析能源政策或能源项目可能带来的社会变化、影响和结果，并提供一定的"有用的知识"或者对策，以降低负面影响和实现有效管理。能源作为一种特殊资源和产品，任何能源政策（包括能源开发许可、能源建设项目约束、新能源补贴政策等）不仅影响能源生产企业和能源消费企业的行为，而且对整个社会的居民生活和观念产生深刻的影响。能源作为居民生活的必需品，不仅是一个商品问题，还是一个公平问题。

能源开发利用社会影响评价除了关注能源开发利用项目，或能源政策对社会影响之外，还特别关注谁得谁失的问题，也就是说，由于开发这样一个项目或政策的约束，社会中哪一个群体获得收益，哪一个群体遭受损失，其收益和损失程度如何。简言之，就是行动将会影响到哪些人，对他们有什么影响，他们会作出什么反应，怎样预先制定对策，把不良反应降低到最小。在采取重大能源开发利用行动（重大工程、活动、政策出台）之前，除了应该对其技术经济可行性、环境影响进行评估外，还应该对其可能产生的社会影响进行评估。其社会影响评价关注的焦点，是能源开发前的预警和更好的开发结果。而不仅仅是识别或者改善不利或者预期之外的结果。协助社区和其他利益相关者确认发展目标，实现积极效益的最大化，比将负面影响降至最低更为重要。

五、能源政策评价

能源政策评价是一个国家或地区能源系统评价的重要组成部分，是对能源政策的效果、成本、可行性和可持续性进行评估的过程。评价的目的是确定政策是否能够实现其目标，是否符合社会、经济和环境的需求，以及是否能够在较长时间内维持可持续性。积极开展能源政策评价有助于及时调整能源政策的制定和执行。为政策制定者提供客观全面的结论，旨在更好地推动政策目标的实现、提高政策制定和执行能力。

（一）能源政策评价的原则

从实践来看，大多数发达国家进行能源政策评价的主旨就是为了促进能源安全和环境保护这两大能源目标的落实。能源政策评价对于能源效益和安全的衡量，其主旨在于评估能源政策和项目对于能源成本节省和减排等问题的解决是否达到了预期效果。

能源政策评价需要建立一套衡量行为的参照系，参照系的选取往往取决于人们的价值选择。当前的能源政策评价标准，主要考虑的是经济理性和技术理性，逐步重视社会理性的回应，而较少涉及法律理性的问题。在经济理性和技术理性的指导下，各国在能源政策评价实践中发展出了各种可操作的、客观的、系统的评估标准、程序与指标。

能源政策评价标准应该能够与社会主流规范和价值相吻合，即反映社会理性，能源政策评价应重视公众的满意度、幸福感及人类社会的发展等价值标准。真正重要的不是能源政策的经济标准是否实现，而是能否通过政策引导促进人们形成节能意识和行为，最终推动节能社会、和谐社会和可持续发展社会的前进。

（二）能源政策评价的主体

能源政策评价主体不同，评估的侧重点和结果会有很大的不同。政府的职能和责任决定了其在能源政策评价中的主导作用。当前，能源政策最为常见的评价主体是政府的财政部门、立法部门及评估机构，社会的咨询公司和研究机构也会被政府的各种分支和机构雇用，以进行有偿评估。

第三方评估机构发挥其专业知识和立场中立的优势，可以减少政治因素和政府利益对于评估结果的影响。公众的广泛参与能够推动各种问题不断输入政治系统，有助于能源政策更好地实现大多数人的利益需求。

第三方评价机构和社会公众参与的另一个重要原因是可以削减政府部门评估预算的压力。为了降低能源政策评价的成本，政府调动社会力量来分担正式评估的成本。例如，美国政府将部分能源政策评价事业交给国家实验室等专业性评估机构；英国中央政府将能源政策评价的权利和责任更多地下放到地方政府；丹麦政府推动成立的丹麦节电信托基金（danish electricity saving trust）等。

（三）能源政策评价的方法

能源政策评价的方法可以简单地分为定量分析和定性分析两种。定量分析方法包括对比分析法、成本—效益分析法、统计抽样分析法等；定性分析方法包括焦点团体法、深度访谈法、非介入性研究方法等。

能源政策的定量分析可以较好地保证技术精确和方法严谨，能够较为客观地分析能源政策对于能源指标和经济指标的影响，但却容易产生效用的危机。能源政策的定性分析主要用于测评能源政策的社会产出与社会影响，强调利益相关者的内心感受，并肯定能源问题中存在的多元价值观，可以较好地回应社会的价值分析和利害相关者的内心感受，但却经常受到科学性和精确性的质疑。因此，在实践中的能源政策评价越来越多地采用定性和定量相结合的方法，采用多目标综合评估法进行全面分析。

🔖 关键词

能源系统；分布式能源系统；冷热电联供系统；综合能源系统；能源系统工程；能源需求；能源需求结构；能源强度；能源需求弹性系数；电力消费弹性系数；能源需求预测；能源供给；能源供给总量；能源供给结构；能源生产弹性系数；能源资源禀赋

? 思考题

1. 什么是能源系统？电力系统有什么特点？

2. 什么是分布式能源系统？分布式能源系统有哪些优势？

3. 什么是综合能源系统？未来能源系统的形式是怎样的？

4. 我国当前的能源需求有何特点？

5. 能源需求预测的方法有哪些？

6. 为什么说能源资源禀赋是影响能源供给的最主要因素？

7. 试述第三方评估机构参与能源政策评价的意义。

【在线测试题】扫描二维码，在线答题。

第三章 能源形势分析

学习目标

1. 了解全球能源生产和供给的现状及能源消费的现状；
2. 理解我国能源生产和供给的现状及能源消费的现状；
3. 了解全球能源发展的趋势，特别是可再生能源的发展趋势；
4. 理解我国能源发展的趋势。

本章提要

"知己知彼，百战不殆"出自《孙子兵法·谋攻篇》，意思是既了解自己，又了解敌人，打起仗来才能立于不败之地。能源战略的制定不仅需要分析我国的能源形势，而且需要分析全球的能源形势，尤其是一些主要国家的能源形势。能源形势分析的主要内容包括能源生产和供给情况、一次能源的消费量、能源消费结构及未来能源发展趋势等。

第一节 全球能源形势分析

能源是经济可持续发展的最基本驱动力，也是人类赖以生存和发展的重要物质基础。两个世纪前的化石能源革命带来了第一次工业革命，开启了人类历史的工业文明时代。但随着全球经济规模日益加大，全球面临的能源资源瓶颈和生态失衡日趋严重，以往的能源利用方式和经济发展模式即将走到尽头。受中东地区地缘政治形势、日本核电危机、俄乌冲突及以美国页岩油气革命为代表的非常规能源开发对全球能源供需关系和价格走势产生的重大影响，国际能源格局正在发生重大调整。

一、全球能源生产与供应现状

（一）全球化石能源产量持续增长

化石能源是一种碳氢化合物或其衍生物，它由古代生物的化石沉积而来，是一次能源。化石能源所包含的天然资源主要有石油、天然气和煤炭等。

2012—2021 年全球石油产量如图 3-1 所示。总体来说，2012—2019 年全球石油产量整体呈上涨趋势，其中 2019 年全球石油产量达到 9 491.6 万桶 / 天；2020 年受全球新冠疫情影响，全球对石油的需求减少，石油产量大幅度减少，该年全球石油产量为 8 849.4 万桶 / 天，同比下跌了 642.2 万桶 / 天；2021 年，全球经济进入快速复苏的通道中，全球石油产量温和反弹。据英国石油公司发布的《世界能源统计年鉴 2022》统计数据，2021 年全球石油产量为 8 987.7 万桶 / 天，同比增长 1.6%。

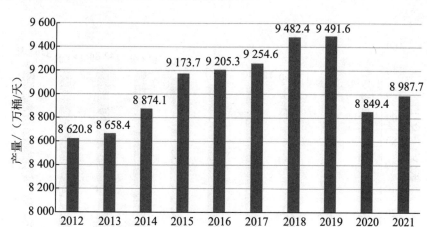

图 3-1　2012—2021 年全球石油产量

数据来源：BP《世界能源统计年鉴 2022》。

从 2021 年全球石油产量排名看，全球第一大产油国是美国，日产量达到 1 658.5 万桶，较 2020 年的 1 645.8 万桶增加了 0.8%，但低于 2019 年的 1 711 万桶。沙特石油产量位列第二，日产 1 095.5 万桶，同比减少了 0.8%。俄罗斯石油产量位列第三，日产 1 094.4 万桶，同比增加了 2.6%。2021 年全球十大石油生产国石油产量、增长率及占比如表 3-1 所示。

表 3-1　2021 年十大石油生产国石油产量、增长率及占比　　　　　　单位：万桶 / 天

国　家	排　名	2021 年	2020 年	同比增长 /%	全球占比 /%
美国	1	1 658.5	1 645.8	0.8	18.5
沙特	2	1 095.4	1 103.9	−0.8	12.2
俄罗斯	3	1 094.4	1 066.7	2.6	12.2
加拿大	4	5 429.0	5 130.0	5.8	4.4
伊拉克	5	4 102.0	4 114.0	−0.3	4.6
中国	6	3 994.0	3 901.0	2.4	4.4
阿联酋	7	3 668.0	3 693.0	−0.7	4.1
伊朗	8	3 620.0	3 084.0	17.4	4.0
巴西	9	2 987.0	3 030.0	−1.4	3.3
科威特	10	2 741.0	2 695.0	1.7	3.0

数据来源：BP《世界能源统计年鉴 2022》。

根据英国石油公司发布的《世界能源统计年鉴 2022》统计数据，2012—2021 年全球天然气产量呈增长趋势，增速呈波动趋势。2012—2021 年全球天然气产量如图 3-2 所示。2019 年全球天然气产量为 142.84 艾焦（EJ），同比增长 3.0%。受疫情影响，2020 年全球

天然气产量下降 2.7% 至 139.01 EJ。2021 年全球天然气产量为 145.33 EJ，同比增长 4.5%，并创历史新高。

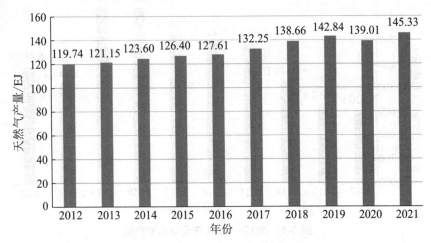

图 3-2   2012—2021 年全球天然气产量

数据来源：BP《世界能源统计年鉴 2022》。

从各国的情况来看，2021 年，美国的天然气产量位列榜首，总计生产了 33.63 EJ 天然气，同比增长 2%，美国自 2015 年以来连续 7 年天然气产量增长。俄罗斯天然气产量位列第二，生产了 25.26 EJ 天然气，同比增长 10.1%。伊朗天然气产量位列第三，为 9.24 EJ，同比增长 2.9%。2021 年十大天然气生产国天然气产量及增长率如表 3-2 所示。

表 3-2   2021 年十大天然气生产国天然气产量及增长率   单位：EJ

国　家	排　名	2021 年	2020 年	同比增长 /%	全球占比 /%
美国	1	33.63	32.97	2.00	23.10
俄罗斯	2	25.26	22.94	10.10	17.40
伊朗	3	9.24	8.98	2.90	6.40
中国	4	7.53	6.98	7.90	5.20
卡塔尔	5	6.37	6.30	1.10	4.40
加拿大	6	6.20	5.97	3.90	4.30
澳大利亚	7	5.30	5.25	1.00	3.60
沙特阿拉伯	8	4.22	4.07	3.70	2.90
挪威	9	4.12	4.01	2.70	2.80
阿尔及利亚	10	3.63	2.93	23.90	2.50

数据来源：根据 BP《世界能源统计年鉴 2022》数据绘制。

2012—2021 年全球煤炭产量如图 3-3 所示。从图 3-3 可以看出，从 2014 年开始，全球煤炭产业进入深度调整期，产量连续 3 年下滑。2014—2016 年全球煤炭产量分别为 166.09 EJ、161.85 EJ、153.44 EJ，同比分别下降 0.3%、2.6% 和 5.2%。2017—2019 年产量止跌回升，2019 年生产煤炭 167.14 EJ，同比增长 1.2%。2020 年受全球新冠疫情影响，煤炭总产量为 158.65 EJ，同比下降 5.1%。2021 年，疫情对经济的影响较 2020 年有相对明显的下降，全球煤炭产量恢复上升，达到 167.58 EJ，较 2020 年增加了 8.93 EJ，同比增长 5.6%。

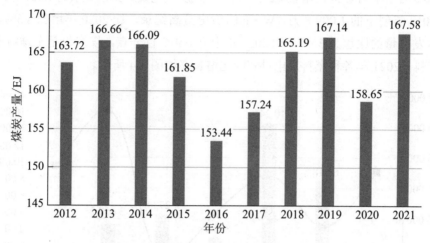

图 3-3　2012—2021 年全球煤炭产量

数据来源：BP《世界能源统计年鉴 2022》。

2021 年，在全球十大产煤国中，只有南非煤炭产量有所减少，比上年下降了 4.6%，而其余产煤国的煤炭产量继续保持增长，2021 年十大产煤国的煤炭产量及增长率如表 3-3 所示。

表 3-3　2021 年十大产煤国的煤炭产量及增长率　　　　　单位：EJ

国　　家	排　　名	2021 年	2020 年	同比增长 /%	全球占比 /%
中国	1	85.15	80.51	5.80	50.80
印尼	2	15.15	13.91	8.90	9.00
印度	3	13.47	12.63	6.70	8.00
澳大利亚	4	12.43	12.18	2.10	7.40
美国	5	11.65	10.73	8.60	7.00
俄罗斯	6	9.14	8.42	8.60	5.50
南非	7	5.55	5.82	-4.60	3.30
哈萨克斯坦	8	2.09	2.05	2.00	1.20
波兰	9	1.76	1.68	4.80	1.10
哥伦比亚	10	1.71	1.50	14.00	1.00

数据来源：根据 BP《世界能源统计年鉴 2022》数据绘制。

值得一提的是，2021 年全球煤炭价格大幅上涨，欧洲平均价格为 121 美元 /t，亚洲平均价格为 145 美元 /t，为 2008 年以来的最高水平。

（二）燃煤发电仍是全球最主要的发电来源

在化石能源中，煤炭仍然是 2021 年全球发电的主要来源，其比重从 2020 年的 35.1%
增加到 36%。英国石油公司发布的《世界能源统计年鉴 2022》显示，2021 年，全球总发电
量为 2.846 6 万 TW·h，同比增长 6.2%。其中，燃煤发电量达到创纪录的 1.024 4 万 TW·h，
超过了 2018 年创下的 1.009 8 万 TW·h 的历史最高纪录，比 2020 年增长 8.5%。燃煤发
电量占总发电量的比重为 36%，比 2020 年上升 0.9 个百分点，煤炭仍是全球排名第一位
的发电燃料。2021 年各种燃料发电量和同比增长率如图 3-4 所示。

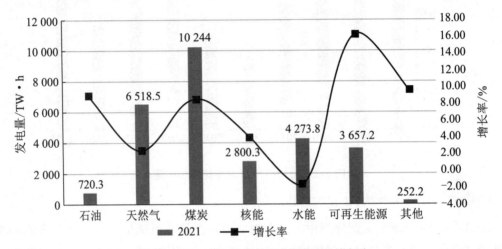

图 3-4　2021 年各种燃料发电量和同比增长率

数据来源：BP《世界能源统计年鉴 2022》。

2021 年，天然气的发电量为 6 518.5 TW·h，排名第二，比 2020 年增长 2.3%，占比
为 22.9%，比上年微降 0.2 个百分点；水电发电量为 4 273.8 TW·h，排名第三，同比下
降 1.7%，占比为 15.0%，比上年下降 1 个百分点；可再生能源发电量为 3 657.2 TW·h，
同比增长 16.2%，占比从上年的 11.7% 增长至 12.8%，上升 1.1 个百分点；核能发电量为
2 800.3 TW·h，同比增长 3.9%，占比为 9.8%，比上年微降 0.2 个百分点。

从全球分地区发电量统计数据来看，2021 年，亚太地区燃煤发电量同比增长 7.8%，
占全球燃煤发电量的比例为 77.8%，比上一年略微下降；北美洲和欧洲的燃煤发电量分别
增长 14.3% 和 10.9%，占全球燃煤发电量的比例分别为 10.1% 和 6.2%，比上一年有所增
加。需要指出的是，煤炭为印度近 3/4 的电力输出提供燃料。自俄乌冲突以来，印度燃煤
发电产量的增速远快于亚太地区任何其他国家。

（三）可再生能源发电量快速增长

全球能源结构向低碳、绿色能源转型已势在必行。2012—2021 年全球可再生能源发
电量如图 3-5 所示。从图 3-5 可以看出，全球可再生能源发电量逐年快速增长，从 2012
年的 1 067.8 TW·h 增长到 2021 年的 3 657.2 TW·h。

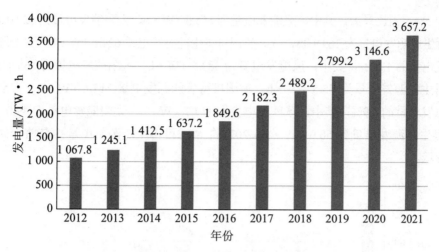

图 3-5　2012—2021 年全球可再生能源发电量

数据来源：BP《世界能源统计年鉴 2022》。

2021 年全球可再生能源发电份额上升到创纪录的水平（12.8%），可再生能源和燃气发电的合计份额（35.7%）首次与煤炭相当（36%）。

从细分类别来看，2021 年全球各类可再生能源发电量均出现不同程度的增长，其中太阳能发电量增幅最为明显。2021 年全球太阳能发电量达 1 032.5 TW·h，较 2020 年增加了 186.3 TW·h；风能发电量达 1 861.9 TW·h，较 2020 年增加了 265.5 TW·h；其他可再生能源（包括地热能、生物质能等）发电量达 762.8 TW·h，较 2020 年增加了 58.9 TW·h。2021 年全球可再生能源各类别发电量及增长率如图 3-6 所示。

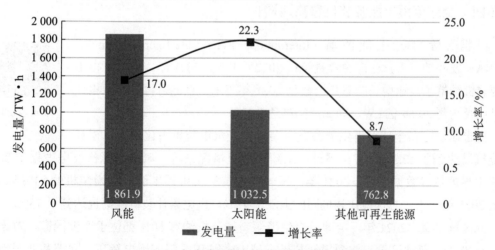

图 3-6　2021 年全球可再生能源各类别发电量及增长率

数据来源：BP《世界能源统计年鉴 2022》。

从各地区的情况来看，欧洲是全球可再生能源发电比重最高的地区，2021 年欧洲可再生能源在发电量中的占比达到 23.5%，成为全球首个以可再生能源为主要发电源的地区。从各国的情况来看，2021 年，我国可再生能源发电量 1 152.5 TW·h，占全球可再生能源总发电量的 31.5%，占比最大，其中，风能发电量为 655.6 TW·h，太阳能发电量为 327.0 TW·h，其他可再生能源发电量为 169.9 TW·h。美国可再生能源发电量 624.5 TW·h，占全球可再生能源总发电量的 17.1%，其中，风能发电量为 383.6 TW·h，太阳能发电量为 165.4 TW·h，其他可再生能源发电量为 75.5 TW·h。德国可再生能源发电量 217.6 TW·h，占全球可再生能源总发电量的 5.9%，其中，风能发电量为 117.7 TW·h，太阳能发电量为 49.0 TW·h，其他可再生能源发电量为 50.9 TW·h。2021 年全球可再生能源发电量排名前十的国家如图 3-7 所示。

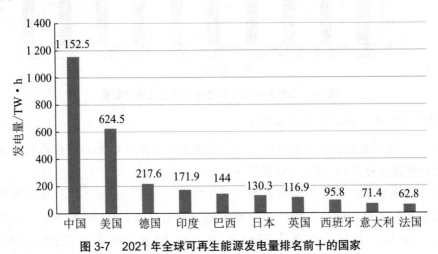

图 3-7　2021 年全球可再生能源发电量排名前十的国家

数据来源：BP《世界能源统计年鉴 2022》。

（四）全球可再生能源装机量高速增长

根据国际可再生能源署（International Renewable Energy Agency，IRENA）发布的《可再生能源容量统计 2022》报告，2021 年，全球可再生能源装机维持了高速增长的态势，截至 2021 年年末，全球可再生能源累计装机已经达到 30.64 亿 kW，同比涨幅高达 9.1%。

扩展阅读3.1

报告显示，在全球可再生能源发电装机中，水电装机占比最大，累计总装机量达到了 12.3 亿 kW。不过，从新增装机情况来看，风电和光伏发电占据了 2020 年的主导地位。数据显示，2021 年，风光发电装机占可再生能源新增装机的 81% 以上，截至 2021 年年末，光伏累计装机同比上涨了 19%，风电累计装机涨幅也达到了 13%。

分区域来看，2021 年，全球可再生能源新增装机约有 60% 都位于亚洲国家，数据显示，2020 年，亚洲可再生能源累计装机突破 10 亿 kW，创下历史新高。欧洲和北美地区可再生能源新增装机分别为 3 900 万 kW 和 3 800 万 kW。相比之下，非洲、中美洲等地区可再生能源新增装机速度则相对较慢，低于全球平均水平。

2012—2021 年全球风能装机容量如图 3-8 所示。从图 3-8 可以看出，全球风能装机量高速增长，从 2012 年的 266.9 GW 高速增长到 2021 年的 824.9 GW，但增幅低于太阳能增幅。与 2020 年相比，风能在 2021 年继续以较低的速度扩张，新增装机 93 GW，而 2020

年为 111 GW。

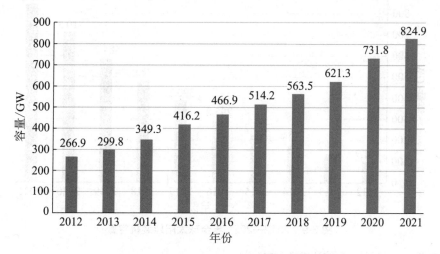

图 3-8　2012—2021 年全球风能装机容量

数据来源：BP《世界能源统计年鉴》。

　　分国家来看，我国风能装机容量达到 329 GW，同比增长 16.6%，占全球产能的 39.9%；美国风能装机容量达到 132.7 GW，同比增长 11.8%；德国风能装机容量达 63.8 GW。2021 年全球风能装机容量排名前十的国家如表 3-4 所示。

表 3-4　2021 年全球风能装机容量排名前十的国家　　　　　　　　　单位：GW

国　家	排　名	2021 年	2020 年	同比增长 /%	全球占比 /%
中国	1	329.0	282.1	16.6	39.9
美国	2	132.7	118.7	11.8	16.1
德国	3	63.8	62.2	2.6	7.7
印度	4	40.1	38.6	3.9	4.9
西班牙	5	27.5	26.8	2.6	3.3
英国	6	27.1	24.5	10.6	3.3
巴西	7	21.2	17.2	23.3	2.6
法国	8	18.7	17.5	6.9	2.3
加拿大	9	14.3	13.6	5.1	1.7
瑞典	10	12.1	10.0	21.0	1.5

数据来源：根据 BP《世界能源统计年鉴 2022》数据绘制。

　　值得一提的是，随着近几年世界主要地区新增装机容量的增加，全球太阳能总装机容量现已超过风能装机容量。

　　根据英国石油公司发布的《世界能源统计年鉴 2022》统计数据，2012—2021 年全球太阳能装机容量如图 3-9 所示。从图 3-9 可以看出，全球太阳能装机量高速增长，从 2012 年的 101.7 GW 高速增长到 2021 年的 843.1 GW。

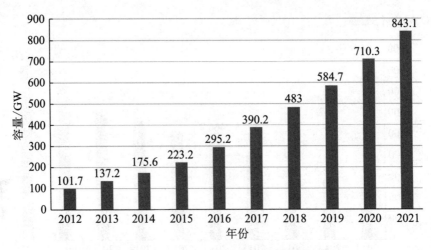

图 3-9　2012—2021 年全球太阳能装机容量

数据来源：BP《世界能源统计年鉴 2022》。

分国家来看，我国是太阳能装机无可争议的领导者，占全球产能的 36% 以上。紧随我国之后的是美国，其太阳能装机容量同比增长高达 27.0%。2021 年全球太阳能装机容量排名前十的国家如表 3-5 所示。

表 3-5　2021 年全球太阳能装机容量排名前十的国家　　单位：GW

国　家	排　名	2021 年	2020 年	同比增长 /%	全球占比 /%
中国	1	306.4	253.4	20.9	36.3
美国	2	93.7	73.8	27.0	11.1
日本	3	74.2	69.8	6.3	8.8
德国	4	58.5	53.7	8.9	6.9
印度	5	49.3	39.0	26.4	5.9
意大利	6	22.7	21.7	4.6	2.7
澳大利亚	7	19.1	17.3	10.4	2.3
韩国	8	18.2	14.6	24.7	2.2
越南	9	16.7	16.7	0.0	2.0
法国	10	14.7	12.0	22.5	1.7

数据来源：根据 BP《世界能源统计年鉴 2022》数据绘制。

二、全球能源消费现状

（一）一次能源消费增长较快

2012—2021 年全球一次能源消费量如图 3-10 所示。从 2012—2021 年全球一次能源消费量看，2012—2021 年全球一次能源消费量呈上升趋势（2020 年除外）。

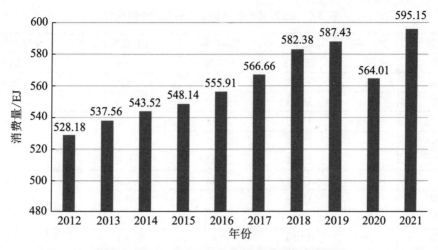

图 3-10 2012—2021 年全球一次能源消费量

数据来源：BP《世界能源统计年鉴 2022》。

根据英国石油公司发布的《世界能源统计年鉴 2022》统计数据，在全球新冠疫情常态化防控下，2021 年全球一次能源消费 595.15 EJ，同比增长 5.8%，扭转了 2020 年疫情导致的能源消费急剧下降趋势，比 2019 年的水平高出 1% 以上。从增量上看，2021 年全球一次能源消费同比增长 31.14 EJ，这是历史上最大的增幅，比 2019 年高出近 8 EJ。

按燃料划分，2021 年全球石油消费量为 184.2 EJ；天然气消费量为 145.3 EJ；煤炭消费量为 160.1 EJ；核能消费量为 25.3 EJ；水电消费量为 40.3 EJ；可再生能源消费量为 39.9 EJ。2021 年全球一次能源（按燃料划分）消费量和同比增长率如图 3-11 所示。

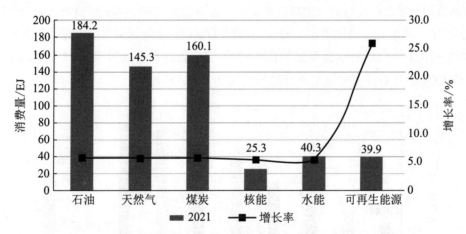

图 3-11 2021 年全球一次能源（按燃料划分）消费量和同比增长率

数据来源：BP《世界能源统计年鉴 2022》。

从各国的情况来看，全球绝大部分国家能源消费呈增长态势。我国能源消费量为 157.65 EJ，同比增长 6.8%，占全球能源总消费量的 26.5%，能源消费量排名第一。美国、印度、俄罗斯、日本、加拿大、德国、韩国、巴西和伊朗相继进入能源消费量前十。2021 年一次能源消费排名前十的国家如表 3-6 所示。

表 3-6　2021 年一次能源消费排名前十的国家　　　　　　　　　单位：EJ

国　家	排　名	2021 年	2020 年	同比增长 /%	全球占比 /%
中国	1	157.65	147.58	6.8	26.5
美国	2	92.97	88.54	5.0	15.6
印度	3	35.43	32.19	10.1	6.0
俄罗斯	4	31.30	28.88	8.4	5.3
日本	5	17.74	17.13	3.6	3.0
加拿大	6	13.94	13.82	0.9	2.3
德国	7	12.64	12.36	2.3	2.1
韩国	8	12.58	11.99	4.9	2.1
巴西	9	12.57	12.00	4.8	2.1
伊朗	10	12.19	12.02	1.4	2.0

数据来源：根据 BP《世界能源统计年鉴 2022》数据绘制。

值得一提的是，全球一次能源消费增长是由新兴经济体推动的。2021 年新兴经济体一次能源消费增长了 13 EJ，其中我国增长了 10 EJ。自 2019 年以来，新兴经济体一次能源消费增加了 15 EJ，主要反映了我国的增长（13 EJ）。而 2021 年发达经济体一次能源消费比 2019 年的水平低 8 EJ。

（二）化石能源消费增长强劲

石油、天然气和煤炭是当今人类社会消费的三大主要能源资源，也是全球能源市场三大主要能源商品。2021 年，在全球新冠疫情常态化防控下，三大能源的消费量均有所回升。

根据英国石油公司发布的《世界能源统计年鉴 2022》，2021 年全球消费石油 184.21 EJ，比 2020 年增加 10.04 EJ，同比增长 5.76%，石油消费量在一次能源消费量中的比重约为 31%。

2012—2021 年全球石油消费量如图 3-12 所示。从 2012—2021 年全球石油消费量看，2012—2019 年全球石油消费量呈上升趋势（2020 年除外）。

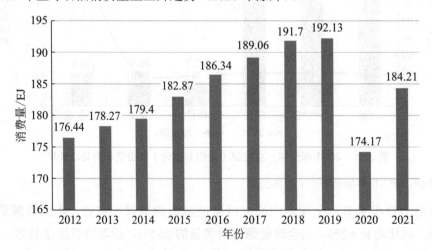

图 3-12　2012—2021 年全球石油消费量

数据来源：BP《世界能源统计年鉴 2022》。

从各国来看，2021 年美国石油消费量达 35.33 EJ，同比增长 8.6%，全球排名第一；我国石油消费量为 30.60 EJ，同比增长 6.5%，全球排名第二；印度石油消费量为 9.41 EJ，同比增长 3.6%，全球排名第三。2021 年全球石油消费排名前十的国家如表 3-7 所示。

表 3-7　2021 年全球石油消费排名前十的国家　　　　　单位：EJ

国　家	排　名	2021 年	2020 年	同比增长 /%	全球占比 /%
美国	1	35.33	32.52	8.6	19.2
中国	2	30.60	28.74	6.5	16.6
印度	3	9.41	9.08	3.6	5.1
俄罗斯	4	6.71	6.34	5.8	3.6
日本	5	6.61	6.49	1.8	3.6
沙特	6	6.59	6.54	0.8	3.6
韩国	7	5.39	5.06	6.5	2.9
巴西	8	4.46	4.22	5.7	2.4
德国	9	4.18	4.22	-0.9	2.3
加拿大	10	4.17	4.11	1.5	2.3

数据来源：根据 BP《世界能源统计年鉴 2022》数据绘制。

2021 年全球消费天然气 145.35 EJ，同比增长 4.99%，天然气消费量在一次能源消费量中的比重约为 24%，与 2020 年持平。2012—2021 年全球天然气消费量如图 3-13 所示。从 2012—2021 年全球天然气消费量看，2012—2021 年全球天然气消费量一直呈上升趋势（2020 年除外）。

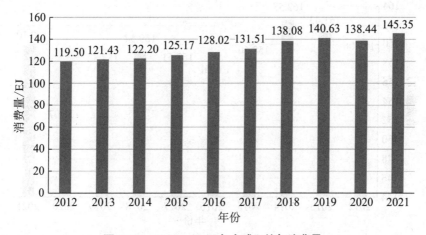

图 3-13　2012—2021 年全球天然气消费量

数据来源：BP《世界能源统计年鉴 2022》。

分国家来看，2021 年美国天然气消费量达 29.76 EJ，全球排名第一，但较 2020 年下降 0.6%；俄罗斯天然气消费量为 17.09 EJ，全球排名第二，同比增长 12.1%；我国天然气消费量为 13.63 EJ，全球排名第三，同比增长 12.5%。2021 年全球天然气消费排名前十的国家如表 3-8 所示。

表 3-8　2021 年全球天然气消费排名前十的国家　　　　　　　　　　　单位：EJ

国　家	排　名	2021 年	2020 年	同比增长 /%	全球占比 /%
美国	1	29.76	29.95	-0.6	20.5
俄罗斯	2	17.09	15.25	12.1	11.8
中国	3	13.63	12.12	12.5	9.4
伊朗	4	8.68	8.43	3.0	6.0
加拿大	5	4.29	4.08	5.1	3.0
沙特	6	4.20	4.07	3.2	2.9
日本	7	3.73	3.75	-0.5	2.6
德国	8	3.26	3.14	3.8	2.2
墨西哥	9	3.18	3.01	5.6	2.2
英国	10	2.77	2.63	5.3	1.9

数据来源：根据 BP《世界能源统计年鉴 2022》数据绘制。

2021 年全球煤炭消费增长约 6%，达到 160.10 EJ，高于 2019 年的水平，是自 2015 年以来的最高水平。煤炭消费量在一次能源消费量中的比重约为 27%。值得一提的是，在经历了近 10 年的连续下降之后，欧洲和北美地区的煤炭消费量在 2021 年都出现了增长。2012—2021 年全球煤炭消费量如图 3-14 所示。

扩展阅读3.2

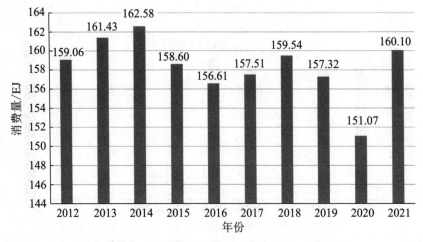

图 3-14　2012—2021 年全球煤炭消费量

数据来源：BP《世界能源统计年鉴 2022》。

分国家来看，2021 年我国煤炭消费量达 86.17 EJ，全球排名第一，同比增长 4.6%；印度煤炭消费量为 20.09 EJ，全球排名第二，同比增长 15.5%；美国煤炭消费量为 10.57 EJ，全球排名第三，同比增长 14.9%。2021 年全球煤炭消费排名前十的国家如表 3-9 所示。

表 3-9　2021 年全球煤炭消费排名前十的国家　　　　　　　　单位：EJ

国　　家	排　　名	2021 年	2020 年	同比增长 /%	全球占比 /%
中国	1	86.17	82.38	4.6	53.8
印度	2	20.09	17.40	15.5	12.5
美国	3	10.57	9.20	14.9	6.6
日本	4	4.80	4.57	5.0	3.0
南非	5	3.53	3.56	-0.8	2.2
俄罗斯	6	3.41	3.29	3.6	2.1
印尼	7	3.28	3.25	0.9	2.0
韩国	8	3.04	3.02	0.7	1.9
越南	9	2.15	2.10	2.4	1.3
德国	10	2.12	1.81	17.1	1.3

数据来源：根据 BP《世界能源统计年鉴 2022》数据绘制。

（三）可再生能源消费快速增长

随着全球经济的发展，能源消费不断增长，在全球的能源消费中，可再生能源占比不断提高。2012—2021 年全球可再生能源消费量统计如图 3-15 所示。从全球可再生能源消费量来看，2012—2021 年全球可再生能源消费量呈快速增长趋势。

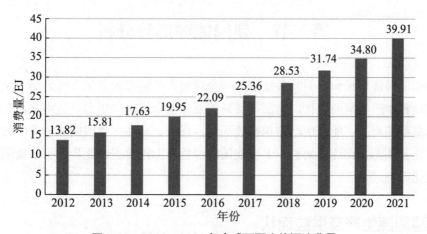

图 3-15　2012—2021 年全球可再生能源消费量

数据来源：BP《世界能源统计年鉴 2022》。

根据英国石油公司发布的《世界能源统计年鉴 2022》统计数据，2021 年全球可再生能源消费量达 39.91 EJ，增长了约 5.1 EJ，年增长率 15%，高于上一年 9.6% 的增长率，并且高于 2021 年的任何其他能源的增长率。

分国家来看，2021 年我国可再生能源消费量达 11.32 EJ，同比增长 32.9%，全球排名第一；美国可再生能源消费量为 7.48 EJ，同比增长 12.5%，全球排名第二；巴西可再生能源消费量为 2.39 EJ，同比增长 9.1%，全球排名第三。2021 年可再生能源消费排名前十的国家如表 3-10 所示。

表 3-10　2021 年可再生能源消费排名前十的国家　　　　　　　　单位：EJ

国　　家	排　　名	2021 年	2020 年	同比增长 /%	全球占比 /%
中国	1	11.32	8.52	32.9	28.4
美国	2	7.48	6.65	12.5	18.7
巴西	3	2.39	2.19	9.1	6.0
德国	4	2.28	2.44	−6.6	5.7
印度	5	1.79	1.58	13.3	4.5
日本	6	1.32	1.20	10.0	3.3
英国	7	1.24	1.35	−8.1	3.1
西班牙	8	0.97	0.86	12.8	2.4
意大利	9	0.76	0.74	2.7	1.9
法国	10	0.74	0.73	1.4	1.9

数据来源：根据 BP《世界能源统计年鉴 2022》数据绘制。

2021 年我国可再生能源消费量占全球可再生能源总消费量的 28.4%，占比最大；美国可再生能源消费量占全球可再生能源总消费量的 18.7%；巴西可再生能源消费量占全球可再生能源总消费量的 6.0%。

第二节　我国能源形势分析

我国作为经济增长最快的新兴经济体和全球最大的能源消费国，既影响着全球能源消费安全格局和生产格局的变化，也面临着新的能源安全挑战和压力。近年来，我国一次能源生产总量稳步增长，能源生产结构持续优化。煤炭、石油在我国能源消费中的比重逐年减少，非化石能源占比逐年增长，表明我国的绿色能源消费正在逐步增长，能源消费结构呈现多元化趋势。

一、我国能源生产及供应现状

（一）能源生产稳步增长

2012—2021 年我国一次能源生产总量如图 3-16 所示。2012—2021 年，我国一次能源产量整体保持稳中有升的趋势。2014 年我国一次能源生产总量达到 36.2 亿 t 标准煤，但 2016 年，一次能源产量出现小幅下滑，2016 年全国能源生产总量下降到 34.6 亿 t 标准煤，与上一年同期相比减少了 4.4%。此后几年，一次能源生产稳步增长，2021 年我国一次能源生产总量为 43.3 亿 t 标准煤，比 2012 年增长 30%，年均增长 2.3%。

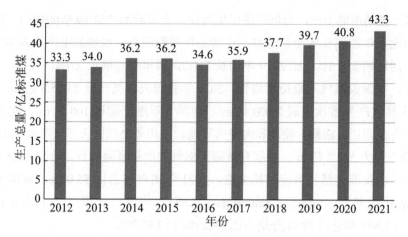

图 3-16　2012—2021 年我国一次能源生产总量

数据来源：国家统计局。

2021 年，随着增产保供政策持续推进，我国能源生产稳步增长，安全供应能力进一步增强。2021 年，我国原煤、原油、电力生产增速比上一年加快，天然气生产增速放缓。2021 年，我国一次能源生产总量为 43.3 亿 t 标准煤，同比增长 6.2%。其中，原煤产量 41.30 亿 t，同比增长 5.7%；原油产量 19 888.10 万 t，同比增长 2.1%；天然气产量 2 075.80 亿 m^3，同比增长 7.8%；发电量 85 342.50 亿 kW·h，同比增长 9.7%。2012—2021 年我国主要能源品种生产总量如表 3-11 所示。

表 3-11　2012—2021 年我国主要能源品种生产总量

年份	原煤产量 / 亿 t	原油产量 / 万 t	天然气产量 / 亿 m^3	发电量 / 亿 kW·h
2012	39.45	20 747.80	1 106.08	49 875.53
2013	39.74	20 991.90	1 208.58	54 316.35
2014	38.74	21 142.90	1 301.57	57 944.57
2015	37.47	21 455.58	1 346.10	58 145.73
2016	34.11	19 968.52	1 368.65	61 331.60
2017	35.24	19 150.61	1 480.35	66 044.47
2018	36.98	18 932.42	1 601.59	71 661.33
2019	38.46	19 101.41	1 753.62	75 034.28
2020	39.00	19 476.86	1 924.95	77 790.60
2021	41.30	19 888.10	2 075.80	85 342.50

数据来源：国家统计局。

如表 3-11 所示，我国原煤产量在 2014 年开始出现下降，2016 年达到十年内最低值，2017 年开始原煤产量恢复增长。2021 年，面对煤炭供应偏紧、价格大幅上涨等情况，我国煤炭生产企业全力增产增供，加快释放优质产能，全年原煤产量 41.30 亿 t，比上年增长 5.9%，有效地保障了人民群众安全温暖过冬和经济平稳运行。

如表 3-11 所示，我国原油产量 2016 年出现大幅下滑，2017、2018 年继续下滑，但 2018 年降幅收窄，2019 年原油产量增速由负转正。2021 年我国原油生产企业不断加大勘探开发力度，推动增储上产，力保经济民生用油。全年原油产量 19 888.1 万 t，比上年增长 2.1%，增速比上年加快 0.15 个百分点，连续三年平稳回升；原油加工产量为 70 355.4 万 t，创下新高，同比增长 4.3%，比 2019 年增长 7.4%，两年平均增长 3.6%。

近十年，我国天然气产量持续增长。2021 年我国天然气产量 2 075.8 亿 m³，比上年增长 7.8%，天然气产量首次突破 2 000 亿 m³，连续 5 年增产超过 100 亿 m³。我国天然气的生产主要分布在四川、新疆、陕西和内蒙古等地。四川省是我国天然气产量最丰富的地区，2021 年的总产量为 522.2 亿 m³。新疆和陕西天然气的产量紧随其后，分别为 387.6 亿 m³ 和 294.1 亿 m³。从我国天然气供应结构来看，2021 年国产气占比 55.07%，我国天然气进口包括进口液化天然气（liquefied natural gas，LNG）和进口管道气（pipeline natural gas，PNG），进口 LNG 和进口 PNG 分别占比 29.21% 和 15.72%。

我国电力生产企业坚持民生优先，努力提升电力供应水平，全力保障经济民生用电需求。2021 年全年发电量 85 342.5 亿 kW·h，同比增长 9.7%；火电发电量 58 058.7 亿 kW·h，同比增长 8.9%；水电发电量 13 390 亿 kW·h，同比减少 1.2%；核电发电量 4 075.2 亿 kW·h，同比增长 11.3%。

（二）能源生产结构持续优化

2021 年我国清洁能源继续快速发展，占比进一步提升，能源结构持续优化。但同时也应该看到，虽然煤炭的比重将逐步降低，但煤炭主体能源地位在短期内难以改变。

2012—2021 年我国能源生产结构如图 3-17 所示。2012—2021 年，不同品种能源占比呈现不同趋势。原煤生产占比持续下降，2021 年较 2012 年下降 9.2 个百分点。原油生产总量占比持续下降，2021 年较 2012 年下降 1.9 个百分点。天然气生产占比略有提升，2021 年较 2012 年提升 2 个百分点，水电、核电、风电等一次电力生产占比大幅提升，2021 年较 2012 年提升 9.1 个百分点。

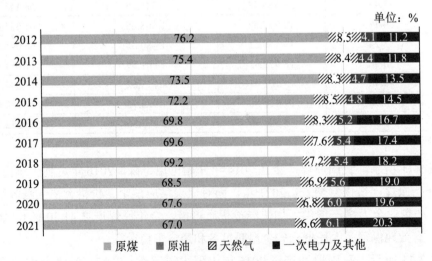

图 3-17　2012—2021 年我国能源生产结构

数据来源：国家统计局。

58

2021年，我国非化石能源发电装机历史性突破10亿kW，达到111 720万kW，同比增长13.4%，占总发电装机容量比重约为47%，比上年提高2.3个百分点，历史上首次超过煤电装机比重。非化石能源发电量2.9万亿kW·h，同比增长12.0%；占全口径总发电量的比重为34.6%。风电、光伏发电、水电、生物质发电装机规模连续多年稳居世界第一。清洁能源消纳持续向好，2021年水电、风电、光伏发电平均利用率分别约达98%、97%和98%。

扩展阅读3.3

（三）能源进口量有涨有跌

2021年我国能源产品进口量有涨有跌，原油进口量同比减少5.4%，天然气进口量同比增长19.9%，煤及褐煤进口量同比增长6.6%。2021年能源进口量及增速如图3-18所示。

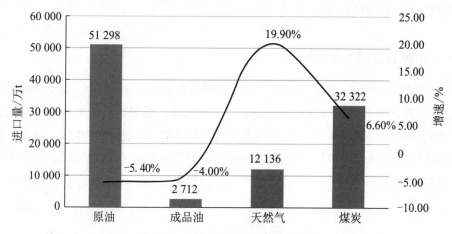

图 3-18　2021年能源进口量及增速

数据来源：海关总署。

2012—2021年我国能源进口情况如表3-12所示。从2012—2021年我国能源进口情况来看，2012—2021年我国原油和天然气进口一直呈现增长趋势。

表 3-12　2012—2021年我国能源进口情况

年　份	煤及褐煤 / 亿 t	原油 / 万 t	天然气 / 亿 m³	电力 / 亿 kW·h
2012	28 841	27 103	421	69
2013	32 702	28 174	525	75
2014	29 120	30 837	591	68
2015	20 406	33 550	611	62
2016	25 543	3 810	746	62
2017	27 090	41 957	946	64
2018	28 189	46 189	1 246	57
2019	29 967	50 568	1 332	49
2020	30 399	54 201	1 403	—
2021	32 322	51 298	1 675	—

数据来源：国家统计局、海关总署。

2021 年以来，国际油价破位上涨，原油的进口成本大幅走高，抑制了部分进口需求。国内天然气需求强劲增长，而国内天然气产量增速不及消费增速，管道气及 LNG 进口量实现双增长。国内煤炭市场供需关系紧张，内贸煤价格持续上行，外煤在价格上优势明显，企业对进口煤的采购意愿增强，煤炭进口量同比上涨。

2021 年我国原油进口 51 298 万 t，同比减少 5.4%，金额 16 618 亿元，同比增加 34.4%。成品油进口 2 712 万 t，同比减少 4.0%，金额 1 078 亿元，同比增加 31.6%。2021 年，我国天然气进口 12 136 万 t（约合 1 675 亿 m^3），同比增长 19.4%，金额 3 601 亿元，同比增加 56.3%。2021 年，我国进口煤及褐煤 32 322 万 t，同比增长 6.3%，金额 2 319 亿元，同比增加 64.1%。

二、我国能源消费现状

（一）能源消费需求平稳增长

2012 年以来，我国能源消费总量处于低速增长状态，以年均 3.0% 的能耗增速支撑了年均 6.6% 的国内生产总值（GDP）增速。分品种来看，煤炭、石油等化石能源消费增速平缓，煤炭消费年均增长 0.3%，石油消费年均增长 3.9%；天然气、水电、核电、新能源发电等清洁能源消费快速增长，天然气消费年均增长 10.5%，一次电力及其他能源消费年均增长 9.3%。2012—2021 年我国能源消费总量及增速如图 3-19 所示。

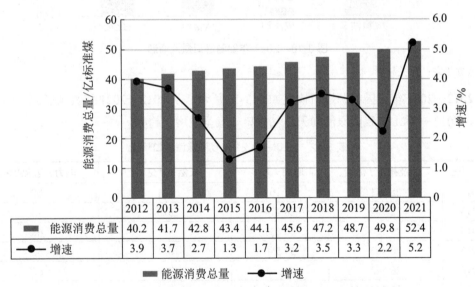

图 3-19　2012—2021 年我国能源消费总量及增速

数据来源：国家统计局。

2021 年，随着我国经济社会秩序持续稳定恢复，国内经济复苏和出口订单增长远超预期，能源需求也呈逐步回升态势。全年能源消费总量 52.4 亿吨标准煤，比上年增长 5.2%，两年平均增长 3.7%。煤炭消费量增长 4.6%，原油消费量增长 4.1%，天然气消费量增长 12.5%。2021 年，受能耗双控和坚决遏制"两高"项目盲目发展政策、同期基数抬升等因素影响，能源消费增速呈逐季回落态势。

2020 年，我国人均能源消费量 3 531 kg 标准煤，比 2012 年增长 18.9%，年均增长 2.2%。民生用能保障有力。2012—2020 年我国人均能源消费量如表 3-13 所示。

表 3-13　2012—2020 年我国人均能源消费量

年　份	能源总量 /kg 标准煤	煤炭 /kg	石油 /kg	电力 /kW·h
2012	2 970	3 040	353	3 675
2013	3 058	3 113	367	3 976
2014	3 122	3 015	378	4 215
2015	3 146	2 898	406	4 205
2016	3 181	2 802	416	4 410
2017	3 265	2 803	433	4 721
2018	3 364	2 833	444	5 098
2019	3 463	2 855	458	5 318
2020	3 531	2 869	463	5 501

数据来源：《中国能源统计年鉴 2021》。

2020 年，我国人均生活用能 456 kg 标准煤，比 2012 年增长 46.2%，年均增长 4.9%；人均生活电力消费量年均增长 7.4%，人均生活液化石油气消费量年均增长 7.1%，人均生活天然气消费量年均增长 8.1%。2012—2020 年我国人均能源生活消费量如表 3-14 所示。

表 3-14　2012—2020 年我国人均生活能源消费量

年　份	人均能源消费量 /kg 标准煤	煤炭 /kg	液化石油气 /kg	天然气 /m³	电力 /kW·h
2012	312	68	12.1	21.3	459
2013	334	68	13.5	23.7	513
2014	344	68	15.8	25.0	523
2015	366	70	18.5	26.1	548
2016	392	68	21.3	27.4	607
2017	412	66	23.1	30.1	650
2018	431	55	22.4	33.4	717
2019	438	47	20.3	35.7	756
2020	456	45	20.3	39.7	808

数据来源：《中国能源统计年鉴 2021》。

2021 年我国电力消费增长创下自 2012 年来最高纪录。全社会用电量同比增长 10.3%，达到 8.3 万亿 kW·h；年度用电增量约为"十三五"时期五年增量的一半。2021 年全社会用电量两年平均增长 7.1%。

电力消费增速持续高于能源消费增速,我国电气化进程持续推进,预计该趋势在未来将继续维持。国内生产总值、能源消费与电力消费变化趋势基本一致,能源、电力对我国经济发展起到重要支撑作用。

(二)能源消费结构向清洁低碳加快转变

2021 年,煤炭占能源消费总量的比重由 2012 年的 68.5% 降低到 56.0%,下降 12.5 个百分点;石油占比由 17.0% 上升到 18.5%,提高 1.5 个百分点;天然气、水电、核电、新能源发电等清洁能源占比大幅提高,天然气占比由 4.8% 上升到 8.9%,提高 4.1 个百分点;一次电力及其他能源占比由 9.7% 上升到 16.6%,提高 6.9 个百分点。

2020—2021 年我国能源消费结构如图 3-20 所示。2021 年我国煤炭消费量占能源消费总量的 56.0%,比上年下降 0.8 个百分点。天然气、水电、核电、风电、太阳能发电等清洁能源消费量占能源消费总量的 26.0%,较上年上升 1.7 个百分点,能源消费结构向清洁低碳加快转变。

图 3-20 2020—2021 年我国能源消费结构

数据来源:国家统计局。

总体看来,在我国能源构成中,尽管煤炭消费占比呈下降趋势,但仍处于主体地位,石油和天然气对外依存度依然较高,清洁能源消费占比在持续提升。

(三)能源利用效率不断提升

1. 单位 GDP 能耗持续下降

单位 GDP 能耗指一定时期内一个国家(地区)每生产一个单位的国内(地区)生产总值所消费的能源。当国内(地区)生产总值单位为万元时,即为万元地区生产总值能耗。单位 GDP 能耗是反映一个国家(地区)能源消费水平和节能降耗状况的主要指标,说明了一个国家(地区)经济活动中对能源的利用程度。

单位 GDP 能耗计算公式是

单位 GDP 能耗（t 标准煤 / 万元）= 全社会能源消费总量（t 标准煤）/GDP 总量（万元）

我国 2012—2021 年万元国内生产总值能耗降低率如图 3-21 所示。从这十年的数据来看，我国单位 GDP 能耗保持下降。2021 年，我国单位 GDP 能耗比 2012 年累计降低 26.4%，年均下降 3.3%，相当于节约和少用能源约 14.0 亿 t 标准煤。其中，规模以上工业单位增加值能耗累计降低 36.2%，年均下降 4.9%，分别比单位 GDP 能耗累计和年均降幅高 9.8 和 1.6 个百分点，工业节能效果明显。

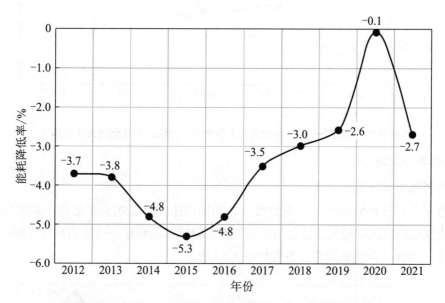

图 3-21　中国 2012—2021 年万元国内生产总值能耗降低率

数据来源：国家统计局。

我国通过推动工艺升级、更新改造用能设备、加快淘汰落后产能、推广高效节能技术，单位产品综合能耗不断下降。2021 年，在统计的重点耗能工业企业 39 项单位产品生产综合能耗中，近九成比 2012 年下降。其中，吨钢综合能耗下降 9.8%，火力发电煤耗下降 5.8%，烧碱、机制纸及纸板、平板玻璃、电石、合成氨生产单耗分别下降 17.2%、16.8%、13.8%、13.3%、7.1%。

2021 年水电、风电、光伏发电平均利用率分别约达 98%、97% 和 98%，核电年均利用小时数超过 7 700 h。

2. 万元国内生产总值二氧化碳排放持续下降

近年来，全国各地围绕大气污染防治攻坚任务，扎实推进减煤替代和电能替代，实现能源清洁高效利用，全国万元国内生产总值二氧化碳排放持续下降。2017—2021 年全国万元国内生产总值二氧化碳排放降低率如图 3-22 所示。2021 年，全国万元国内生产总值二氧化碳排放降低率为 3.8%。

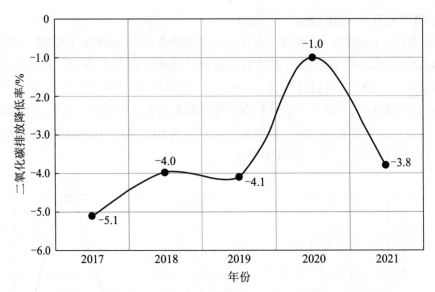

图 3-22 2017—2021 年全国万元国内生产总值二氧化碳排放降低率

数据来源：国家统计局。

3. 能源消费弹性系数下降

能源消费弹性系数指能源消费的增长率与国内生产总值增长率之比，是反映能源消费增长速度与国民经济增长速度之间比例关系的指标，能够反映经济增长对能源的依赖程度。2012—2021 年能源消费弹性系数如图 3-23 所示。

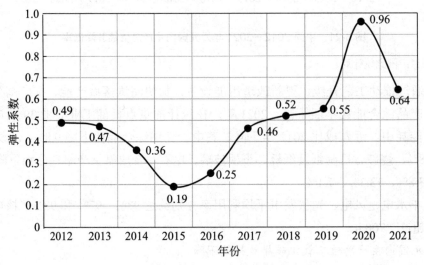

图 3-23 2012—2021 年能源消费弹性系数[①]

数据来源：国家统计局。

从这十年的数据来看，2012 年和 2013 年我国能源消费弹性系数下降到不足 0.5，2014 年下降到 0.36，最终 2015 年下降到 0.19，2017—2019 年保持在 0.5 上下。2020 年较

---

① 2021 年数据系计算所得。

为特殊，全球新冠肺炎疫情对经济发展造成严重冲击，国内生产总值增速从 2019 年的 6%
下降到 2.3%，造成能源消费弹性系数明显提升。2021 年有所回调，2021 年能源消费弹性
系数为 0.64，电力消费弹性系数为 1.27。若按两年增速均值来算，能源消费弹性系数则
为 0.73。

第三节 能源发展趋势分析

全球能源转型是当今世界面临的一个重要议题，全球能源转型的趋势是向清洁能源、
高效利用和智能化方向发展。全球能源发展趋势：化石能源占比不断下降，可再生能源应
用快速扩张，电气化水平持续提升，低碳氢消耗稳步增长。为了实现碳达峰、碳中和的目
标，我国能源发展的总体思路是在保证能源安全的前提条件下，持续推进能源绿色低碳转
型。化石能源消费总量将会逐步减少，风电、光伏发电将成为增长最快的可再生能源，在
能源新增供应量中占较大的比重。

一、全球能源发展趋势

（一）国际能源署对能源发展前景预测

国际能源署（International Energy Agency，IEA）于 2022 年 10 月 13 日发布了《2022
年世界能源展望》报告，对未来能源发展前景进行了预测。报告介绍了直至 2050 年的三
种全球能源发展情景："现行政策情景"是假设没有新政策发布，仅基于现行政策的未来
能源发展预测结果；"已公布的承诺情景"考虑了各国政府的所有气候承诺，并假设这些
承诺全部按时得到履行；"2050 年净零排放情景"是一种难度最大但通过努力可以实现的
情景，即到 2050 年实现净零排放，符合将全球温升控制在 1.5 ℃的目标。

在"现行政策情景"中，国际能源署预计 2030 年前全球能源需求每年将增长约
0.8%，将几乎全部由可再生能源满足。总体而言，化石燃料在全球能源结构中的占比将从
目前的 80% 下降至 2030 年的 75%，到 2050 年降至 60%。煤炭需求将在未来几年内达到
峰值；天然气需求在 2021—2030 年将增加约 5%，随后将趋于稳定；石油需求将在 21 世
纪 30 年代中期达到峰值，之后会略有下降；核能在能源结构中的占比将与目前基本持平。

在"已公布的承诺情景"中，国际能源署预计到 2030 年前全球能源需求每年将增长
约 0.2%，碳排放量将在 21 世纪 20 年代中期达到峰值。电力在终端能源消费中的份额将
从目前的 20% 上升到 2030 年的 24%，到 2050 年增至 39%。可再生能源发电量在总发电
量中比重将从 2021 年的 28% 上升至 2030 年的 49%，到 2050 年达到 80%。化石燃料发电
量的占比则从 2021 年的 62% 下降至 2030 年的 47%，到 2050 年则降至 26%。核发电量将
持续上升，但在能源结构中的占比将与目前基本持平。

在"2050年净零排放情景"中，国际能源署将电力视为能源成功转型的关键要素。电力在终端能源消费中的份额将从目前的20%上升到2030年的28%，到2050年增至52%。总体而言，可再生能源的装机容量到2030年将达到2021年的4倍以上，其发电量在总发电量中的占比将超过60%；到2050年，可再生能源发电量在总发电量中的占比将达到88%。化石燃料在总发电量中的占比将从2021年的62%下降至2030年的26%，到2050年则降至0。核发电量将持续上升，但在能源结构中的占比将与目前基本持平。

（二）英国石油公司对能源发展前景的预测

2023年1月30日，英国石油公司发布了《BP世界能源展望2023》，在"快速转型""净零"和"新动力"3个情景中，探讨未来30年世界能源转型的大趋势和不确定性。这3种情景既不是对未来的预测，也不是英国石油公司（BP）希望发生的情景，而是用来探讨未来30年可能发生的情况。

"快速转型"和"净零"两个情景探讨了能源系统内不同要素如何变化才能大幅降低碳排放的问题。这两个情景均假设气候政策力度加大，导致二氧化碳当量排放持续显著下降。在"净零"情景里，转变社会行为与偏好也有助于降低碳排放，进一步推动能效提升以及对低碳能源的采用。

设计"新动力"情景是为了展示当前全球能源体系发展的广泛轨迹。此情景既强调了近年来全球明显高涨的脱碳雄心，也探讨了实现相关指标与远景目标的可能性，以及近年取得相关进展的方式与速度。

《BP世界能源展望2023》分析了从2023年到2050年影响能源体系发展的4个主要趋势。

1. 趋势一：油气需求渐次达峰后逐渐下降

全球能源结构正在发生变化，可再生能源的比例正不断提高，与之相应的是化石能源的重要性在下降。在一次能源结构中，化石能源占比将由2019年的80%下降到2050年的20%～50%。特别值得注意的是，在《BP世界能源展望2023》设定的3个情景中，化石能源整体消费均将下降，这也是现代历史上首次出现所有化石能源需求的持续下降。

全球石油需求在未来10年将会达到峰值，然后下降。在"快速转型"和"净零"情景下，预计2035年全球石油需求为7000万～8000万桶/日；而到2050年，全球石油需求将降至2000万～4000万桶/日。在"新动力"情景下，石油需求更强劲，未来10年大概保持在1亿桶/日，之后逐步下降，在2050年前降至7500万桶/日。

当前，随着运营车辆效率的提升和道路车辆电气化加速，石油在道路交通中的使用不断减少，石油需求在展望期间下降。英国石油公司认为，即便如此，石油在未来15～20年内仍将继续在全球能源系统中发挥重要作用。

天然气作为化石能源中的清洁能源，其需求的变化取决于全球能源转型的速度，新兴经济体由于经济增长和工业化进程的推进拉动天然气需求的增加，但发达国家向低碳能源的转型将部分抵消天然气需求的增长。

在《BP世界能源展望2023》中，天然气的发展趋势却没有那么清晰。在"快速转型"和"净零"情景中，近期天然气需求将增长，之后均会下降，预计到2050年会比2019年减少40%～55%。在"新动力"情景下，展望期内天然气需求会一直增长，到2050年会比2019年增长20%。

中短期内，油气能源的重要性仍无可替代。英国石油公司（BP）提出，即使在"净零"情景下，未来30年仍需继续对石油和天然气上游进行投资，以满足需求的增长。

2. 趋势二：风能和太阳能领跑可再生能源发展

《BP世界能源展望2023》表示，在"净零"情景和"快速转型"情景下，2035年全球风光装机量将增至450～600 GW/年，中国将贡献其中30%～40%的装机增量。

预计到2050年，可再生能源在一次能源消费结构的占比将由2019年的10%上升至35%～65%，其中增长最快的是风能和太阳能。得益于电力系统日趋灵活，能够更高程度整合这种间歇性的能源，风能和太阳能在"快速转型"和"净零"情景的装机容量会增加15倍；而在"新动力"情景下，二者的装机容量将会增长9倍。

随着风能和太阳能发电日益占据主导地位，全球电力系统逐步向低碳化转型。风能和太阳能贡献了全部或大部分增量发电，这得益于成本的持续下降，以及将这些不同来源的发电高度集中纳入电力系统能力的不断增强。

需要关注的是，根据"快速转型"和"净零"情景，未来风能和太阳能的新增装机容量70%的投资将来自新兴经济体。这些新兴经济体的开发商必须要有良好的资金条件和融资渠道。

此外，现代生物燃料的使用，即现代固体生物质、生物燃料和生物甲烷的使用迅速增长，有助于帮助难以减排的行业和工业生产过程脱碳。

3. 趋势三：能源消费将日益电气化

随着新兴经济体的繁荣和全球电气化程度的提高，电力需求大幅增长。《BP世界能源展望2023》预计，到2050年，终端电力需求会增长约75%，即在终端消费中，电力在终端能源消费中的占比会从现在的20%增长到2050年的35%～50%，其中90%的增长将来自新兴经济体。

得益于热泵的广泛使用，建筑业电气化前景最为广阔。在3种情景中，到2050年，建筑业至少一半的终端能源需求将被电气化。在"快速转型"和"净零"情景中，这个比例会更高。

从电力所占的终端能源需求比重来说，交通领域增长最大，这主要得益于道路交通的进一步电气化。到21世纪30年代中期，在"快速转型"和"净零"情景中，绝大多数新车销售都会是电动汽车；在"新动力"情景中，电动车占新车销售约40%。因此，电动乘用车和电动轻型卡车的数量将从2021年的2 000万辆增长至2050年的14亿～20亿辆，占全球汽车保有量的50%～80%。所以，道路交通的电气化在3个情景中均有显著发展。

总体而言，电力需求将激增，一方面是因为新兴经济体需要更多的电力；另一方面是因为缓解全球变暖的努力将加大交通运输和建筑供暖和制冷等用途的需求。

此外，为了满足不断变化的全球能源需求，需要加强碳捕获技术、风能和太阳能设施、电池、氢气、二氧化碳去除技术和新的能源储存能力。所有这些都将增加对锂、铜和镍等矿物的需求。

4. 趋势四：低碳氢将发挥更大作用

随着世界向更可持续的能源系统过渡，低碳氢的使用将越来越多，有助于使工业和运输中难以减排的过程和活动脱碳。《BP 世界能源展望2023》预计，到2030 年，低碳氢在"快速转型"和"净零"情境中的需求在 3 000 万～ 5 000 万 t/ 年。

低碳氢以绿氢和蓝氢为主，绿氢的重要性随着时间推移而不断增强。一般来讲，蓝氢的成本在绝大多数地区都比绿氢低，但在展望期内，随着技术进步和制造效率提高，带来可再生能源电力价格和电解工艺成本的下降，两者之间的成本差距将缩小。因此，在"快速转型"和"净零"情景中，2030 年绿氢占低碳氢的 60% 左右，到 2050 年这一比例将上升到 65% 左右。尽管现在蓝氢所占的比重较低，但其成本较低，而且也是一种比较稳定的低碳氢来源。

在交通领域，低碳氢主要是用来生产以氢气为基础的燃料，用于长途的海洋运输和航空运输的脱碳。纯氢则可以用于长途的道路运输。

（三）可再生能源发展趋势

1. 风能的发展趋势

风电是未来最具发展潜力的可再生能源技术之一，具有资源丰富、产业基础好、经济竞争力较强、环境影响微小等优势，是最有可能在未来支撑世界经济发展的能源技术之一，各主要国家与地区都出台了鼓励风电发展的行业政策。根据全球风能理事会预计，2020—2024 年全球将新增风电装机容量 355.0 GW，年复合增长率约 4%。未来，亚洲、北美洲及欧洲仍是推动风电市场不断发展的中坚力量。

现今全球风电开发仍以陆上风电为主，但海上风电具有资源丰富、发电效率高、距负荷中心近、土地资源占用小、大规模开发难度低等优势，被广泛认为是发电行业的未来发展方向。鉴于海上风电发展对可再生能源产业的重要性，海上风电成为各国推进能源转型的重点战略方向，各主要国家制定了积极的长期目标。未来五年，海上风电将在全球范围实现快速增长。

扩展阅读3.5

2. 太阳能的发展趋势

随着全球环境的恶化和化石燃料的枯竭，世界各国均将目光转向能源转型，而在能源转型的道路上，新能源被认为是能源转型的重要方向。太阳能发电作为可再生能源发电的重要内容之一，具有得天独厚的优势，被认为是 21 世纪最具发展潜能的发电技术之一。因此，太阳能发电近年来在世界各地发展迅速。太阳能发展趋势主要包括以下四方面。

（1）太阳能与储能相结合：太阳能与储能的结合是太阳能产业未来的发展趋势。在许多国家，太阳能已成为能源组合的重要贡献者，这主要得益于其在成本、规模和技术上的巨大改进。毋庸置疑，间歇性是太阳能发电技术所面临的挑战。长期以来，人们一直认为太阳能和储能的结合可以解决此问题，平滑发电厂的输出变化，在白天储存电力，使系统可在晚上供电。过去，高成本的储能电池阻碍了储能系统的发展，近年来，随着锂离子电池价格的降低，为较大规模"太阳能＋储能"发电模式的建立提供了一定可能性。

（2）太阳能发电平价上网：为了实现太阳能发电的平价上网，各国政府和非政府组织对太阳能技术的政策、投资和支持有助于为此奠定坚实的基础。虽然补贴和税惠政策等各种激励政策极大地推动了太阳能发电产业的发展，但目前政府也在做更多的努力，以减轻这些政策激励带来的财政负担。许多国家已面临太阳能补贴的大幅削减，而这可能会阻碍该产业的增长。为了恢复这种潜在的衰退，政策制定者们也在致力于推进政策、激励方面的改革，以支持大规模太阳能发电系统的开发，如对不同形式拍卖制度的研究。此外有研究表明，由于住宅太阳能发电规模小，度电成本高于大规模的公用事业规模太阳能发电，因此，应为住宅太阳能发电提供更高的补贴，以刺激其发展。

（3）光伏发电在建筑行业的广泛应用：在法国和美国等发达经济体，人们利用太阳能光伏屋顶模拟器来评估特定城市的状况，以建立屋顶光伏市场。随着屋顶光伏发电系统和智能系统设计成本的快速下降，具备供电可靠性的潜在的屋顶光伏发电解决方案变得越来越有吸引力且可靠，与电网扩建相比，这一方案提供了更具竞争力的经济效益。屋顶光伏发电装置可以在电网中断期间为自身提供电力，并提高电力系统的恢复能力，从而为住宅和商业建筑带来价值。

（4）分布式光伏发电市场大幅增长：灵活性是电力系统的新主张，除了大规模电站的投资分布式光伏发电，无论是在住宅还是在商业屋顶，都将发挥重要作用。考虑到支持政策和机构发展有限，离网太阳能系统的潜在市场在很大程度上仍然未被开发。支持分布式光伏发电已成为气候和能源政策的核心部分。从概念上讲，分布式光伏发电的特征是使用分散和连接电力系统。在使用方面，分布式光伏发电系统是为自消费而安装，因此靠近负载；在连接方面，其是与电网的中压或低压部分相连。

3. 地热能利用的发展趋势

地热能是蕴藏在地球内部的热能，具有储量大、分布广、绿色低碳、可循环利用、稳定可靠等特点，是一种现实可行且具有竞争力的清洁能源。地热能开发利用可减少温室气体排放，改善生态环境，有望成为能源结构转型的新方向。

地热能与太阳能、风能在开发利用上最大的区别在于，地热能随着温度的变化，可以应用到众多领域。随着地热发电、供暖、热泵等技术越来越成熟，地热利用方式正在发生重大变化，由单一的发电、供暖等应用向梯级开发、综合利用发展。目前，地热梯级开发和综合利用已成为国内外地热能领域探索的热点方向。

在纵向上，可以根据不同温度层次，对地热资源进行分层的梯级利用，进一步拓展地热资源应用领域。例如，地热供暖逐步向烘干和高效农业方向发展；高温地热发电后，中温余水进行地热供暖，供暖后的余水经过处理并输入其他管道进行下一梯级利用等，从而充分、高效利用每一梯级温度的地热资源。

在横向上,地热能与其他能源系统耦合集成、一体化发展潜力较大。例如,地热能与多种清洁能源互相补充的多热源供热系统,可将提取的热量经济效益最大化;太阳能—地热能耦合地热发电系统,可有效提高中低温地热发电系统能效;以地热发电为主的集约化综合利用系统,可实现采暖、制冷、热泵和干燥等综合利用等。

4. 水能发电的发展趋势

全球水力资源丰富,水电能源的开发完全符合可持续发展战略,能缓解因为人口增加所带来的资源短缺的现状。随着对水能资源的深入开发,其发展也有了以下三方面的特点。

第一,全球大量电站进入升级期,水电与其他可再生能源协同技术是重点。2018年,水电行业的一个显著特点是陈旧的水电站维修升级,全球超过一半的水电设施已经完成或即将进行技术升级以适应现代化要求。另一个显著特点是水电站可以为风、光、电等波动电源提供有效的价值整合,发挥协同效应。水电站升级与可再生能源协同运行具有关联性。

水电、风电、光电互补可实现波动可再生能源发电的稳定输出。特别是在一些波动可再生能源占比较高的地区,更加关注能源储存和可调用的灵活性电力包括水电、抽水蓄能等技术,水电也从电力系统和调峰调频服务中获得更大的收益。

第二,抽水蓄能系统持续增长。抽水蓄能是目前技术最为成熟、成本最低的大规模电力存储方式。随着电网对电力灵活性要求提高,抽水蓄能的规模将进一步提升。在规模提升的同时,抽蓄技术也在不断发展。例如,德国风力–水电混合抽蓄项目中,风机安装在抽蓄电站上,风机高度得以增加,在提升风电出力水平的同时,抽水蓄能电站又可调节风力波动带来的电网频率变化。此外,美国夏威夷和西班牙大加纳利岛正在为小型电网系统开发抽水蓄能项目。

第三,水电项目建设更加重视对气候变化的适应能力。减少生态环境破坏是应对气候变化和水电可持续发展的重要内容。国际水电协会(International Hydropower Association,IHA)基于2011年水电可持续性评估协议推出了新工具和可持续性发展指南(最佳实践)帮助项目找出在环境、社会治理领域与最佳做法的差距。该指南提出了定义有关最佳实践的过程和结果,水电项目的规划、实施和运营,并可在合同安排中指明以帮助确保良好的项目成果。这两个工具都符合与世界银行新的环境与社会框架和国际金融公司的环境与社会绩效标准。

5. 生物质能的发展趋势

生物质能源是重要的可再生能源,未来随着国家加快发展可再生能源,生物质能发电发展前景较好,发展空间巨大。生物质发电技术是目前生物质能应用方式中最普遍、最有效的方法之一,在欧美等发达国家(地区),生物质能发电已形成非常成熟的产业,成为一些国家重要的发电和供热方式。生物质发电技术按照发电方式划分,可分为垃圾发电、沼气发电、气化发电、直接燃烧发电和混合燃烧发电。生物质能发电的发展趋势可以简单地归纳为以下三方面。

首先，农林生物质发电突破经济性瓶颈者将享受先发优势。农林生物质直燃发电是目前最常见的一种生物质发电技术，以秸秆为例，秸秆发电指以农作物秸秆为主要燃料的一种发电方式，将秸秆送入锅炉直接燃烧，发生化学反应，放出热量，利用这些热量再进行发电，秸秆发电是秸秆优化利用的最主要形式之一。

其次，生物质燃料收储运体系成熟度不断提升。农村地区生物质资源丰富，一般当地可收集资源量约为生物质产业项目需求量的 10 倍以上，并不存在供给短缺问题。因此只要创新收购模式，加大精细化管理力度，生物质企业可以大大提升对燃料市场的管控能力。

最后，技术进步将逐步提升生物质电厂的盈利性。生物质发电技术的提升，能有效提高机组的热效率，在使用同等燃料的情况下，输出的电能更多。目前高温超高压机组已开始在生物质电厂使用，转化效率提高到30%以上，随着生物质整体气化联合循环发电技术（biomass integrated gasification combined cycle，BIGCC）和热化学技术在生物质电厂的应用，未来生物质电厂转化效率有望达到39%，燃料成本的盈亏平衡点将大大提升。

二、我国能源发展趋势分析

（一）一次能源由化石能源为主逐步转向以可再生能源为主

化石能源逐渐枯竭，在此过程中由于供需关系转变及开采成本的提升，化石能源的价格还会上升，导致经济社会寻求新的能源替代。即使化石能源能够维持更长时间的能源需求，环境的承载能力也不能接受化石能源的更大规模使用。

以风电、光伏发电为代表的可再生资源利用成本的大幅下降，也给这种趋势提供了现实的可能性。

石油、天然气的对外依存度居高不下，威胁国家能源安全。值得庆幸的是我国有丰富的风光资源，可以从源头上解决我国能源短缺问题。

（二）二次能源由以电为主转向电氢结合为主

作为一种清洁、高效、便捷的二次能源，电是一种十分理想的终端能源。电是最优质的二次能源，电的发明催生了上一轮的能源革命。

但电作为能源载体也具有明显的局限性，这就是电能无法大规模、长周期储存。这一特点导致电网为了维持稳定运行要付出巨额成本，也导致了目前可再生能源开发利用存在大量弃风弃光弃水现象。在我国，由于大量的可再生资源分布在三北地区，而能源需求更多集中在东部沿海地区。这种不平衡性导致了大量可再生能源因送出原因而无法得到开发。

氢能作为二次能源，可以实现长周期、大规模存储，可以有效弥补电作为二次能源的局限性。氢与电的互补可以让更大规模的可再生资源得到开发利用。大规模可再生能源开发利用可以发电，还可以制氢。在电氢结合的二次能源体系中，氢能除了可以承担大规模储能的功能外，与其他储能相比，氢能还可以作为终端能源广泛使用。

氢气可应用于燃料电池汽车，替代车用燃油消费，也可以用于家用热电联产，减少电力和热力需求，还可以直接燃烧或者将氢气掺入到天然气管网直接燃烧；此外，氢气可以很方便快捷地应用于分布式能源中，代替燃气在分布式能源中的作用。氢气还可以直接作为化工原料，代替油气和煤。

相当长时间内，电能仍然是最主要的二次能源。随着可再生能源的大规模开发，电氢结合将是二次能源的发展趋势。

（三）能源产业由"产供用"相对独立向综合服务系统转变

在传统的能源集中发展模式中，服务对象主要是呈点状分布的工业用户，采用大机组和大电网能够发挥规模效益优势，以提高能源利用效率和规模效益，这也是第三次工业革命的要求。随着第四次工业革命的到来，工业生产呈现个性化、智能化、分散化的趋势，这也要求能源产业必须适应这一趋势。而新型能源技术、通信技术的进步，以及数字化智能化技术的发展，也给这种转变提供了可能。

随着我国能源消费的增量逐渐向居民生活、商业建筑和战略性新兴产业转变，分布式能源供应体系的效率优势和灵活性逐渐显现。随着能源市场竞争日益激烈，实施以需求侧响应为目标的能源供应侧改革，将成为能源供应商的市场争夺重点。由于分布式供能系统更容易根据用户的消费习惯提供定制化的能源服务，能够充分利用可再生能源，符合我国实现节能减排要求。未来我国增量能源市场将由集中大型能源供应转为以分散为特征的分布式综合能源供应，"用能"与"供能"的融合将日益增强。

以可再生能源资源为基础，以风、光、地热、生物质等构建多能互补利用系统，以"互联网+"智慧能源技术、抽水蓄能、电池储能、储氢、蓄热、储气等技术，实现用电、热、冷等能源服务需求的智能调度和自动匹配，这是未来能源体系的一种典型的打开方式。

（四）能源行业由自成一体向与其他行业将深度融合转变

能源产业由"产供用"相对独立向综合服务系统转变，必然要求能源行业要充分关注其他行业的特点及用能的个性化需求，提供更匹配的专业服务，提高能源利用效率。这就要求能源行业必须与其他行业深度融合。

在生产生活领域，利用自动化、信息化、数字化等技术，对生产生活过程中的能源生产、输配和消耗环节实施动态监控和数字化管理，实时改进和优化能源平衡，实现系统性节能降耗的管控一体化。通过能量的分级管理，将能源供应、能源转换、能源传输、能源存储和能源需求统筹纳入区域综合能源管理系统，发挥大数据、物联网、云计算等信息技术，提高能源综合管理水平。

能源行业将走进楼宇，走进园区，走进工厂，走进各行各业，走进千家万户，提供最高效的能源服务，真正实现能源让生活更美好。"碳达峰碳中和"时代，绿色能源还将与化工、冶金、建筑、农业等产业深度融合，助力我国的能源结构转型与工业体系的绿色再造，以保障"3060"目标的实现。

关键词

化石能源；单位 GDP 能耗

思考题

1. 为什么我们仍然依赖化石燃料？化石能源会经久不衰吗？
2. 全球可再生能源快速增长的原因有哪些？
3. 我国能源消费结构有何特点？
4. 试述全球能源发展的趋势。
5. 全球能源消费有何特点？

【在线测试题】扫描二维码，在线答题。

第三篇　能源战略选择

　　能源战略分析是能源战略选择的基础，能源战略选择实质上就是能源战略决策过程，即对能源战略进行探索、制定及选择。能源战略选择过程是作出选定某一特定能源战略方案的决策过程。选择能源战略并非例行公事或是很容易的决策，战略决策者需要考虑多种因素，进行多方面的权衡。能源的需求状况、供应状况、利用效率、环境保护、能源安全等都是影响能源战略选择的重要因素。

　　虽然在能源禀赋、消费结构和来源方面存在巨大差异，各国的能源战略在内容和方式上各具特色，但保障能源安全、实现能源绿色低碳转型，是其共同的能源战略目标。因此，节能优先战略、可再生能源战略、区域能源协调发展战略、能源科技创新战略已成为世界各国，特别是我国能源发展战略的重要选择。

第四章 节能战略

学习目标

1. 掌握节能的含义；
2. 了解节能的意义、重点领域及途径；
3. 了解美国、欧盟、德国、日本的节能战略；
4. 理解我国节能优先战略的演变历程；
5. 掌握我国"十四五"时期的节能战略。

本章提要

摆脱对煤炭、石油等化石能源的依赖是大多数国家的能源战略选择，然而以煤、石油、天然气等不可再生资源为主的能源消费结构短期内很难扭转，因此，有必要把节约放在优先地位，加强能源的节约利用，延长煤、油、气等不可再生资源服务于经济社会发展的年限，保障能源供应安全。本章首先介绍节能的含义、意义、重点领域和途径；然后分析美国、欧盟、德国和日本的节能战略；最后分析我国不同时期的节能规划。

第一节 节能概述

我国人口众多，能源资源相对不足，人均拥有量远低于世界平均水平。由于我国正处在工业化和城镇化加快发展阶段，能源消耗强度较高，消费规模不断扩大。解决我国能源问题，根本出路在于坚持开发与节约并举、节约优先的方针，大力推进节能降耗，提高能源利用效率。节能是缓解我国能源约束，减轻环境压力，保障经济安全，实现全面建成小康社会目标和可持续发展的必然选择，体现了科学发展观的本质要求，是一项长期的战略任务，必须摆在更加突出的战略位置。

一、节能的定义

节能是节约能源（energy conservative）的简称。1979 年，世界能源委员会（World Energy Council，WEC）给出了节能的定义，节能就是采用技术上可行、经济上合理、环境和社会可接受的一切措施，来提高能源资源的利用效率。技术上可行指在现有技术基础上可以实现；经济上合理就是要有一个合适的投入产出比；环境可接受的节能还要减少对环境的污染，其指标要达到环保要求；社会可接受的节能是指不影响正常的生产与生活水平的提高。

20 世纪 90 年代，国际上通行用"能源效率"（energy efficiency）来替代 70 年代提出的节能概念。1995 年，世界能源委员会给出了"能源效率"的定义："减少提供同等能源服务的能源投入。"目前各界对能源利用效率概念的认识基本上是一致的。简单地说，能源效率就是能源利用效率的问题，即单位能源所带来的经济效益多少的问题，带来的多说明能源效率高。能源效率通常指能源的服务产出量与能源使用量（或投入量）的比值。在日常实际工作

扩展阅读4.1

和生活中，有时采用相对效率概念，在评价对象之间进行横向比较，或者评价对象自身进行历史比较；有时也采用目标能源消费量与实际能源消费量的比值，该比值越接近于 1，则表明效率越大。提高能源使用效率简单地说就是用尽可能少的能源使用（投入）来获得尽可能多的服务产出量。

《中华人民共和国节约能源法》所称节约能源，指加强用能管理，采取技术上可行、经济上合理及环境和社会可以承受的措施，从能源生产到消费的各个环节，降低消耗、减少损失和污染物排放、制止浪费，有效、合理地利用能源。

二、节能的意义

（一）节能是缓解能源约束矛盾的现实选择

能源约束指在经济社会发展过程中，由于能源资源供给数量减少、质量下降、可开发利用的难度提升，以及国家资源禀赋变化导致能源资源供需不均衡对经济增长的约束。化石能源是不可再生的能源，过度地依赖化石能源会造成地球资源的紧张，对化石能源的无节制开采利用，总有一天会使化石能源消耗殆尽，到时候人类就会面临能源危机。

目前，我国的能源储量已成为经济发展的硬约束，要缓解我国能源约束矛盾，降低能源需求增长速度是行之有效的选择。而降低能源需求增长速度的唯一途径是提高能源效率和节能。因此，提高能效和节能是我国缓解能源约束矛盾，保障国家能源安全的现实选择，是解决能源问题的根本措施。

（二）节能是解决能源环境问题的根本措施

目前的能源大部分都是化石能源，化石能源在开采和使用过程中，会对环境造成破坏。根据英国能源研究所（Energy Institute）发布的《世界能源统计年鉴2023》，2022 年，化石燃料在全球能源消费中的比重仍保持在 82%。全球能源相关排放量增长了 0.8%，达到 393 亿 t 二氧化碳当量，创历史新高。如果能够减少能源的使用，提高能源的使用效率，则可以减少二氧化碳气体的排放，缓解温室效应产生的全球气候变暖问题。因此，节能是减轻环境压力，实现可持续发展的必然选择。

（三）节能是提高经济增长质量和效益的重要途径

从宏观层面讲，提高经济增长质量主要是提高国民经济投入产出率，提高劳动生产

率，提高全要素生产率，提高资源利用率，增强经济增长的可持续性。提高经济增长效益不仅体现在劳动报酬和居民收入增长上，而且还体现在企业利润和财政收入增加上。

加强节能与提高能效技术的研发和产业化投入，加强工业节能技术改造，是提高经济增长质量和效益的重要途径。从企业来看，节约能源可以减少能源消耗，降低生产成本，增加经济效益，增强竞争力；从全社会来看，节约能源以尽可能小的成本，用同样数量的能源，获得更多可供消费的产品，可以达到发展生产和提高人民生活水平的目的。

三、节能的重点领域

（一）工业领域节能

工业节能是节能行业的一个重要领域。根据工业和信息化部公布的《工业节能管理办法》，工业节能指"在工业领域贯彻节约资源和保护环境的基本国策，加强工业用能管理，采取技术上可行、经济上合理以及环境和社会可以承受的措施，在工业领域各个环节降低能源消耗，减少污染物排放，高效合理地利用能源"。

关于工业企业节能，《工业节能管理办法》第五条指出，"工业企业是工业节能主体，应当严格执行节能法律、法规、规章和标准，加快节能技术进步，完善节能管理机制，提高能源利用效率，并接受工业和信息化主管部门的节能监督管理。"

关于重点用能工业企业的界定，《工业节能管理办法》第二十九条指出，重点用能工业企业包括：①年综合能源消费总量 1 万 t 标准煤（分别折合 8 000 万 kW·h 用电、6 800 t 柴油或者 760 万 m^3 天然气）以上的工业企业；②省、自治区、直辖市工业和信息化主管部门确定的年综合能源消费总量 5 000 t 标准煤（分别折合 4 000 万 kW·h 用电、3 400 t 柴油或者 380 万 m^3 天然气）以上不满 1 万 t 标准煤的工业企业。

（二）建筑领域节能

建筑节能指在建筑物的设计、建造和使用过程中，执行建筑节能的标准和政策，使用节能型的建材、器具和产品，提高建筑物的保温隔热性能和气密性能，提高暖通、空调系统的运行效率，以减少能源消耗。

为了加强民用建筑节能管理，降低民用建筑使用过程中的能源消耗，提高能源利用效率，2008 年 7 月 23 日，国务院第 18 次常务会议通过《民用建筑节能条例》（国务院令第 530 号）。根据《民用建筑节能条例》第二条的规定，民用建筑指居住建筑、国家机关办公建筑和商业、服务业、教育、卫生等其他公共建筑。民用建筑节能指在保证民用建筑使用功能和室内热环境质量的前提下，降低其使用过程中能源消耗的活动。

根据《建筑节能与可再生能源利用通用规范》（GB 55015—2021），新建居住建筑和公共建筑平均设计能耗水平应在 2016 年执行的节能设计标准的基础上分别降低 30% 和 20%。严寒和寒冷地区居住建筑平均节能率应为 75%；其他气候区居住建筑平均节能率应为 65%；公共建筑平均节能率应为 72%。新建的居住和公共建筑碳排放强度分别在 2016

年执行的节能设计标准的基础上平均降低 40%，碳排放强度平均降低 7 kg CO$_2$/（m^2·a）以上。新建、扩建和改建建筑，以及既有建筑节能改造均应进行建筑节能设计。

（三）交通运输领域节能

交通运输是资源消耗的主要行业，也是节能的重要领域。能源成本占交通运输企业总成本的 30% ～ 40%。交通领域的节能是全球减少温室气体排放和促进清洁能源技术使用的重要组成部分。交通领域的节能对于减少排放和促进清洁能源技术的使用至关重要。

根据交通运输部修订发布的交通运输部令 2021 年第 10 号《公路、水路交通实施〈中华人民共和国节约能源法〉办法》，公路、水路交通节能指加强公路、水路交通用能管理，采取技术上可行、经济上合理及环境和社会可以承受的措施，在公路、水路交通使用能源的各个环节，有效、合理地利用能源。

（四）公共机构节能

扩展阅读4.2

为了推动公共机构节能，提高公共机构能源利用效率，发挥公共机构在全社会节能中的表率作用，2008 年 7 月 23 日，国务院第 18 次常务会议通过了《公共机构节能条例》（国务院令第 531 号），自 2008 年 10 月 1 日起施行。根据《公共机构节能条例》第二条，公共机构指全部或者部分使用财政性资金的国家机关、事业单位和团体组织。《公共机构节能条例》第三条指出，公共机构应当加强用能管理，采取技术上可行、经济上合理的措施，降低能源消耗，减少、制止能源浪费，有效、合理地利用能源。

公共机构是社会行为的示范和标杆，公共机构的节能行为受到社会广泛关注。通过深入推进节约型公共机构创建，降低能源资源消耗，有助于切实发挥公共机构的表率示范作用，引导和带动全社会做好节能减排工作。

四、节能的途径

能源节约的基本原理是合理利用能量，提高能源的利用率，减少各种能量损失，设法对"余能"资源的重复利用和回收利用。节能的途径主要包括结构节能、技术节能和管理节能三种。

（一）结构节能

结构节能指通过产业结构调整来实现节能的目标。一般来说，发达国家已走过高能耗、高碳排放的工业化发展阶段，处于以第三产业为主的后工业化发展时期，能源消耗与碳排放低。而发展中国家以第一产业或第二产业为主，能源消耗与碳排放高，因此，对于发展中国家来说，需要加快产业结构优化升级，加快淘汰落后产能，提高可再生能源在一次能源中的占比。

（二）技术节能

技术节能指采用新工艺、新设备、新技术和综合利用等方法，提高能源利用率，如提高能源的一次利用率和回收利用率等。

先进节能技术的开发和推广不仅是直接节能的核心，也是长期产业结构优化的基础，是我国现在和将来节能工作的重点。根据《节能低碳技术推广管理暂行办法》的规定，节能技术指促进能源节约集约使用、提高能源资源开发利用效率和效益、减少对环境影响、遏制能源资源浪费的技术。根据技术在系统中所处的环节与功能不同，可将"节能减排技术"分为生产过程节能技术、资源能源回收利用技术、能源替代技术和产品节能技术四大类。

（三）管理节能

管理节能指在不改变现有技术、设备、工艺等硬件措施的条件下，通过管理手段加强能源利用效率、降低能源漏损率等。对于企业来说，管理节能就是通过加强企业能源利用各个环节的管理来实现节能的目的。

第二节　发达国家的节能战略

节能优先的能源战略已成为各国增强产品竞争力、确保能源安全、减少温室气体排放的重要手段和各国能源战略的重要组成部分。以美国、欧盟、德国和日本为代表的发达国家和地区都把提高能效、节约能源作为其能源战略的重要目标和措施。发达国家和地区制定的节能战略对于包括我国在内的发展中国家具有重要的借鉴意义。

一、美国节能战略

美国是世界上最发达的国家，同时也是世界上能源消耗和温室气体排放大国，因此，不断提高能源效率，大力开发和利用清洁能源是美国能源战略的重点内容。

（一）能源效率计划

美国的《2005年能源政策法》中提出：2015年前，使联邦建筑能耗降低20%，为包括学校和医院在内的公共建筑提供资金，实施能源效率计划。2005—2007财政年度，每年向低收入住房援助计划拨款24亿美元。扩展"能源之星"计划，以政府和工业部门合作的方式促进节能产品的生产和开发。

《2005年能源政策法》大力鼓励节约能源，重点是普通消费者。在个人消费方面推出优惠政策，鼓励使用太阳能灯零污染能源。对私人住宅更新取暖、降暑等家庭大型耗能设施，政府将提供税收减免优惠，甚至更换室内温度调控器和窗户、维修室内制冷或制热设施的泄漏等，也可获得全部花费 10% 的税收减免。

对于能源效率，美国要求到 2015 年，其学校、医院等公共设施的建筑用能源减少 20%，并增加对公共交通燃料效率的要求。对许多能耗大的商品和消费品制定新的能源效率标准，以显著节省每个月的能源成本。

（二）清洁电力计划

2015 年 8 月 3 日，时任美国总统奥巴马和美国环保署颁布了《清洁电力计划》，这是美国在采取实际行动应对气候变化、减少电厂碳排放方面所迈出的历史性一步。

《清洁电力计划》为电厂设定了严格但切实可行的标准，并为各州制定了有针对性的碳减排目标。该计划要求美国各州发电厂到 2030 年将温室气体排放量在 2005 年的基础上减少 32%。它在反映了各州不同的能源结构的同时，在全美范围内提供了一个一致、可计量的减排平台。

《清洁电力计划》旨在减少来自美国温室气体最大排放源——电厂的碳排放，同时保证能源供给的可靠性和价格的可接受性。同样在 8 月 3 日，美国环保署还颁布了针对新建、改建和重建电厂的《碳排放标准》，并提出了一项帮助各州实施《清洁电力计划》的模式规则和联邦计划。这是美国第一次出台针对电厂碳减排的国家标准。

《清洁电力计划》会显著地减少电厂碳排放及其他有害健康的气态污染物排放，同时促进清洁能源创新、研发和部署，并为制定应对气候变化的长期战略奠定基础。通过为各州和电厂提供足够的灵活度和时间，《清洁电力计划》将帮助电力行业最大程度上实现碳减排，并为企业和消费者提供可靠且可负担的电力供应。

然而，令人遗憾的是，2017 年 10 月 10 日，时任美国环境保护局局长斯科特·普鲁伊特签署文件，正式宣布将废除奥巴马政府推出的气候政策《清洁电力计划》。

（三）2050 年深度脱碳战略

2016 年 11 月 16 日，美国向《联合国气候变化框架公约》提交了《美国 21 世纪中期深度脱碳战略》，承诺到 2020 年二氧化碳排放量比 2005 年减少 17%；到 2050 年二氧化碳排放量比 2005 年减少 80%。该战略详细探讨了美国实现 2050 年减排目标的路径和措施，并提出实现整个经济系统的温室气体净排放减少需要在以下 3 个主要领域采取行动：一是转向低碳能源系统；二是增强森林和土壤的碳封存及二氧化碳去除技术；三是减少非二氧化碳温室气体排放。

二、欧盟节能战略

作为世界上规模最大、水平最高的区域经济一体化组织，出于能源安全考虑和环境压力，欧盟在发展清洁能源，提高能源的使用效率方面，制定了雄心勃勃的能源战略目标，旨在成为应对气候变化、推动能源转型的引领者。

（一）2006/32/EC 指令

2006 年 4 月 5 日，欧盟通过了《能源终端利用效率和能源服务指令》（简称 2006/32/EC 指令），规定在指令生效的 9 年内，所有成员国应通过能源服务和其他节能措施达到 9% 的节能目标。包括英国、德国、法国、意大利等在内的成员国都应在 2008 年 5 月 17 日前完成该指令的国内立法转换。

2006/32/EC 指令的内容包括：建立国家节能发展纲要；提供能源服务和能源审计；缩小信息差距；为节能服务创造良好的环境；为节能企业提供融资方便。

（二）能源效率行动计划

2006 年 10 月 19 日，欧盟发布了《能源效率行动计划》。该行动计划提出了到 2020 年实现节约能源 20% 目标的具体步骤，覆盖了建筑、运输和制造等行业的 75 项具体措施，包括推出更严格的电器节能标准，以及推广节能住房、节能汽车和节能灯具等。行动计划将在此后 6 年内实施，从家用冰箱、空调到工业用抽水机和风扇，欧盟将对各类耗能产品规定最低能效标准，并辅以定级和标识制度，此后一些能效差的产品将很难在欧盟市场上立足。行动计划还提出了 10 项关键政策，包括升级电器产品的环保标签、修改汽车排放标准、鼓励提高能源效率的投资、提高发电效率、推广节能出租车及其他鼓励措施。

行动计划还分领域提出 2020 年前的节能目标，如家庭能源使用效率提高 27%、工商企业提高 30%、交通行业提高 26%、制造业提高 25%。

（三）2011 年能效计划

2011 年，欧盟认为根据 2007 年的执行情况，现有政策下，只能实现节能 10%，要实现节能 20% 的目标仍需额外努力。因此，2011 年 3 月 8 日，欧盟委员会通过的《2011 年能效计划》，目的是加强节能执行力度。消灭与实现欧盟节能 20% 目标存在的差距，帮助实现 2050 年资源有效利用和经济低碳发展，并增强能源独立和供应安全。

《2011 年能效计划》指出，为了实现可持续的包容性增长和走向资源节约型经济，能效问题处于欧盟 2020 年战略的核心位置，降低能源强度是增强能源供应安全性、减少温室气体排放和其他污染物最具成本效益的方式。

（四）2012/27/EU 指令

为了更好地完成欧盟 2020 年的能源目标，欧盟于 2012 年 11 月 14 日公布了新的能源效率指令 2012/27/EU，取代了《能源终端利用效率和能源服务指令》。该指令提出，到 2020 年欧盟区域内的能源消耗量要减少 20%，并要求各成员国在 2014 年 6 月 5 日前将此指令转化为法律法规或者条例并开始实施。该指令规定，从 2013 年 4 月 30 日起，欧盟各成员国需逐年报告本国所取得的能效提高进展，且此后每 3 年，各成员国还应提交国家能源效率行动计划。

2018 年，欧盟对该能效指令再次进行修正，设定了欧盟 2030 年能效提升 32.5% 的不具约束力的指标性目标，成员国每年实现能效节约需达到 0.8%。

（五）2030 年气候与能源政策框架

欧盟委员会于 2014 年 1 月 22 日公布了《2030 年气候与能源政策框架》，旨在促进欧盟低碳经济发展，提高能源系统的竞争力，增强能源供应安全性，减少能源进口依赖，以及创造新的就业机会。2014 年 10 月 24 日，欧洲理事会宣布，28 位欧盟国家政治领袖通过了欧盟委员会提出的《2030 年气候与能源政策框架》，确立了将温室气体排放量由 1990 年的水平降低 40% 的有拘束力的目标，在欧盟范围内将可再生能源效率提高到至少 27% 的有拘束力的目标，以及在欧盟范围内将指示性能源效率提高到至少 27% 的目标。

2020 年 9 月，欧盟的《2030 年气候目标计划》提出，在 2030 年进一步将温室气体净排放量至少比 1990 年减少 55%，并最终在 2050 年实现"气候中和"。

三、德国节能战略

德国是世界上工业化程度最高的国家之一，在保障能源供应安全、经济社会持续稳定发展及保护生态环境等因素的驱动下，德国实施了能源转型战略。提高能源效率，降低温室气体排放是德国能源转型战略的重要目标。

（一）德国"能源方案"战略

德国联邦政府于 2010 年 9 月 28 日推出了"能源方案"长期战略，其目的是使德国在能源效率和绿色经济方面走在世界最前列。德国"能源方案"长期战略愿景目标涵盖温室气体排放、可再生能源和能源效率等方面。

温室气体排放方面的目标是：以 1990 年为基准，2020 年温室气体排放总量减少40%，2030 年减少 55%，2040 年减少 70%，2050 年减少 80% ～ 95%。能效方面的目标是：与 2008 年相比，一次能源消耗量到 2050 年要下降 50%，这要求每年平均提高 2.1% 的能源利用效率；与 2008 年相比，耗电量到 2020 年要降低 10%，到 2050 年要降低 25%；与 2008 年相比，交通领域到 2050 年的终端能耗要下降 40%，建筑节能改造率要在目前每年占既有建筑总量 2% 的基础上翻一番。德国能源转型的能效目标如表 4-1 所示。

表 4-1　德国能源转型的能效目标　　　　　　　　　　　　单位：%

目　　标	2020 年	2050 年
一次能源消耗（与 2008 年相比）	−20	−50
用电量（与 2008 年相比）	−10	−25
建筑物一次能源消耗（与 2008 年相比）		−80

续表

目 标	2020 年	2050 年
建筑物的热需求（与 2008 年相比）	-20	
运输能耗（与 2005 年相比）	-10	-40

数据来源：《德国能效绿皮书》。

为了实现这一目标，2014 年 12 月，德国政府通过了《国家能效行动计划》，采取一系列措施降低能耗，重点关注三个领域：①向消费者提供有关能效的信息和建议；②通过激励措施促进有针对性的能效投资；③采取更多行动以提升能效，包括要求大公司进行能源审计，并对家用电器和新建筑物启用新标准。

（二）2050 年能源效率战略

2020 年，德国联邦经济和能源部对外发布了《德国 2050 年能源效率战略》，提出了德国 2030 年国家能效行动计划和 2050 年能源效率路线图，以提高其国家竞争力，推动实现"碳中和"。德国联邦政府设立了 2030 年中期能源效率目标和 2050 年远期战略目标，即到 2030 年一次能源消耗在 2008 年的基础上需要减少 30%，约 1 200 TW·h，到 2050 年减少 50%。为实现这一目标，德国推出了新的国家能效行动计划，对工业、建筑、交通等行业制定了节能要求。

在工业领域，重点实施五个战略行动。一是工业余热回收利用。德国一半的工业用热未被有效利用，因此，该战略将优先支持工业余热利用。二是工业用热的可再生能源替代。德国要求企业应系统考虑工艺过程，坚持能效优先，优化能源需求，支持工业用热的可再生能源替代。三是鼓励高效通用技术，如泵、空压系统及输送设备等，以减少工业的电力需求。四是原料工业生产过程的脱碳化。德国将考虑可再生能源制氢、CO_2 利用等技术来实现生产过程的脱碳化。五是推动节能服务业发展。

在建筑领域，实施长期改造战略。德国十分重视建筑领域的节能降碳。《德国 2050 年能源效率战略》指出，德国将实施建筑领域的长期改造战略，通过提升能效大幅降低采暖和制冷的能源需求。

（三）气候行动计划

2016 年 11 月 17 日，德国政府向《联合国气候变化框架公约》提交了《德国 2050 年气候行动计划》，重申了到 2050 年温室气体排放量比 1990 年下降 80%～95% 的目标，并就气候行动制定了政策性的目标和规划。该行动计划提出了能源、建筑、交通、工业、农业和林业等领域的总体目标和举措。

2019 年 9 月 20 日，德国联邦政府内阁通过了《气候行动计划 2030》（Climate Action Program 2030），并于 2019 年 11 月 15 日在德国联邦议院通过了《气候保护法》（Climate Action Act）。

《气候保护法》的核心目标是"到 2030 年温室气体排放比 1990 年减少 55%，到 2050

年实现净零排放，且目标只能提高，不能降低"。这部法律为确保德国实现碳减排目标提供了严格的法律框架，同时明确了各个产业部门在 2020—2030 年间的刚性年度减排目标，具有传导压力、落实责任、倒逼目标的强约束作用。

作为落实《气候保护法》的重要行动措施和实施路径，《气候保护计划 2030》将减排目标在建筑和住房、能源、工业、建筑、运输、农林等六大部门进行了目标分解，规定了部门减排措施、减排目标调整、减排效果定期评估的法律机制。

四、日本节能战略

日本是一个能源匮乏的国家，其能源自给率很低，对外能源的依存度较高。因此，日本一直非常重视节能战略。近年来，日本通过以科技进步不断提高能源使用率，在世界能源利用领域处于领先地位，被称为世界节能的典范。

（一）月光计划

"月光计划"是日本于 1974 年制订的一个战略性节能规划。"月光计划"把从基础研究到开发阶段的节能技术列为国家的重点科研项目，以保证节能技术的开发和加强国际节能技术合作。"月光计划"的主要内容有：①开发大型节能技术。主要是提出节能效果大、需要资金多、研究开发时间长的技术项目，如废热利用技术、磁流体发电技术、高效率燃气轮机等。②开发起带头性作用和基础性作用的节能技术。主要指比较难的、尖端性的节能技术，如超导电技术、新型电池、新动力源、重大的热能利用技术等。③援助民间节能技术的开发。对民间企业节能技术的开发，在资金上给予援助，以促进太阳能的利用、冷暖气、供热水系统的试验性研究等民用机器节能化的研究和开发。④用标准化推动节能化。积极制订和修改日本工业产品标准，推动正确运用日本工业产品标记制度。向消费者提供节能的资料，普及节能型机器等。⑤开展国际节能技术研究合作。以参加国际能源协会共同研究逐步把能源资源全部利用起来的项目实施为起点，不断地开展国际节能技术的交流合作。"月光计划"的制订和实施，对节约日本的能源资源、缓和日本的能源紧张状况起到了重要的促进作用。

（二）节能领先计划

2006 年 5 月，日本公布了《新国家能源战略》报告，其中第一条就是"节能先进基准计划"，其目标是到 2030 年，单位 GDP 能耗指数在 2003 年的基础上，至少再下降 30%，能源消费指数达到 70（单位 GDP 能源利用效率指数是以 2003 年数据作为指数 100）。该计划目标是：制定支撑未来能源中长期节能的技术发展战略，设定节能技术领先基准，加大节能推广政策支持力度，建立鼓励节能技术创新的社会体制，显著提高能源效率，并将通过修改家电制品的节能标准、开发节能新技术等手段。另外引导民间资源积极参与，推动全社会共同努力，使日本在未来能源技术，尤其是先进节能技术方面成为世界领先国家。

（三）21世纪环境立国战略

2007年5月29日，日本21世纪环境立国战略特别部会向内阁会议提出了制定《21世纪环境立国战略》的建议。6月1日，日本内阁经济财政咨询会议正式审议通过21世纪环境立国战略特别部会的建议，公布了《21世纪环境立国战略》。

《21世纪环境立国战略》在分析地球环境现状和课题的基础上，提出了环境立国的目标和实现环境立国的政策取向。其中，环境立国的目标是：创造性地建立可持续发展的社会，即建立一个"低碳化社会""循环型社会"和"与自然共生的社会"，并形成能够向世界传播的"日本模式"，为世界做贡献。实现环境立国的政策取向是：充分利用现代和传统的技术，建设美丽的国家，实现人与自然的和谐；把环境保护和搞活地方经济作为两个车轮，一起推动经济增长；推动日本与亚洲和世界的共同发展。《21世纪环境立国战略》确定了实施环境立国的8项战略措施。

（四）实现低碳社会行动计划

2008年，日本内阁会议通过了"实现低碳社会行动计划"，进一步把应对气候变化上升为国家战略，把环境与能源领域的技术创新作为构建低碳社会的核心和基础。该行动计划的主要内容包括建立碳交易制度、征收环境税、提高太阳能发电普及率、开发碳捕捉和封存技术、推行商品的"碳足迹"标注制度、开展环境示范城市活动，以及通过设立"凉爽地球日"提高国民的温室气体减排意识等一系列具体措施。

随着实现低碳社会行动计划提出，日本从2009年开始着手对二氧化碳封存技术进行大规模的实证试验，并在2020年前投入使用。使用时的二氧化碳回收成本将从现在的每吨4 200日元降到每吨1 000日元。

在减少汽车排放的温室气体方面，该计划提出到2020年前，大幅提高电动汽车等新一代节能环保汽车的普及程度，并在日本建立半小时即可完成汽车充电的快速充电设施。

第三节　我国的节能优先战略

节能优先是解决我国能源问题的首要选择。我国提出的节能优先战略，强调各行各业要把节能放到发展之首，在做任何事、任何决定之前首先要考虑是否节能，其他因素一律要为节能让步。节能中长期专项规划、节能减排综合性工作方案、节能减排"十二五"规划、"十三五"节能减排综合工作方案、"十四五"节能减排综合工作方案、2030年前碳达峰行动方案等都是我国不同时期的节能战略。

扩展阅读4.3

一、节能中长期专项规划

2004 年 11 月 10 日，国家发展改革委发布了《节能中长期专项规划》（发改环资〔2004〕2505 号），规划期分为"十一五"和 2020 年，重点规划了到 2010 年节能的目标和发展重点，并提出了 2020 年的节能目标。《节能中长期专项规划》是我国改革开放以来制定和发布的第一个节能专项规划。

《节能中长期专项规划》的目标主要包括宏观节能量指标、主要产品（工作量）单位能耗指标、主要耗能设备能效指标和宏观管理目标。

（1）宏观节能量指标：到 2010 年每万元 GDP 能耗由 2002 年的 2.68 t 标准煤下降到 2.25 t 标准煤，2003—2010 年年均节能率为 2.2%，形成的节能能力为 4 亿 t 标准煤。

2020 年每万元 GDP 能耗下降到 1.54 t 标准煤，2003—2020 年年均节能率为 3%，形成的节能能力为 14 亿 t 标准煤，相当于同期规划新增能源生产总量 12.6 亿 t 标准煤的111%，相当于减少二氧化硫排放 2 100 万 t。

（2）主要产品（工作量）单位能耗指标：2010 年总体达到或接近 20 世纪 90 年代初期国际先进水平，其中大中型企业达到 21 世纪初国际先进水平；2020 年达到或接近国际先进水平。主要产品单位能耗指标如表 4-2 所示。

表 4-2　主要产品单位能耗指标

指　标	单　位	2000 年	2005 年	2010 年	2020 年
火电供电煤耗	g 标准煤 /kW·h	392	377	360	320
吨钢综合能耗	kg 标准煤 /t	906	760	730	700
吨钢可比能耗	kg 标准煤 /t	784	700	685	640
10 种有色金属综合能耗	t 标准煤 /t	4.809	4.665	4.595	4.45
铝综合能耗	t 标准煤 /t	9.923	9.595	9.471	9.22
铜综合能耗	t 标准煤 /t	4.707	4.388	4.256	4.000
炼油单位能量因数能耗	kg 标准油 /t·因数	14	13	12	10
乙烯综合能耗	kg 标准油 /t	848	700	650	600
大型合成氨综合能耗	kg 标准煤 /t	1 372	1 210	1 140	1 000
烧碱综合能耗	kg 标准煤 /t	1 553	1 503	1 400	1 300
水泥综合能耗	kg 标准煤 /t	181	159	148	129
平板玻璃综合能耗	kg 标准煤 / 重量箱	30	26	24	20
建筑陶瓷综合能耗	kg 标准煤 /m²	10.04	9.90	9.20	7.20

资料来源：《节能中长期专项规划》。

（3）主要耗能设备能效指标：2010 年新增主要耗能设备能源效率达到或接近国际先进水平，部分汽车、电动机、家用电器达到国际领先水平。主要耗能设备能效指标如表 4-3 所示。

表 4-3　主要耗能设备能效指标

指　　　标	单　　位	2000 年	2010 年
燃煤工业锅炉（运行）	%	65	70～80
中小型电动机（设计）	%	87	90～92
风机（设计）	%	75	80～85
泵（设计）	%	75～80	83～87
气体压缩机（设计）	%	75	80～84
汽车（乘用车）平均油耗	升 / 百公里	9.5	8.2～6.7
房间空调器（能效比）		2.4	3.2～4
电冰箱（能效指数）	%	80	62～50
家用燃气灶（热效率）	%	55	60～65
家用燃气热水器（热效率）	%	80	90～95

资料来源：《节能中长期专项规划》。

（4）宏观管理目标：2010 年初步建立与社会主义市场经济体制相适应的比较完善的节能法规标准体系、政策支持体系、监督管理体系、技术服务体系。

《节能中长期专项规划》明确了节能工作的重点领域，包括重点工业、交通运输、建筑、商用和民用。其中重点工业包括电力工业、钢铁工业、有色金属工业、石油化工工业、化学工业、建材工业、煤炭工业、机械工业；交通运输包括公路运输、新增机动车、城市交通、铁路运输、航空运输、水上运输、农业、渔业机械；建筑、商用和民用包括建筑物、家用及办公电器、照明器具。

《节能中长期专项规划》提出了 10 项重点节能工程，具体包括燃煤工业锅炉（窑炉）改造工程、区域热电联产工程、余热余压利用工程、节约和替代石油工程、电机系统节能工程、能量系统优化工程、建筑节能工程、绿色照明工程、政府机构节能工程、节能监测和技术服务体系建设工程。

二、节能减排综合性工作方案

"十一五"规划（2006—2010 年）第一次提出了节能减排的概念，并设定了单位国内生产总值能源消耗比"十五"期末降低 20% 左右的目标的约束性指标。2007 年 4 月，国家发展改革委发布《能源发展"十一五"规划》，规划中提出，到 2010 年，我国一次能源消费总量控制目标为 27 亿 t 标准煤左右，年均增长 4%。

2007 年 6 月，国务院印发了国家发展改革委会同有关部门制定的《节能减排综合性工作方案》（国发〔2007〕15 号），进一步明确实现节能减排的目标任务和总体要求。该方案提出的主要目标是：到 2010 年，万元国内生产总值能耗由 2005 年的 1.22 t 标准煤下降到 1 t 标准煤以下，降低 20% 左右；单位工业增加值用水量降低 30%。"十一五"期间，主要污染物排放总量减少 10%，到 2010 年，二氧化硫排放量由 2005 年的 2 549 万 t 减少到 2 295 万 t，化学需氧量（chemical oxygen demand，COD）由 1 414 万 t 减少到 1 273 万 t，全国设市城市污水处理率不低于 70%，工业固体废物综合利用率达到 60% 以上。

《节能减排综合性工作方案》要求加大造纸、酒精、味精、柠檬酸等行业落后生产能力淘汰力度。"十一五"时期淘汰落后生产能力一览表如表 4-4 所示。

表 4-4　"十一五"时期淘汰落后生产能力一览表

行业	内　　容	单位	"十一五"时期	2007 年
电力	实施"上大压小"关停小火电机组	万 kW	5 000	1 000
炼铁	300 m³ 以下高炉	万 t	10 000	3 000
炼钢	年产 20 万 t 及以下的小转炉、小电炉	万 t	5 500	3 500
电解铝	小型预焙槽	万 t	65	10
铁合金	6 300 kV·A 以下矿热炉	万 t	400	120
电石	6 300 kV·A 以下炉型电石产能	万 t	200	50
焦炭	碳化室高度 4.3 m 以下的小机焦	万 t	8 000	1 000
水泥	等量替代机立窑水泥熟料	万 t	25 000	5 000
玻璃	落后平板玻璃	万重量箱	3 000	600
造纸	年产 3.4 万 t 以下草浆生产装置、年产 1.7 万 t 以下化学制浆生产线、排放不达标的年产 1 万 t 以下以废纸为原料的纸厂	万 t	650	230
酒精	落后酒精生产工艺及年产 3 万 t 以下企业（废糖蜜制酒精除外）	万 t	160	40
味精	年产 3 万 t 以下味精生产企业	万 t	20	5
柠檬酸	环保不达标柠檬酸生产企业	万 t	8	2

资料来源：《节能减排综合性工作方案》。

《节能减排综合性工作方案》指出，要把节能减排作为调整经济结构、转变增长方式的突破口和重要抓手，作为宏观调控的重要目标，动员全社会力量，扎实做好节能降耗和污染减排工作，确保实现节能减排约束性指标，推动经济社会又好又快发展。

《节能减排综合性工作方案》要求控制高耗能、高污染行业过快增长。国家将严格控制新建高耗能、高污染项目。严把土地、信贷两个"闸门"，提高节能环保市场准入门槛。抓紧建立新开工项目管理的部门联动机制和项目审批问责制，严格执行项目开工建设的"六项必要条件"。

三、节能减排"十二五"规划

"十二五"规划（2011—2015 年）设定了单位国内生产总值能源消耗比 2010 年降低 16% 的目标。2012 年 8 月，国务院印发《节能减排"十二五"规划》（国发〔2012〕40

号），针对各行业、重点领域、主要耗能设备等方面规定了具体的节能减排目标，涵盖了工业，建筑，铁路、公路、水运、航空等交通运输方面，以及锅炉、汽车、家用电器等设备方面。

《节能减排"十二五"规划》提出的总体目标是：到 2015 年，全国万元国内生产总值能耗下降到 0.869 t 标准煤（按 2005 年价格计算），比 2010 年的 1.034 t 标准煤下降 16%（比 2005 年的 1.276 t 标准煤下降 32%）。"十二五"期间，实现节约能源 6.7 亿 t 标准煤。2015 年，全国化学需氧量和二氧化硫排放总量分别控制在 2 347.6 万 t、2 086.4 万 t，比 2010 年的 2 551.7 万 t、2 267.8 万 t 各减少 8%，分别新增削减能力 601 万 t、654 万 t；全国氨氮和氮氧化物排放总量分别控制在 238 万 t、2 046.2 万 t，比 2010 年的 264.4 万 t、2 273.6 万 t 各减少 10%，分别新增削减能力 69 万 t、794 万 t。

《节能减排"十二五"规划》提出的具体目标是：到 2015 年，单位工业增加值（规模以上）能耗比 2010 年下降 21% 左右，建筑、交通运输、公共机构等重点领域能耗增幅得到有效控制，主要产品（工作量）单位能耗指标达到先进节能标准的比例大幅提高，部分行业和大中型企业节能指标达到世界先进水平。风机、水泵、空压机、变压器等新增主要耗能设备能效指标达到国内或国际先进水平，空调、电冰箱、洗衣机等国产家用电器和一些类型的电动机能效指标达到国际领先水平。"十二五"时期主要节能指标如表 4-5 所示。

表 4-5 "十二五"时期主要节能指标

指　　标	单　　位	2010 年	2015 年	变化幅度 /变化率（%）
工业				
单位工业增加值（规模以上）能耗	%			[-21 左右]
火电供电煤耗	g 标准煤 //kW·h	333	325	-8
火电厂厂用电率	%	6.33	6.2	-0.13
电网综合线损率	%	6.53	6.3	-0.23
吨钢综合能耗	kg 标准煤	605	580	-25
铝锭综合交流电耗	kW·h/t	14 013	13 300	-713
铜冶炼综合能耗	kg 标准煤 /t	350	300	-50
原油加工综合能耗	kg 标准煤 /t	99	86	-13
乙烯综合能耗	kg 标准煤 /t	886	857	-29
合成氨综合能耗	kg 标准煤 /t	1 402	1 350	-52
烧碱（离子膜）综合能耗	kg 标准煤 /t	351	330	-21
水泥熟料综合能耗	kg 标准煤 /t	115	112	-3
平板玻璃综合能耗	kg 标准煤 / 重量箱	17	15	-2
纸及纸板综合能耗	kg 标准煤 /t	680	530	-150
纸浆综合能耗	kg 标准煤 /t	450	370	-80
日用陶瓷综合能耗	kg 标准煤 /t	1 190	1 110	-80

指 标	单 位	2010 年	2015 年	变化幅度 / 变化率（%）
建筑				
北方采暖地区既有居住建筑改造面积	亿 m²	1.8	5.8	4
城镇新建绿色建筑标准执行率	%	1	15	14
交通运输				
铁路单位运输工作量综合能耗	t 标准煤 / 百万换算吨公里	5.01	4.76	[−5]
营运车辆单位运输周转量能耗	kg 标准煤 / 百吨公里	7.9	7.5	[−5]
营运船舶单位运输周转量能耗	kg 标准煤 / 千吨公里	6.99	6.29	[−10]
民航业单位运输周转量能耗	kg 标准煤 / 吨公里	0.450	0.428	[−5]
公共机构				
公共机构单位建筑面积能耗	kg 标准煤 /m²	23.9	21	[−12]
公共机构人均能耗	kg 标准煤 / 人	447.4	380	[15]
终端用能设备能效				
燃煤工业锅炉（运行）	%	65	70 ～ 75	5 ～ 10
三相异步电动机（设计）	%	90	92 ～ 94	2 ～ 4
容积式空气压缩机输入比功率	kW/（m³ · min⁻¹）	10.7	8.5 ～ 9.3	−2.2 ～ −1.4
电力变压器损耗	kW	空载：43 负载：170	空载：30 ～ 33 负载：151 ～ 153	−13 ～ −10 −19 ～ −17
汽车（乘用车）平均油耗	升 / 百公里	8	6.9	−1.1
房间空调器（能效比）		3.3	3.5 ～ 4.5	0.2 ～ 1.2
电冰箱（能效指数）	%	49	40 ～ 46	−9 ～ −3
家用燃气热水器（热效率）	%	87-90	93 ～ 97	3 ～ 10

注：[ ] 内为变化率。

资料来源：《节能减排"十二五"规划》。

关于减排目标，工业重点行业、农业主要污染物排放总量大幅降低。"十二五"时期主要减排指标如表 4-6 所示。

表 4-6 "十二五"时期主要减排指标

指 标	单 位	2010 年	2015 年	变化幅度 / 变化率（%）
工业				
工业化学需氧量排放量	万 t	355	319	[−10]
工业二氧化硫排放量	万 t	2 073	1 866	[−10]
工业氨氮排放量	万 t	28.5	24.2	[−15]
工业氮氧化物排放量	万 t	1 637	1 391	[−15]
火电行业二氧化硫排放量	万 t	956	800	[−16]

指　标	单　位	2010 年	2015 年	变化幅度 / 变化率（ % ）
火电行业氮氧化物排放量	万 t	1 055	750	[−29]
钢铁行业二氧化硫排放量	万 t	248	180	[−27]
水泥行业氮氧化物排放量	万 t	170	150	[−12]
造纸行业化学需氧量排放量	万 t	72	64.8	[−10]
造纸行业氨氮排放量	万 t	2.14	1.93	[−10]
纺织印染行业化学需氧量排放量	万 t	29.9	26.9	[−10]
纺织印染行业氨氮排放量	万 t	1.99	1.75	[−12]
农业				
农业化学需氧量排放量	万 t	1 204	1 108	[−8]
农业氨氮排放量	万 t	82.9	74.6	[−10]
城市				
城市污水处理率	%	77	85	8

注：[ ] 内为变化率。

资料来源：《节能减排"十二五"规划》。

关于淘汰落后生产能力，重点淘汰小火电产能 2 000 万 kW、炼铁产能 4 800 万 t、炼钢产能 4 800 万 t、水泥产能 3.7 亿 t、焦炭产能 4 200 万 t、造纸产能 1 500 万 t 等。"十二五"时期淘汰落后生产能力一览表如表 4-7 所示。

表 4-7　"十二五"时期淘汰落后产能一览表

行　业	主　要　内　容	单　位	产能
电力	大电网覆盖范围内，单机容量在 10 万 kW 及以下的常规燃煤火电机组，单机容量在 5 万 kW 及以下的常规小火电机组，以发电为主的燃油锅炉及发电机组（5 万 kW 及以下）；大电网覆盖范围内，设计寿命期满的单机容量在 20 万 kW 及以下的常规燃煤火电机组	万 kW	2 000
炼铁	400 m³ 及以下炼铁高炉等	万 t	4 800
炼钢	30 t 及以下的转炉、电炉等	万 t	4 800
铁合金	6 300 kV·A 以下铁合金矿热电炉，3 000 kV·A 以下铁合金半封闭直流电炉、铁合金精炼电炉等	万 t	740
电石	单台炉容量小于 12 500 kV·A 电石炉及开放式电石炉	万 t	380
铜（含再生铜）冶炼	鼓风炉、电炉、反射炉炼铜工艺及设备等	万 t	80
电解铝	100 kA 及以下预焙槽等	万 t	90
铅（含再生铅）冶炼	采用烧结锅、烧结盘、简易高炉等落后方式炼铅工艺及设备，未配套建设制酸及尾气吸收系统的烧结机炼铅工艺等	万 t	130

行业	主要内容	单位	产能
锌（含再生锌）冶炼	采用马弗炉、马槽炉、横罐、小竖罐等进行焙烧、简易冷凝设施进行收尘等落后方式炼锌或生产氧化锌工艺装备等	万 t	65
焦炭	土法炼焦（含改良焦炉），单炉产能 7.5 万 t/年以下的半焦（兰碳）生产装置，碳化室高度小于 4.3 m 焦炉（3.8 m 及以上捣固焦炉除外）	万 t	4 200
水泥（含熟料及磨机）	立窑，干法中空窑，直径 3 m 以下水泥粉磨设备等	万 t	37 000
平板玻璃	平拉工艺平板玻璃生产线（含格法）	万重量箱	9 000
造纸	无碱回收的碱法（硫酸盐法）制浆生产线，单条产能小于 3.4 万 t 的非木浆生产线，单条产能小于 1 万 t 的废纸浆生产线，年生产能力 5.1 万 t 以下的化学木浆生产线等	万 t	1 500
化纤	2 万 t/年以下粘胶常规短纤维生产线，湿法氨纶工艺生产线，二甲基酰胺溶剂法氨纶及腈纶工艺生产线，硝酸法腈纶常规纤维生产线等	万 t	59
印染	未经改造的 74 型染整生产线，使用年限超过 15 年的国产和使用年限超过 20 年的进口前处理设备、拉幅和定形设备、圆网和平网印花机、连续染色机，使用年限超过 15 年的浴比大于 1：10 的棉及化纤间歇式染色设备等	亿 m	55.8
制革	年加工生皮能力 5 万标张牛皮、年加工蓝湿皮能力 3 万标张牛皮以下的制革生产线	万标张	1 100
酒精	3 万 t/年以下酒精生产线（废糖蜜制酒精除外）	万 t	100
味精	3 万 t/年以下味精生产线	万 t	18.2
柠檬酸	2 万 t/年及以下柠檬酸生产线	万 t	4.75
铅蓄电池（含极板及组装）	开口式普通铅蓄电池生产线，含镉高于 0.002% 的铅蓄电池生产线，20 万 kV·A·h/年规模以下的铅蓄电池生产线	万 kV·A·h	746
白炽灯	60 W 以上普通照明用白炽灯	亿只	6

资料来源：《节能减排"十二五"规划》。

《节能减排"十二五"规划》提出了三项重点任务，包括调整优化产业结构、推动能效水平提高、强化主要污染物减排。

关于调整优化产业结构，主要包括抑制高耗能高排放行业过快增长，淘汰落后产能，促进传统产业优化升级，调整能源消费结构，推动服务业和战略性新兴产业发展等五项内容。

关于推动能效水平提高，主要包括工业节能、建筑节能、交通运输节能、农业和农村节能、商用和民用节能、公共机构节能。工业节能主要对电力、煤炭、钢铁、有色金属、石油石化、化工、建材等重点行业提出了措施和要求。建筑节能主要从强化新建建筑节能和加强既有建筑节能改造两方面加大工作力度。交通节能主要推进铁路、公路、水路、航空运输及城市交通节能，大幅提高交通运输能效。同时，对农业和农村、商用和民用、公共机构节能提出了具体要求和措施。

关于强化主要污染物减排，主要包括城镇生活污水处理设施建设、重点行业污染物减排、农业源污染防治、机动车污染物排放控制等内容。其中，城镇生活污水处理设施建设、重点行业污染物减排将进一步扩大覆盖面，提高环保标准和控制要求；农业源污染防治和机动车污染物排放控制是根据减排形势提出的两项新任务，有利于进一步减少主要水污染物及主要大气污染物的排放。同时，大力推进大气中细颗粒污染物（PM2.5）的治理。

《节能减排"十二五"规划》提出了十大节能减排重点工程，分别是：节能改造工程、节能产品惠民工程、合同能源管理推广工程、节能技术产业化示范工程、城镇生活污水处理设施建设工程、重点流域水污染防治工程、脱硫脱硝工程、规模化畜禽养殖污染防治工程、循环经济示范推广工程、节能减排能力建设工程。

四、"十三五"节能减排综合工作方案

2017 年 1 月，国务院印发《"十三五"节能减排综合工作方案》（国发〔2016〕74号），明确了"十三五"节能减排工作的主要目标和重点任务，对全国节能减排工作进行全面部署。《"十三五"节能减排综合工作方案》提出实施能耗总量和强度"双控"行动，明确要求到 2020 年，全国万元国内生产总值能耗比 2015 年下降 15%，能源消费总量控制在 50 亿 t 标准煤以内。全国化学需氧量、氨氮、二氧化硫、氮氧化物排放总量分别控制在 2 001 万 t、207 万 t、1 580 万 t、1 574 万 t 以内，比 2015 年分别下降 10%、10%、15%和 15%。全国挥发性有机物排放总量比 2015 年下降 10% 以上。

《"十三五"节能减排综合工作方案》将"十三五"能源消费总量和强度控制目标分解到各省（区、市），提出了主要行业和部门节能目标，明确了"十三五"各省份化学需氧量、氨氮、二氧化硫、氮氧化物和重点地区挥发性有机物排放总量控制计划。

根据《"十三五"节能减排综合工作方案》，"十三五"各省份能耗总量和强度"双控"目标如表 4-8 所示。

表 4-8 "十三五"各省份能耗总量和强度"双控"目标

地 区	"十三五"能耗强度降低目标 /%	2015 能源消费总量 / 万 t 标准煤	"十三五"能耗增量控制目标 / 万 t 标准煤
北京	17	6 853	800
天津	17	8 260	1 040
河北	17	29 395	3 390
山西	15	19 384	3 010
内蒙古	14	18 927	3 570
辽宁	15	21 667	3 550

地　　区	"十三五"能耗强度降低目标 /%	2015 能源消费总量 / 万 t 标准煤	"十三五"能耗增量控制目标 / 万 t 标准煤
吉林	15	8 142	1 360
黑龙江	15	12 126	1 880
上海	17	11 387	970
江苏	17	30 235	3 480
浙江	17	19 610	2 380
安徽	16	12 332	1 870
福建	16	12 180	2 320
江西	16	8 440	1 510
山东	17	37 945	4 070
河南	16	23 161	3 540
湖北	16	16 404	2 500
湖南	16	15 469	2 380
广东	17	30 145	3 650
广西	14	9 761	1 840
海南	10	1 938	660
重庆	16	8 934	1 660
四川	16	19 888	3 020
贵州	14	9 948	1 850
云南	14	10 357	1 940
西藏	10		
陕西	15	11 716	2 170
甘肃	14	7 523	1 430
青海	10	4 134	1 120
宁夏	14	5 405	1 500
新疆	10	15 651	3 540

注：西藏自治区相关数据暂缺，暂不包含港澳台相关数据。
资料来源：《"十三五"节能减排综合工作方案》。

根据《"十三五"节能减排综合工作方案》，"十三五"主要行业和部门节能指标如表 4-9 所示。

表 4-9 "十三五"主要行业和部门节能指标

指　　标	单　　位	2015 年实际值	2020 年	
			目标值	变化幅度 / 变化率（%）
工业				
单位工业增加值（规模以上）能耗	%			[-18]

续表

指　标	单　位	2015 年 实际值	2020 年	
			目标值	变化幅度 / 变化率（%）
火电供电煤耗	g 标准煤 /kW·h	315	306	−9
吨钢综合能耗	kg 标准煤	572	560	−12
水泥熟料综合能耗	kg 标准煤 /t	112	105	−7
电解铝液交流电耗	kW·h/t	13 350	13 200	−150
炼油综合能耗	kg 标准油 /t	65	63	−2
乙烯综合能耗	kg 标准煤 /t	816	790	−26
合成氨综合能耗	kg 标准煤 /t	1 331	1 300	−31
纸及纸板综合能耗	kg 标准煤 /t	530	480	−50
建筑				
城镇既有居住建筑节能改造累计面积	亿 m²	12.5	17.5	+5
城镇公共建筑节能改造累计面积	亿 m²	1	2	+1
城镇新建绿色建筑标准执行率	%	20	50	+30
交通运输				
铁路单位运输工作量综合能耗	t 标准煤 / 百万换算吨公里	4.71	4.47	[−5]
营运车辆单位运输周转量能耗下降率				[−6.5]
营运船舶单位运输周转量能耗下降率				[−6]
民航业单位运输周转量能耗	kg 标准煤 / 吨公里	0.433	<0.415	> [−4]
新生产乘用车平均油耗	升 / 百公里	6.9	5	−1.9
公共机构				
公共机构单位建筑面积能耗	kg 标准煤 /m²	20.6	18.5	[−10]
公共机构人均能耗	kg 标准煤 / 人	370.7	330.0	[−11]
终端用能设备				
燃煤工业锅炉（运行）	%	70	75	+5
电动机系统效率	%	70	75	+5

注：[ ] 内为变化率。

资料来源：《"十三五"节能减排综合工作方案》。

　　《"十三五"节能减排综合工作方案》从十一个方面明确了推进节能减排工作的具体措施。一是优化产业和能源结构，促进传统产业转型升级，加快发展新兴产业，降低煤炭消费比重。二是加强重点领域节能，提升工业、建筑、交通、商贸、农村、公共机构和重点用能单位能效水平。三是深化主要污染物减排，改变单纯按行政区域为单元分解控制总量指标的方式，通过实施排污许可制，建立健全企事业单位总量控制制度，控制重点流域和工业、农业、生活、移动源污染物排放。四是大力发展循环经济，推动园区循环化改造，加强城市废弃物处理和大宗固体废弃物综合利用。五是实施节能、循环经济、主要大气污染物和主要水污染物减排等重点工程。六是强化节能减排技术支撑和服务体系建设，推进区域、城镇、园区、用能单位等系统用能和节能。七是完善支持节能减排的价格收费、财税激励、绿色金融等政策。八是建立和完善节能减排市场化机制，推行合同能源管理、绿色标识认证、环境污染第三方治理、电力需求侧管理。九是落实节能减排目标责任，强化评价考核。十是健全节能环保法律法规标准，严格监督检查，提高管理服务水平。十一是动员全社会参与节能减排，推行绿色消费，强化社会监督。

五、"十四五"节能减排综合工作方案

"十四五"规划是我国全面建成小康社会之后的第一个五年规划，"十四五"时期是我国破解"中等收入陷阱"，努力从"中等收入国家"向"高收入国家"迈进的关键时期。2022年1月，国务院印发《"十四五"节能减排综合工作方案》（国发〔2021〕33号）。

根据《"十四五"节能减排综合工作方案》，到2025年，全国单位国内生产总值能源消耗比2020年下降13.5%，能源消费总量得到合理控制，化学需氧量、氨氮、氮氧化物、挥发性有机物排放总量比2020年分别下降8%、8%、10%以上、10%以上。节能减排政策机制更加健全，重点行业能源利用效率和主要污染物排放控制水平基本达到国际先进水平，经济社会发展绿色转型取得显著成效。

《"十四五"节能减排综合工作方案》部署了十大重点工程，包括重点行业绿色升级工程、园区节能环保提升工程、城镇绿色节能改造工程、交通物流节能减排工程、农业农村节能减排工程、公共机构能效提升工程、重点区域污染物减排工程、煤炭清洁高效利用工程、挥发性有机物综合整治工程、环境基础设施水平提升工程，明确了具体目标任务。

《"十四五"节能减排综合工作方案》从八个方面健全政策机制。一是优化完善能耗双控制度。二是健全污染物排放总量控制制度。三是坚决遏制高耗能高排放项目盲目发展。四是健全法规标准。五是完善经济政策。六是完善市场化机制。七是加强统计监测能力建设。八是壮大节能减排人才队伍。

六、2030年前碳达峰行动方案

碳中和（carbon neutral）是指在一定时间内直接或间接产生的二氧化碳或温室气体排放总量，通过植树造林、节能减排等形式，以抵消自身产生的二氧化碳或温室气体排放量，实现正负抵消，达到相对"零排放"。碳达峰（peak carbon dioxide emissions）是指某个地区或行业年度二氧化碳排放量达到历史最高值，然后经历平台期进入持续下降的过程，是二氧化碳排放量由增转降的历史拐点，标志着碳排放与经济发展实现脱钩，达峰目标包括达峰年份和峰值。实现碳达峰、碳中和，是以习近平同志为核心的党中央经过深思熟虑作出的重

扩展阅读4.4

大战略决策，是着力解决资源环境约束突出问题、实现中华民族永续发展的必然选择，也是构建人类命运共同体的庄严承诺。

2021 年 10 月 24 日，国务院印发《2030 年前碳达峰行动方案》（国发〔2021〕23 号）。根据《2030 年前碳达峰行动方案》，到 2025 年，我国非化石能源消费比重达到 20% 左右，单位国内生产总值能源消耗比 2020 年下降 13.5%，单位国内生产总值二氧化碳排放比 2020 年下降 18%，为实现碳达峰奠定坚实基础。

"十五五"期间，产业结构调整取得重大进展，清洁低碳安全高效的能源体系初步建立，重点领域低碳发展模式基本形成，重点耗能行业能源利用效率达到国际先进水平，非化石能源消费比重进一步提高，煤炭消费逐步减少，绿色低碳技术取得关键突破，绿色生活方式成为公众自觉选择，绿色低碳循环发展政策体系基本健全。到 2030 年，非化石能源消费比重达到 25% 左右，单位国内生产总值二氧化碳排放比 2005 年下降 65% 以上，顺利实现 2030 年前碳达峰目标。

《2030 年前碳达峰行动方案》提出了"碳达峰十大行动"，节能降碳增效行动是"碳达峰十大行动"之一。节能降碳增效行动的主要内容包括：全面提升节能管理能力，实施节能降碳重点工程，推进重点用能设备节能增效，加强新型基础设施节能降碳。

（1）全面提升节能管理能力。推行用能预算管理，强化固定资产投资项目节能审查，对项目用能和碳排放情况进行综合评价，从源头推进节能降碳。提高节能管理信息化水平，完善重点用能单位能耗在线监测系统，建立全国性、行业性节能技术推广服务平台，推动高耗能企业建立能源管理中心。完善能源计量体系，鼓励采用认证手段提升节能管理水平。加强节能监察能力建设，健全省、市、县三级节能监察体系，建立跨部门联动机制，综合运用行政处罚、信用监管、绿色电价等手段，增强节能监察约束力。

（2）实施节能降碳重点工程。实施城市节能降碳工程，开展建筑、交通、照明、供热等基础设施节能升级改造，推进先进绿色建筑技术示范应用，推动城市综合能效提升。实施园区节能降碳工程，以高耗能高排放项目（以下称"两高"项目）集聚度高的园区为重点，推动能源系统优化和梯级利用，打造一批达到国际先进水平的节能低碳园区。实施重点行业节能降碳工程，推动电力、钢铁、有色金属、建材、石化化工等行业开展节能降碳改造，提升能源资源利用效率。实施重大节能降碳技术示范工程，支持已取得突破的绿色低碳关键技术开展产业化示范应用。

（3）推进重点用能设备节能增效。以电机、风机、泵、压缩机、变压器、换热器、工业锅炉等设备为重点，全面提升能效标准。建立以能效为导向的激励约束机制，推广先进高效产品设备，加快淘汰落后低效设备。加强重点用能设备节能审查和日常监管，强化生产、经营、销售、使用、报废全链条管理，严厉打击违法违规行为，确保能效标准和节能要求全面落实。

（4）加强新型基础设施节能降碳。优化新型基础设施空间布局，统筹谋划、科学配置数据中心等新型基础设施，避免低水平重复建设。优化新型基础设施用能结构，采用直流供电、分布式储能、"光伏＋储能"等模式，探索多样化能源供应，提高非化石能源消费比重。对标国际先进水平，加快完善通信、运算、存储、传输等设备能效标准，提升准入门槛，淘汰落后设备和技术。加强新型基础设施用能管理，将年综合能耗超过 1 万 t 标准煤的数据中心全部纳入重点用能单位能耗在线监测系统，开展能源计量审查。推动既有设施绿色升级改造，积极推广使用高效制冷、先进通风、余热利用、智能化用能控制等技术，提高设施能效水平。

 关键词

节能；能源效率；节能优先战略

 思考题

1. 为什么要提高能源利用效率？

2. 什么是节能优先战略？我国为什么要选择节能优先战略？

3. 日本节能战略有什么特点？

4. 试述如何提高能源利用效率。

5. 节能降碳增效行动的主要内容是什么？

【在线测试题】扫描二维码，在线答题。

第五章　可再生能源战略

学习目标

1. 掌握可再生能源的概念及分类；
2. 了解可再生能源可持续发展的影响因素；
3. 了解发达国家的可再生能源战略，特别是德国的可再生能源战略；
4. 理解我国可再生能源战略的演变历程；
5. 掌握我国"十四五"时期的可再生能源战略。

本章提要

大力发展可再生能源是实现能源可持续发展的必由之路，但是相对于传统能源，可再生能源不具备成本优势，且技术不够成熟、投资成本高，其发展会遇到各种各样的障碍。因此，促进可再生能源发展需要制定切实可行的可再生能源发展战略。从全球来看，美国、欧盟、德国、日本等发达国家和地区制定了相应的发展战略和规划，明确了可再生能源发展目标。我国将发展可再生能源作为重要的战略方向，建立了较为完善的短期和长期相结合的发展战略规划，制定了可再生能源发展的详细目标和实施步骤。本章首先介绍可再生能源的含义、类型和可再生能源可持续发展的影响因素；然后分析美国、欧盟、德国和日本的可再生能源战略；最后分析我国不同时期的可再生能源发展规划。

第一节　可再生能源概述

可再生能源具有高效、清洁、低碳、环保等特点，发展可再生能源有利于促进生态环境和社会经济可持续发展。可再生能源是我国多轮驱动能源供应体系的重要组成部分，大力发展可再生能源对于改善能源结构、保护生态环境、应对气候变化、实现经济社会可持续发展具有重要意义。

一、可再生能源的概念

可再生能源是能源体系的重要组成部分，根据国际能源署（IEA）的定义，可再生能源指来自自然过程（如阳光和风）的能源，与其消耗速度相比，可再生能源能够以更快的速度进行自我补充，换句话说，可再生能源泛指多种取之不竭的能源，严谨地讲，是人类"有生之年"都不会耗尽的能源，太阳能、风能、地热能、水能、生物质能和海洋能是可再生能源的主要来源。

欧盟第 2001/77/EC 号可再生电力指令第 2 条，将可再生能源定义为非化石能源，即风能、太阳能、地热能、潮汐、水电、生物质、垃圾燃气、污水处理工厂燃气和生物气。

根据《中华人民共和国可再生能源法》的规定，可再生能源指风能、太阳能、水能、生物质能、地热能、海洋能等非化石能源，通过低效率炉灶直接燃烧方式利用秸秆、薪柴、粪便等，不包含在可再生能源的范畴内。

根据国际能源署和《中华人民共和国可再生能源法》对可再生能源的定义，核能不作为可再生能源的一种，因为核能是以铀为原料，铀资源在地球上是有限并且不可再生的，且核能在其开发过程中因操作不当、自然灾害等原因，很可能会给区域环境带来毁灭性的灾难。

新能源也是一个经常被提及的概念，根据联合国召开的"联合国新能源和可再生能源会议"对新能源的定义，新能源指以新技术和新材料为基础，使传统的可再生能源得到现代化的开发和利用，用取之不尽、周而复始的可再生能源取代资源有限、对环境有污染的化石能源。利用核能发电就是这样一种新技术。因此也可以把核能纳入新能源的范畴之内。尽管不同的地区和国家对新能源所包括的具体能源形式的界定不一样，但是一般来说，新能源的范畴要比可再生能源更广，而可再生能源则包含在新能源的范畴之内。一般来说，新能源包括太阳能、风能、水能、生物质能、海洋能、地热能、天然气水化合物、核能、氢能等。

二、可再生能源的类型

（一）太阳能

太阳能就是太阳的热辐射能，主要表现就是常说的太阳光线。太阳能是由太阳内部氢原子发生氢氦聚变释放出巨大核能而产生的，人类所需能量的绝大部分都直接或间接地来自太阳。因此，太阳能是人类最主要的可再生能源。研究表明，尽管太阳辐射到地球大气层的能量仅为其总辐射能量的 22 亿分之一，但也已经高达 173 000 TW（1 TW=10^{12} W），相当于 500 多万 t 标准煤燃烧所释放的能量。这也意味着，太阳能是地球能量的主要来源，已远远超过目前人类每年所消耗能量的总和，其开发价值与发展空间巨大。

太阳能利用包括太阳能光伏发电、太阳能热发电，以及太阳能热水器和太阳房等热利用方式。光伏发电最初作为独立的分散电源使用，近年来并网光伏发电的发展速度加快，市场容量已超过独立使用的分散光伏电源。

我国 2/3 的国土面积年日照小时数在 2 200 h 以上，年太阳辐射总量大于 5 000 MJ/m²，属于太阳能利用条件较好的地区。西藏、青海、新疆、甘肃、内蒙古、山西、陕西、河北、山东、辽宁、吉林、云南、广东、福建、海南等地区的太阳辐射能量较大，尤其是青藏高原地区太阳能资源最为丰富。

（二）风能

从本质上来说，风能来自太阳能。在一定条件下，风能是太阳能的一种转化形式。简单地说，地球表面不同纬度的各部分与太阳的距离不同，接受太阳光照射的角度不同，并且接受太阳光照射的时间（包括时段和时长）也不同，这就导致地球表面各处受热不同，温度分布不均匀，从而造成各地呈现温差现象，进而促使不同地区上空的大气压强发生差异。在大气压强的作用之下，空气发生运动，而流动的空气具有能量，风能就是流动的空气所蕴含的动能。风能是一种可再生的清洁能源，它储量大、分布广、可再生的同时还具备零污染、零排放、缓和温室效应、无须运输等方面的优点。但是，它的能量密度低（只有水能的 1/800），且不稳定、难以储存等方面的缺点使得风能发展缓慢，不能被人类大规模应用。然而，随着科学技术的不断进步，在一定的技术条件下，风能作为一种重要的能源被广泛地开发和利用起来。

根据最新风能资源评价，我国陆地可利用风能资源为 3 亿 kW，加上近岸海域可利用风能资源，共计约 10 亿 kW。主要分布在两大风带：一是"三北地区"（东北、华北北部和西北地区）；二是东部沿海陆地、岛屿及近岸海域。另外，内陆地区还有一些局部风能资源丰富区。

（三）水能

水能是一种可再生能源，是以位能、压能和动能等形式存在于水体中的能量资源，又称水能资源。广义的水能资源包括河流水能、潮汐水能、波浪能和海洋热能资源；狭义的水能资源指河流水能资源，同时最容易开发和利用的比较成熟的水能也是河流水能资源。水能主要用于水力发电。水力发电将水的势能和动能转换成电能。以水力发电的工厂称为水力发电厂，简称水电厂，又称水电站。水力发电成本低、无污染的同时可连续再生，但其分布受水文、气候、地貌等自然条件的限制大。水资源容易受到污染，也容易被地形，气候等多方面的因素所影响，如水库效应。水力发电是目前最成熟的可再生能源发电技术，在世界各地得到广泛应用。目前，经济发达国家水能资源已基本开发完毕，水电建设主要集中在发展中国家。

水能资源是我国重要的可再生能源资源。我国水能资源主要分布在西部地区，约 70% 在西南地区。长江、金沙江、雅砻江、大渡河、乌江、红水河、澜沧江、黄河和怒江等大江大河的干流水能资源丰富，总装机容量约占全国经济可开发量的 60%，具有集中开发和规模外送的良好条件。

（四）生物质能

生物质指通过光合作用而形成的各种有机体，包括所有的动植物和微生物。而生物质能则是太阳能以化学能形式储存在生物质中的能量形式，即以生物质为载体的能量。因此，生物质能主要包括自然界内可用于能源用途的各种植物、人畜排泄物，以及城乡有机废物转化成的能源。生物质能直接或间接地来源于绿色植物的光合作用，也可以说生物质能是太阳能的一种表现形式。生物质能可转化为常规的固态、液态和气态燃料，取之不尽、用之不竭，是一种可再生能源，同时也是唯一一种可再生的碳源。根据相关方面计算，生物质储存的能量比世界能源消费总量大 2 倍。虽然人类历史上最早使用的能源就是生物质能，但目前人类对于生物质能还未进行大规模化地使用。19 世纪后半期以前，人类利用的能源以薪柴为主。当前较为有效地利用生物质能的方式有：①制取沼气。主要是利用城乡有机垃圾、秸秆、水、人畜粪便，通过厌氧消化产生可燃气体甲烷，供生活、生产之用。②利用生物质制取乙醇。现代生物质能的发展方向是高效清洁利用，将生物质转换为优质能源，包括电力、燃气、液体燃料和固体成型燃料等。生物质发电包括农林生物质发电、垃圾发电和沼气发电等。

（五）地热能

很多人对于地热能也许会有些陌生，但对于温泉比较熟悉，事实上，温泉就是一种对地热能的"天然利用"。地热能是指储存在地球内部的可再生热能，一般集中分布在构造板块边缘一带，起源于地球的熔融岩浆和放射性物质的衰变。目前，科学界关于地热能的产生根源有多种假说。主流假说认为，地热主要来源于地球内部放射性元素蜕变产生的热能；其次是地球自转产生的旋转能，以及重力分异、化学反应、岩矿结晶释放的热能等。

据测算，地球内部的总热能量，约为全球煤炭储量的 1.7 亿倍。每年从地球内部经地表散失的热量，相当于 1 000 亿桶石油燃烧产生的热量。地热能因其分布广、储量大、稳定可靠等优点，对地热资源的合理开发利用已愈来愈受到人们的青睐。按照地热能的储存形式划分，可分为蒸汽型、热水型、地压型、干热岩型和熔岩型五大类；按照温度高低划分，地热能又可以分为高温型、中温型和低温型三种类型，其中高温型的温度高于 150 ℃，中温型的温度介于 90 ～ 149 ℃，低温型的温度低于 89 ℃。

据初步勘探，我国地热资源以中低温为主，适用于工业加热、建筑采暖、保健疗养和种植养殖等，资源遍布全国各地。适用于发电的高温地热资源较少，主要分布在藏南、川西、滇西地区，可装机潜力约为 600 万 kW。

（六）海洋能

海洋能指依附在海水中的可再生能源，海洋通过各种物理过程接收、储存和散发能量，这些能量主要以潮汐能、波浪能、潮流能、温差能、盐差能、海流能等形式存在于海洋之中。海洋能的利用指利用一定的方法、设备把各种海洋能转换成电能或其他可利用形式的能。全球海洋能的可再生量很大，理论上可再生的总量为 766 亿 kW。由于海洋能具有可再生性、无污染、储量大等优点，因此是一种亟待开发的具有战略意义的新能源。

三、可再生能源可持续发展的影响因素

（一）资源的可利用性

重视资源的利用程度是发展可再生能源产业的必要条件。能源利用效率和利用质量的提升是提高可再生能源产业的必经之路。目前来看，开发可再生能源有两面性，积极的一

面是可以缓解经济发展和传统能源之间的矛盾；消极的一面是对于可再生能源利用效率和质量的关注有时也会限制产业的发展。当然，积极的方面肯定是占主导地位的，是前进性的和方向性的。如何破解效率和质量与产业的协调发展是一大课题，但是主导的方向仍然是要重视可再生能源的利用效率和质量。

（二）社会的支持性

可再生能源的利用与推广，离不开社会公众的参与和支持，包括社会公众对可再生能源重要性的认识、对可再生能源技术的支持、投入到可再生能源建设中的经济承受能力及个体的能源使用偏好等。社会公众首先必须认识到发展可再生能源产业的重要性，然后对可再生能源发展过程中遇到的问题和困难给予切实的支持，只有在社会大众的积极配合和参与下，才能保证可再生能源产业的进步和发展。其次，国家应高度强调建设资源节约型及环境友好型社会的重要性。我国的资源、环境容量已到支撑的极限，要解决能源紧缺，保证经济的可持续发展，必须大力开发利用新能源。新能源的开发和利用，虽短期成本较高，但长期发展优势很多，能大量节省能源，大幅减少污染，提高人民生活的质量，获得显著的经济和环保效益。开发利用清洁能源，建设资源节约型、环境友好型社会，是全面建成小康社会的需要，是我国经济和社会发展的现实选择，是一项十分重要的工作。

（三）环境的生态性

当前，可再生能源开发成本较高，开发可再生能源的主要动力是追求其生态环境效益。可再生能源的开发利用是节能减排的主要途径之一。因此，环境的生态性是推动可再生能源可持续发展的一个重要因素，包括对生态保护的影响、对环境保护的影响和对低碳经济的贡献等多个方面。

（四）技术的创新性

可再生能源产业的发展离不开创新性的技术，而且从某种程度上来讲，技术的创新是可再生能源产业发展的主要因素。而技术的创新和发展对于政府和企业来讲都是极为关键的，对于政府来讲，开创性的技术的创新和发展往往能带动一个地区经济的极大发展，转化经济发展的模式，培育新的经济增长点，同样对于企业来讲，开发新的技术，发展创新性的技术也是企业不断发展、进行转型的内在要求。可再生能源产业的发展从宏观上来讲是一个区域的经济方式的转变和发展，具体到微观上则是企业持续的利润增长点。

（五）政府的政策支持和财政激励力度

从目前的情况来看，可再生能源产业的发展由于其生产成本高、技术不够成熟的局限性，很难独立发展，这就需要政府政策的引导和财政的支持。财政作为再分配的重要手段，对于改善经济质量和弥补市场调节的固有局限性有举足轻重的作用。改革开放40余年来，我国在参考国外先进成熟模式的基础上结合我国的具体情况出台了一系列的产业政策和财政支持政策，对于我国可再生能源产业的发展具有积极的促进作用和重大的现实意义。

（六）市场的培育程度

一个产业、一个经济增长点能否持续发展，最终都要接受市场的检验，因此，突破可再生能源可持续发展的瓶颈的重要举措就是加快培育产业的市场。市场两方，一方是供给，另一方是需求，作为供给方的可再生能源的产业需要来自更大的市场需求。培育市场需求需要充分发挥市场的资源基础配置作用，积极引导消费者产生更大的市场需求，将潜在的市场需求转化为现实的市场需求。同时，对于因技术瓶颈、价格较高、基础设施配套的问题导致市场需求不够高的问题，需要政府积极参与培育市场。

第二节　发达国家的可再生能源战略

20 世纪 70 年代以来，可持续发展思想逐步成为国际社会共识，可再生能源开发利用受到世界各国高度重视，许多国家将开发利用可再生能源作为能源战略的重要组成部分，提出了明确的可再生能源发展目标，制定了鼓励可再生能源发展的法律和政策，可再生能源得到迅速发展。虽然发达国家根据各自的国情，确立了符合自身需要的可再生能源发展战略，但由于可再生能源发展战略又具有极大的相似性，对包括我国在内的广大发展中国家确立自己的可再生能源发展战略具有重要的借鉴意义。

一、美国的可再生能源战略

美国是联邦制国家，联邦政府负责联邦级的能源政策制定、协调能源管理。美国各州政府独立性很强，可再生能源政策、战略和规划都以各州政策为主，至今美国仍没有制定联邦级的可再生能源战略目标。

为促进可再生能源发展，美国联邦政府率先垂范，针对联邦政府所属机构制定了一些约束性指标。例如，为推进可再生电力的发展，《2005 能源政策法案》规定："联邦政府在 2007—2009 年间消费的可再生电力比例应不低于 3%；2010—2012 年间，这一比例应不低于 5%；2013 年以后不得低于 7.5%。"为推进太阳能热能利用系统的发展，《2007 能源独立与安全法案》要求联邦政府所属的新建筑及进行大修的建筑至少 30% 的生活热水必须源自太阳能。

《2009 美国复苏与再投资法案》要求所有的电力公司到 2020 年其电力供应中要有 20% 的比例来自可再生能源和能效改进，其中 15% 来自风能、太阳能等可再生能源，5% 来自能效改进。2013 年，美国政府提出的"气候行动计划"，明确指出要加快清洁能源的利用，并对在公共用地、政府资助住房和军事设施方面的可再生能源消费量作出了明确规定。

奥巴马政府上台后，美国的能源战略出现了重大转折，美国的可再生能源发展迎来重大机遇期。2009 年，奥巴马就任总统后不久便推出《清洁能源与安全法案》，该法案要求，到 2020 年时，风能、太阳能等可再生能源在发电量中占比要达到 12%。

美国各州的可再生能源目标由各州自行确定。关于可再生能源配额比例，2019 年，新墨西哥州承诺，到 2045 年实现 100% 的可再生能源发电，即"零碳"电力，至少 80% 来自可再生能源。内华达州和马里兰州承诺到 2030 年可再生能源发电量将达到 50%，波多黎各自治邦规定到 2050 年实现 100% 可再生能源发电。

在太阳能发电方面，2019 年，美国加利福尼亚州颁布了一项太阳能利用强制规定，成为美国第一个在新建房屋上强制安装屋顶太阳能光伏的州。俄勒冈州设立 200 万美元用以支持"太阳能 + 储能退税计划"。该计划为俄勒冈州居民和低收入服务商的太阳能电力和存储系统提供退税。

在可再生能源交通领域，加利福尼亚州空气资源委员会宣布，到 2025 年，电动车充电站达到 25 万座，氢燃料加气站达到 200 座；2040 年实现电动公交车全覆盖。2019 年，纽约在公共交通领域承诺投入 11 亿美元用以采购和部署 500 辆电动公交车；资助建设 1 075 个快速充电站。

近年来，在"碳中和 + 能源安全"双轮驱动下，美国积极推进氢能发展，大力发展可再生能源制氢。2021 年 7 月，美国能源部（United States Department of Energy）宣布启动首个"氢能攻关计划"，目标是在未来 10 年使可再生能源制氢的成本降低 80% 至 1 美元 /kg，并将清洁氢的产量增加 5 倍。

2022 年 10 月，美国能源部发布《国家清洁氢能战略和路线图（草案）》，提出到 2050 年清洁氢能将贡献约 10% 的碳减排量，到 2030 年、2040 年和 2050 年美国清洁氢需求将分别达到 1 000 万 t/ 年、2 000 万 t/ 年和 5 000 万 t/ 年，并且计划在 2030 年前制氢成本降至 2 美元 /kg，2035 年前制氢成本降至 1 美元 /kg。

二、欧盟的可再生能源战略

欧盟的可再生能源战略是欧盟能源战略的一个重要组成部分。欧盟是世界上最早制定可再生能源量化目标的经济体。1997 年 11 月 26 日，欧盟委员会公布了《未来能源：可再生能源——共同体战略与行动计划》白皮书，第一次提出全面而具体的可再生能源发展目标：可再生能源在一次能源消费中的比例将从 1996 年的 6% 提高到 2010 年的 12%；可再生能源发电量占总发电量的比例从 1997 年的 14% 提高到 2010 年的 22%。其中风电要达到 4 000 万 kW，太阳能发电要达到 300 万 kW；生物燃料要占到总的燃料供应的 5.75%，生物质能的利用量要达到 2 亿 t 标准煤。

进入 21 世纪，欧盟先后制定了 2010 年、2020 年、2030 年、2050 年能源发展战略，用以指导能源转型，特别是可再生能源发展的方向和路径。

2001 年，欧盟部长理事会提出了关于使用可再生能源发电的共同指令，要求欧盟国家到 2010 年，可再生能源在其全部能源消耗中占 12%，在其电量消耗中可再生能源的比例达到 22.1% 的总量控制目标。欧盟成员国根据该指令制定了本国的发展目标。例如，英国和德国都承诺，2010 年和 2020 年，可再生能源的比例将分别达到 10% 和 20%；西班牙表示，2010 年其可再生能源发电的比例就可以达到 29% 以上；丹麦制定了名为 "21 世纪的能源" 的能源行动计划，在 2030 年前，可再生能源在整个国家能源构成中的比例将每年增加 1%；北欧部分国家提出了利用风力发电和生物质发电逐步替代核电的战略目标。

2007 年年初，欧盟就可再生能源提出了新的发展目标，要求到 2020 年，可再生能源消费占到全部能源消费的 20%，可再生能源发电量占到全部发电量的 30%。

随着气候变化和能源安全问题的持续升温，欧盟各成员国在 2008 年就未来 10 年的能源政策达成一致，并形成了具有法律约束力的可再生能源和能效 "20-20-20" 战略：到 2020 年将温室气体排放量在 1990 年基础上减少 20%；将可再生能源占总能源消费的比例在 2008 年 8.2% 的基础上提高到 20%，其中生物液体燃料在交通能源消费中的比例达到 10%；将能源利用效率提高 20%，即能源消费在 2006 年基础上减少 13%。欧盟高峰会议于 2008 年 12 月以 "可再生能源指令"（2009/28/EC）的形式通过了这一战略，并于 2009 年 4 月正式对外发布，并将总目标分解给各成员国。

欧盟议会和理事会通过的 2009/28/EC 号指令，明确了欧盟在 2020 年可再生能源占欧盟能源消耗的 20% 的目标和可再生能源占交通总能耗 10% 的强制性的目标。2010 年，欧盟执委会能源运输总署颁布了《欧盟成员国可再生能源行动计划》，根据该计划，欧盟成员国可再生能源 2020 年发展目标如表 5-1 所示。

表 5-1　欧盟成员国可再生能源 2020 年发展目标　　　　单位：%

国　家	欧盟 2009 年 "可再生能源指令"	《欧盟成员国可再生能源行动计划》指标	国　家	欧盟 2009 年 "可再生能源指令"	《欧盟成员国可再生能源行动计划》指标
比利时	13	13	立陶宛	23	24
保加利亚	16	18.8	卢森堡	11	8.9
捷克	13	13.5	匈牙利	13	14.7
丹麦	30	30.4	马耳他	10	10.2
德国	18	19.6	荷兰	14	14.5
爱沙尼亚	25	25	奥地利	34	34.2
爱尔兰	16	16	波兰	15	15.5
希腊	18	20.2	葡萄牙	31	31
西班牙	20	22.7	罗马尼亚	24	24
意大利	17	16.1	斯洛文尼亚	25	25.3
塞浦路斯	13	13	斯洛伐克	14	15.3
拉脱维亚	40	40	芬兰	38	38
瑞典	49	50.2	英国	15	15
法国	23	23			

资料来源：《欧盟成员国可再生能源行动计划》。

2014 年，欧盟通过了《2030 年气候与能源政策框架》，承诺到 2030 年使温室气体排放量比 1990 年减少 40%，可再生能源在能源消费中的占比达到 27%。2018 年 6 月，欧盟议会、欧洲理事会及欧盟委员会最终确定，到 2030 年可再生能源占终端能源消费的比重达到 32%。

总之，欧盟可再生能源战略的演进体现出以下特点：欧共体在 20 世纪 70 年代推广应用可再生能源是出于能源安全的考量；到了 20 世纪 80 年代和 90 年代，环境保护成为欧共体或欧盟发展可再生能源的主要目的之一；到了 21 世纪，大力推广应用可再生能源是欧盟实现温室气体减排目标的主要路径之一。

三、德国的可再生能源战略

德国是欧盟重要成员国，其将可再生能源和能效作为能源转型战略的两大支柱。德国可再生能源战略与欧盟可再生能源战略既有联系又有区别。早在 20 世纪 80 年代，德国就提出了发展可再生能源的相关战略，1991 年颁布的《电力入网法》成为其第一部鼓励发展可再生能源的法规，规定电网经营者须优先购买风电；到了 2000 年，《可再生能源法》出台，成功启动德国光伏市场，继而拉开了可再生能源产业高速发展的大幕。

扩展阅读5.1

2000 年 3 月，德国颁布了《可再生能源法》（EEG 2000），取代了实行 10 年之久的《电力入网法》。2004 年，为了更好地实现全新制定的可再生能源发展目标（即 2010 年可再生能源电力要占整个电力供应的 12.5%、2020 年达到 20%），同时也为了落实欧盟《可再生电力指令》，德国对《可再生能源法》进行了第一次修订。这次修改案通过调整可再生能源发电的补贴方案，完善上网电价制度，提高供应商的法律地位，推动了德国可再生能源的扩大与发展。

到了 2009 年，德国可再生能源发电量占总发电量的 16.3%，超过了设定的目标。在此背景下，德国于 2009 年对《可再生能源法》进行了第二次修订，大幅度提高可再生能源的发展目标，即将曾经设定到 2020 年可再生能源发电占全部发电的 20% 提高到 30%。此次修订主要解决光伏发展过快、补贴过高等问题。

2010 年，德国政府第一次提出了一个全方位转变国家能源发展和方向的概念——能源转型。德国能源转型的三个目标是：提高可再生能源份额；提高能源效率；降低温室气体排放。2010 年 9 月 28 日，德国联邦经济与技术部发布了《能源战略 2050——清洁、可靠和经济的能源系统》报告，详细规划了德国在能源供应和使用等方面的长期性和阶段性目标，明确提出了能源转型的行动路线图。

在能源转型的战略定位下，德国联邦政府将可再生能源目标设定为：到 2020 年可再生能源在终端能源消费中至少占比 18%，在发电量中至少占比 35%；到 2030 年可再生能源在终端能源消费中至少占比 30%，在发电量中至少占比 50%；到 2050 年可再生能源在终端能源消费中至少占比 60%，在发电量中至少占比 80%。德国联邦政府可再生能源2020—2050 年目标如表 5-2 所示。

表 5-2　德国联邦政府可再生能源 2020—2050 年目标　　　　单位：%

年　份	可再生能源占电力消费比重	可再生能源占终端能源消费比重
2020	至少 35	至少 18
2030	至少 50	至少 30
2040	至少 65	至少 45
2050	至少 80	至少 60

资料来源：BMU-Development of renewable energy sources in Germany 2012 Graphics。

"加快海上电网的规划与建设"是《能源战略 2050——清洁、可靠和经济的能源系统》报告的要点之一。海上风电被列为德国风电产业未来发展的重点，其 2020 年、2030 年海上风电装机容量规划目标分别达到 1 000 万 kW 和 2 500 万 kW。

2011 年，德国对《可再生能源法》进行了第三次修订，并于 2012 年 1 月 1 日正式实施。修订案再次提高可再生能源发电目标，将曾经设定到 2020 年可再生能源电力占全部发电 30% 的比率提高到 35%，到 2030 年达到 50%，2040 年达到 65%，到 2050 年至少达到 80%，并将这些可再生能源电力完全并入电力供应系统。

2020 年，德国对《可再生能源法》进行了第六次修订，根据可再生能源目标的完成情况，2021 年 1 月 1 日正式施行的《可再生能源法》（EEG 2021）将 2030 年可再生能源占电力消费比重上调为 65%。该法案还明确了光伏发电、陆上风电、生物质能发电、海上风电的装机目标分别为：100 GW、71 GW、8.4 GW 和 2 GW。

扩展阅读5.2

2022 年 3 月，德国联邦经济和气候保护部提出，计划将 100% 实现可再生能源发电的目标提前至 2035 年。

专栏 5-1　　德国"能源转型"战略

近十年来，德国一直推行以可再生能源为主导的"能源转型"战略，把可再生能源和能效作为战略的两大支柱，推动德国到 2050 年实现低碳、无核的能源体系。

"能源转型"战略共包括三方面目标：一是以"效率优先"为原则，减少所有终端用能部门的能耗；二是尽可能使用可再生能源；三是通过可再生能源发电来满足剩余的能源需求。

2014—2017 年间，德国发布了《国家能效行动计划》和《2050 年气候行动计划》，通过了《电力市场进一步开发法案》和《能源转型数字化法案》，并两次修订了《可再生能源法案》。

近十年来，德国制定了积极的能源与气候目标。比如，到 2030 年，温室气体排放比 1990 年降低 55%，可再生能源占终端能源消费的 55% 和发电量的 65%；到 2050 年，温室气体排放比 1990 年降低 80% ~ 95%，可再生能源占终端能源消费的 60% 和发电量的 80% 等。

四、日本的可再生能源战略

日本是一个资源匮乏的国家，为了满足经济发展和环境保护的双重需求，日本一直在积极推广可再生能源。根据日本的能源规划目标，可再生能源发展的重点是大型水电、光伏发电和生物质能，风电和地热能的目标都较低，这也符合日本可再生能源资源的特点和地理特征。

日本的"阳光计划"是日本政府为发展新能源和可再生能源而制订的国家计划。1973年出现的世界石油危机，对主要靠进口能源的日本影响较大。为了确保自身能源的稳定供给，日本政府于 1974 年 7 月公布了"阳光计划"（Sunshine Project of Japan），旨在不断扩大开发利用各种新能源，寻找可以替代石油的燃料，并缓解化石能源对于环境的污染。该计划目标长远，规模较大，主要包括太阳能、地热能、氢能的利用，以及煤的气化和液化。技术开发重点是针对上述能源的采集、输送、利用和储存。与此同时，也包括风能、海洋能和生物质能的转换和利用。

由于"阳光计划"促进了日本新能源产业的发展，其太阳能的热利用和光电转换技术均居世界前列，地热发电、波浪发电、燃料电池进入商业性开发，还对褐煤液化和高热值煤气化进行了大规模试验。

1993 年，日本开始实施"新阳光计划"，着重解决清洁能源问题，加速光电池、燃料电池、深层地热、超导发电和氢能等开发利用。在该计划下，日本政府规定，自 1994 年起居民安装太阳能光伏发电系统由政府提供补贴，补贴额度接近 50%（以后逐年减少）。

"新阳光计划"的主导思想是实现经济增长与能源供应和环境保护之间的平衡，到2020 年研究开发经费高达 15 500 亿日元。"新阳光计划"是一项对能源和环境产生巨大贡献的综合性长期计划，其目标是减少日本现有能耗的 1/3，降低 CO_2 排放量的一半，推进氢能的利用。

"新阳光计划"促进了日本可再生能源的发展，使其太阳能热利用和光电技术处于世界前列，地热发电、波浪发电和燃料电池进入商业性的开发阶段。

1994 年 12 月，日本内阁会议通过"新能源推广大纲"，首次正式宣布发展新能源及可再生能源，提出到 2010 年，新能源和可再生能源占全国能源供应 3% 以上或相当于约1 550 万 t 油当量的新能源的目标。

2004 年 6 月，日本通产省公布了新能源产业化远景构想：计划在 2030 年以前，把太阳能和风能发电等新能源技术扶植成商业产值达 3 万亿日元的基干产业之一，石油占能源总量的比重将由现在的 50% 降到 40%，而新能源将上升到 20%；风力、太阳能和生物质能发电的市场规模，将从 2003 年的 4 500 亿日元增长到 3 万亿日元；燃料电池市场规模到 2010 年达到 8 万亿日元，成为日本的支柱产业。

2006 年 5 月 29 日，日本政府颁布了《新国家能源战略》，提出了 8 个能源战略重点，新能源创新计划是 8 个能源战略之一。新能源创新计划的目标是支持新能源产业自立发展，支持以新一代蓄电池为重点的能源技术开发，促进未来能源（科技产业）园区的形成。2030

年之前使太阳能发电成本与火力发电相当；推广生物质能、风力发电的自产自销，提高地区的能源自给率；推广以复式动力车为主，促进电动汽车、燃料电池汽车使用的新车型。

《能源基本计划》是日本中长期的能源政策指导方针，最初在 2003 年出台，此后历经多次修订。2003 年 10 月，日本第一版《能源基本计划》中首次提出建设未来"氢能源社会"，通过进口海外氢气资源、利用燃料电池进行终端利用领域革命等措施，改变日本的能源供需结构和消费方式。

2014 年 4 月 11 日，日本政府在内阁会议上通过了日本东北部近海大震灾及福岛第一核电站事故后的能源基本计划。该基本计划是继 2003 年、2007 年、2010 年之后的第四次计划。第四版《能源基本计划》明确表明"重要的低碳国产能源，有太阳能和风力、地热、水力、木质生物质等。自 2013 年起，用 3 年左右的时间，最大限度地加快引进可再生能源，并积极推进其利用"。

2018 年 7 月 3 日，日本政府在内阁会议上通过了新修订的《能源基本计划》。第五版《能源基本计划》提出："新计划明确将太阳能、风能等可再生能源发电定位为'主力电源'"，要在 2030 年实现把可再生能源发电在总发电量中所占比例提高到 22% ～ 24% 的目标。2021 年 1 月 18 日，包括索尼、松下和日产在内的主要企业敦促日本政府将 2030 年可再生能源目标提高一倍，达到 40% ～ 50%。

2021 年 10 月 22 日，日本政府公布的第六版《能源基本计划》首次提出"最优先"发展可再生能源的能源方针，并将 2030 年可再生能源发电所占比例从此前的 22% ～ 24% 提高到 36% ～ 38%，其中氢气和氨气等新能源发电将占到电力结构的约 1%。日本政府展望：到 2030 年，太阳能占比将从以前的 7% 的目标调整到 14% ～ 16%，风能占比从 1.7% 调整到 5%，氢能占比从 8.8% ～ 9.2% 调整到 11%。

氢能源因来源广泛、燃烧热值高、清洁无污染和适用范围广等优点，被视作 21 世纪最具发展潜力的清洁能源。2017 年 12 月 26 日，日本政府正式发布"氢能源基本战略"，主要目标包括到 2030 年前后实现氢能源发电商用化，以削减碳排放并提高能源自给率。未来通过技术革新等手段将氢能源发电成本降低至与液化天然气发电相同的水平。为了推广氢能源发电，日本政府还将重点推进可大量生产、运输氢的全球性供应链建设。

第三节　我国的可再生能源战略

大力发展可再生能源是我国解决能源供需矛盾和实现可持续发展的战略选择。我国的可再生能源战略是我国整个能源战略的重要组成部分，我国的可再生能源战略的主要构成文件有：《可再生能源中长期发展规划》《可再生能源发展"十一五"规划》《可再生能源发展"十二五"规划》《可再生能源发展"十三五"规划》《清洁能源消纳行动计划（2018—2020 年）》和《"十四五"可再生能源发展规划》等。

一、可再生能源中长期发展规划

2007年8月31日，中华人民共和国国家发展和改革委员会向全社会公布了《可再生能源中长期发展规划》，完整阐述了我国可再生能源发展的指导思想、基本原则、发展目标、重点领域和保障措施等。根据《可再生能源中长期发展规划》，我国可再生能源发展的总目标是：提高可再生能源在能源消费中的比重，解决偏远地区无电人口用电问题和农村生活燃料短缺问题，推行有机废弃物的能源化利用，推进可再生能源技术的产业化发展。

《可再生能源中长期发展规划》提出的具体发展目标为：力争到2010年使可再生能源消费量达到能源消费总量的10%，到2020年达到15%。

到2010年，全国水电装机容量达到1.9亿kW，其中大中型水电1.4亿kW，小型水电5 000万kW；到2020年，全国水电装机容量达到3亿kW，其中大中型水电2.25亿kW，小型水电7 500万kW。

到2010年，生物质发电总装机容量达到550万kW；到2020年，生物质发电总装机容量达到3 000万kW。

到2010年，全国风电总装机容量达到500万kW。重点在东部沿海和"三北"地区，建设30个左右10万kW等级的大型风电项目，形成江苏、河北、内蒙古3个100万kW级的风电基地。建成1～2个10万kW级海上风电试点项目。到2020年，全国风电总装机容量达到3 000万kW。在广东、福建、江苏、山东、河北、内蒙古、辽宁和吉林等具备规模化开发条件的地区，进行集中连片开发，建成若干个总装机容量200万kW以上的风电大省。建成新疆达坂城、甘肃玉门、苏沪沿海、内蒙古辉腾锡勒、河北张北和吉林白城等6个百万千瓦级大型风电基地，并建成100万kW海上风电。

到2010年，太阳能发电总容量达到30万kW，到2020年达到180万kW。到2010年，偏远农村地区光伏发电总容量达到15万kW，到2020年达到30万kW。到2010年，全国建成1 000个屋顶光伏发电项目，总容量5万kW。到2020年，全国建成2万个屋顶光伏发电项目，总容量100万kW。到2010年，达到大型并网光伏电站总容量2万kW、太阳能热发电总容量5万kW。到2020年，全国太阳能光伏电站总容量达到20万kW，太阳能热发电总容量达到20万kW。

到2010年，全国太阳能热水器总集热面积达到1.5亿m²，加上其他太阳能热利用，年替代能源量达到3 000万t标准煤。到2020年，全国太阳能热水器总集热面积达到约3亿m²，加上其他太阳能热利用，年替代能源量达到6 000万t标准煤。

二、可再生能源发展"十一五"规划

2008年3月3日，国家发展改革委正式发布《可再生能源发展"十一五"规划》（发改能源〔2008〕610号）。"十一五"时期，我国可再生能源发展的总目标是：加快可再生能源开发利用，提高可再生能源在能源结构中的比重；解决农村无电人口用电问题和农村生活燃料短缺问题；促进可再生能源技术和产业发展，提高可再生能源技术研发能力和产业化水平。

主要发展指标如下。

（1）到2010年，可再生能源在能源消费中的比重达到10%，全国可再生能源年利用量达到3亿t标准煤。其中，水电总装机容量达到1.9亿kW，风电总装机容量达到1 000万kW，生物质发电总装机容量达到550万kW，太阳能发电总容量达到30万kW。沼气年利用量达到190亿m³，太阳能热水器总集热面积达到1.5亿m²，增加非粮原料燃料乙醇年利用量200万t，生物柴油年利用量达到20万t。

（2）充分利用可再生能源，解决偏远地区无电人口的供电问题，增加农村清洁生活燃料供应，促进农村能源建设。到2010年，可再生能源开发利用与电网建设和改造相结合，解决约1 150万无电人口的基本用电问题，农村户用沼气池达到4 000万户，生物质固体成型燃料年利用量达到100万t以上，畜禽养殖场大中型沼气工程达到4 700处，农村太阳能热水器总集热面积达到5 000万m²。在可再生能源资源丰富和相对集中的地区开展绿色能源示范县建设，全国建成50个绿色能源示范县。

（3）促进可再生能源技术和产业发展。到2010年，初步建立可再生能源技术创新体系，具备较强的研发能力和技术集成能力，形成自主创新、引进技术消化吸收再创新和参与国际联合技术攻关等多元化的技术创新方式。到2010年，大多数可再生能源基本实现以国内制造为主的装备能力，水电设备、太阳能热水器达到较强的国际竞争力，国内风电设备制造企业实现1.5 MW级以上机组的批量化生产，农林生物质发电设备实现国产化制造，基本具备太阳能光伏发电多晶硅材料的生产能力。

"十一五"期末可再生能源开发利用主要指标如表5-3所示。

表5-3 "十一五"期末可再生能源开发利用主要指标

内　容	利用规模		年产能量		折标煤/（万t/年）
	数　量	单　位	数　量	单　位	
一、发电	20 588	万kW	7 106	亿kW·h	24 824
1. 水电	19 000	万kW	6 650	亿kW·h	23 275
2. 并网风电	1 000	万kW	210	亿kW·h	735
3. 小型离网风电	7.5	（30万台）	0.8	亿kW·h	3
4. 光伏发电	30	万kW	5.4	亿kW·h	19
5. 生物质发电	550	万kW	240	亿kW·h	792
6. 农林生物质发电	400	万kW	160	亿kW·h	528
7. 沼气发电	100	万kW	50	亿kW·h	165
8. 垃圾发电	50	万kW	30	亿kW·h	99
二、供气			190	亿m³	1 365
1. 户用沼气	4 000	万户	150	亿m³	1 086
2. 大型畜禽场沼气	4 700	处	10	亿m³	50
3. 工业有机废水沼气	1 600	处	30	亿m³	229

续表

内 容	利用规模		年产能量		折标煤/
	数 量	单 位	数 量	单 位	（万 t/年）
三、供热					3 130
1. 太阳能热水器	15 000	万 m²			2 700
2. 太阳灶	100	万台			30
3. 地热能热利用			10 000	万 GJ	400
4. 供暖	3 000	万 m²			
5. 供热水	60	万户			
四、燃料		万 t			380
1. 生物质成型燃料	100	万 t			50
2. 生物燃料乙醇	300	万 t			300
3. 生物柴油	20	万 t			30
总计					29 699

资料来源：《可再生能源发展"十一五"规划》。

"十一五"时期，我国水电、生物质能、风电、太阳能、农村可再生能源的发展目标如下。

（1）水电发展目标："十一五"时期，全国新增水电装机容量 7 300 万 kW，其中抽水蓄能电站 1 300 万 kW。到 2010 年，全国水电装机容量达到 1.9 亿 kW，其中大中型常规水电 1.2 亿 kW，小型水电 5 000 万 kW，抽水蓄能电站 2 000 万 kW，已建常规水电装机容量占全国水电技术可开发装机容量的 31%。

（2）生物质能发展目标：到 2010 年，全国生物质发电装机容量达到 550 万 kW；增加非粮原料燃料乙醇年利用量 200 万 t，生物柴油年利用量达到 20 万 t；农村户用沼气池达到 4 000 万户，建成大型沼气工程 6 300 处，沼气年利用量达到 190 亿 m³；农林生物质固体成型燃料年利用量达到 100 万 t。初步实现生物质能商业化和规模化利用，培养一批生物质能利用和设备制造的骨干企业。

（3）风电发展目标：在"十一五"时期，全国新增风电装机容量约 900 万 kW，到 2010 年，风电总装机容量达到 1 000 万 kW。同时，形成国内风电装备制造能力，整机生产能力达到年产 500 万 kW，配套零部件生产能力达到年产 800 万 kW，为 2010 年以后风电快速发展奠定装备基础。结合无电地区电力建设，积极培育小型风力发电机产业和市场，到 2010 年，小型风力发电机的使用量达到 30 万台，总容量达到 7.5 万 kW，设备生产能力达到年产 8 000 台。

（4）太阳能发展目标：到 2010 年，太阳能热水器累计安装量达到 1.5 亿 m²，太阳能发电装机容量到 30 万 kW，进行兆瓦级并网太阳能光伏发电示范工程和万千瓦级太阳能热发电试验和试点工作，带动相关产业配套生产体系的发展，为实现太阳能发电技术的规模化应用奠定技术基础。

（5）农村可再生能源发展目标：到 2010 年，全国户用沼气池达到 4 000 万户，规模化养殖场沼气工程达到 4 700 处，农村户用沼气年产气量达到 150 亿 m³；农村地区太阳能热水器的总集热面积达到 5 000 万 m²，太阳灶保有量达到 100 万台。

三、可再生能源发展"十二五"规划

2012 年 8 月 6 日，国家能源局正式发布《可再生能源发展"十二五"规划》和水电、风电、太阳能、生物质能四个专题规划。《可再生能源发展"十二五"规划》提出的总目标是：扩大可再生能源的应用规模，促进可再生能源与常规能源体系的融合，显著提高可再生能源在能源消费中的比重；全面提升可再生能源技术创新能力，掌握可再生能源核心技术，建立体系完善和竞争力强的可再生能源产业。

"十二五"时期可再生能源开发利用的主要指标如下。

（1）可再生能源在能源消费中的比重显著提高。到 2015 年全部可再生能源的年利用量达到 4.78 亿 t 标准煤，其中商品化可再生能源年利用量 4 亿 t 标准煤，在能源消费中的比重达到 9.5% 以上。

（2）可再生能源发电在电力体系中上升为重要电源。"十二五"时期，可再生能源新增发电装机达到 1.6 亿 kW，其中常规水电 6 100 万 kW，风电 7 000 万 kW，太阳能发电 2 000 万 kW，生物质发电 750 万 kW，到 2015 年可再生能源发电量争取达到总发电量的 20% 以上。

（3）可再生能源供热和燃料利用显著替代化石能源。到 2015 年，可再生能源供热和民用燃料总计年替代化石能源达到约 1 亿 t 标准煤。

水电是目前技术最成熟、最具大规模开发条件的可再生能源。根据《水电发展"十二五"规划》，全国新开工常规水电 1.2 亿 kW，抽水蓄能 0.4 亿 kW，新增投产 0.74 亿 kW，2015 年水电总装机容量达到 2.9 亿 kW（抽水蓄能 0.3 亿 kW），年发电量达到 9 100 亿 kW·h，折合标准煤约 3 亿 t。"十二五"水电发展目标如表 5-4 所示。

表 5-4 "十二五"水电发展目标

项　目	开工规模 / 万 kW	新增投产规模 / 万 kW	2015 年目标规模	
			装机容量 / 万 kW	年发电量 / 亿 kW·h
一、常规水电站	12 000	6 100	26 000	9 100
1. 大中型水电	11 000	5 100	19 200	6 400
2. 小型水电	1 000	1 000	6 900	2 700
二、抽水蓄能电站	4 000	1 300	3 000	
合计	16 000	7 400	29 000	9 100

资料来源：《水电发展"十二五"规划》。

风电是近年来发展最快的新兴可再生能源。根据《风电发展"十二五"规划》，

"十二五"时期风电具体发展指标为：到 2015 年，投入运行的风电装机容量达到 1 亿 kW，年发电量达到 1 900 亿 kW·h，风电发电量在全部发电量中的比重超过 3%。其中，河北、蒙东、蒙西、吉林、甘肃酒泉、新疆哈密、江苏沿海和山东沿海、黑龙江等大型风电基地所在省（区）风电装机容量总计达到 7 900 万 kW，海上风电装机容量达到 500 万 kW。"十二五"风电发展主要指标如表 5-5 所示。

表 5-5 "十二五"风电发展主要指标

指标类别	主 要 指 标	2010 年	2015 年
装机容量指标	陆地风电 / 万 kW	3 118	9 900
	海上风电 / 万 kW	13.2	500.0
	合计 / 万 kW	3 131.2	10 400.0
发电量指标	总发电量 / 亿 kW·h	500	1 900
	风电占全部发电量的比例 /%	1.2	3.0

数据来源：《风电发展"十二五"规划》。

太阳能发电是新兴的可再生能源技术，目前已实现产业化应用的主要是太阳能光伏发电和太阳能光热发电。"十二五"时期太阳能发电具体发展指标为：到 2015 年年底，太阳能发电装机容量达到 2 100 万 kW 以上，年发电量达到 250 亿 kW·h。重点在中东部地区建设与建筑结合的分布式光伏发电系统，建成分布式光伏发电总装机容量达到 1 000 万 kW。在青海、新疆、甘肃、内蒙古等太阳能资源和未利用土地资源丰富地区，以增加当地电力供应为目的，建成并网光伏电站总装机容量达到 1 000 万 kW。以经济性与光伏发电基本相当为前提，建成光热发电总装机容量达到 100 万 kW。

生物质能是重要的可再生能源，具有资源来源广泛、利用方式多样化、能源产品多元化、综合效益显著的特点。在"十二五"时期，生物质能发展目标是：到 2015 年，生物质能产业形成较大规模，在电力、供热、农村生活用能领域初步实现商业化和规模化利用，在交通领域扩大替代石油燃料的规模。生物质能利用技术和重大装备技术能力显著提高，出现一批技术创新能力强、规模较大的新型生物质能企业。形成较为完整的生物质能产业体系。到 2015 年，生物质能年利用量超过 5 000 万 t 标准煤。其中，达到生物质发电装机容量 1 300 万 kW、年发电量约 780 亿 kW·h，生物质年供气 220 亿 m³，生物质成型燃料达到 1 000 万 t，生物液体燃料达到 500 万 t。建成一批生物质能综合利用新技术产业化示范项目。

四、可再生能源发展"十三五"规划

2017 年 1 月 5 日，国家能源局发布了《可再生能源发展"十三五"规划》。"十三五"期间，我国水电、风电、太阳能发电、生物质能发电、地热供暖利用等可再生能源年利用量将达到 5.8 亿 t 标准煤，再加上核电，基本上可以确保完成 2020 年 15% 的非化石能源发展目标。

《可再生能源发展"十三五"规划》提出的主要指标如下。

（1）可再生能源总量指标。到2020年，全部可再生能源年利用量达到7.3亿t标准煤。其中，商品化可再生能源利用量5.8亿t标准煤。

（2）可再生能源发电指标。到2020年，全部可再生能源发电装机达到6.8亿kW，发电量1.9万亿kW·h，占全部发电量的27%。

（3）可再生能源供热和燃料利用指标。到2020年，各类可再生能源供热和民用燃料总计约替代化石能源1.5亿t标准煤。

（4）可再生能源经济性指标。到2020年，风电项目电价可与当地燃煤发电同平台竞争，光伏项目电价可与电网销售电价相当。

（5）可再生能源并网运行和消纳指标。结合电力市场化改革，到2020年，基本解决水电弃水问题，限电地区的风电、太阳能发电年度利用小时数全面达到全额保障性收购的要求。

（6）可再生能源指标考核约束机制指标。建立各省份一次能源消费总量中可再生能源比重及全社会用电量中消纳可再生能源电力比重的指标管理体系。到2020年，各发电企业的非水电可再生能源发电量与燃煤发电量的比重应显著提高。

根据《水电发展"十三五"规划》，全国新开工常规水电和抽水蓄能电站各6 000万kW左右，新增投产水电6 000万kW，2020年水电总装机容量达到3.8亿kW，其中常规水电3.4亿kW，抽水蓄能4 000万kW，年发电量1.25万亿kW·h，折合标煤约3.75亿t，在非化石能源消费中的比重保持在50%以上。"十三五"水电发展目标如表5-6所示。

表5-6 "十三五"水电发展目标

项　　目	新增投产规模 / 万kW	2020年目标规模	
		装机容量 / 万kW	年发电量 / 亿kW·h
一、常规水电站	4 349	34 000	12 500
1. 大中型水电	3 849	26 000	10 000
2. 小型水电	500	8 000	2 500
二、抽水蓄能电站	1 697	4 000	—
合计	6 046	38 000	12 500

资料来源：《水电发展"十三五"规划》。

《风电发展"十三五"规划》提出了我国风电发展的总量目标、消纳利用目标和产业发展目标。

（1）总量目标：到2020年年底，风电累计并网装机容量确保达到2.1亿kW以上，其中海上风电并网装机容量达到500万kW以上；风电年发电量确保达到4 200亿kW·h，约占全国总发电量的6%。

（2）消纳利用目标：到2020年，有效解决弃风问题，"三北"地区全面达到最低保障

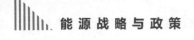

性收购利用小时数的要求。

（3）产业发展目标：风电设备制造水平和研发能力不断提高，使 3 ～ 5 家设备制造企业全面达到国际先进水平，市场份额明显提升。

根据《太阳能发展"十三五"规划》，到 2020 年年底，太阳能发电装机达到 1.1 亿 kW 以上，其中，光伏发电装机达到 1.05 亿 kW 以上，在"十二五"基础上每年保持稳定的发展规模；太阳能热发电装机达到 500 万 kW。太阳能热利用集热面积达到 8 亿 m^2。到 2020 年，太阳能年利用量达到 1.4 亿 t 标准煤以上。"十三五"太阳能利用主要指标如表 5-7 所示。

表 5-7 "十三五"太阳能利用主要指标

指标类别	主要指标	2015 年	2020 年
装机容量指标 / 万 kW	光伏发电	4 318	10 500
	光热发电	1.39	500.00
	合计	4 319.39	11 000.00
发电量指标 / 亿 kW·h	总发电量	396	1 500
热利用指标 / 亿 m^2	集热面积	4.42	8

资料来源：《太阳能发展"十三五"规划》。

根据《生物质能发展"十三五"规划》，到 2020 年，生物质能基本实现商业化和规模化利用。生物质能年利用量达到约 5 800 万 t 标准煤。生物质发电总装机容量达到 1 500 万 kW，年发电量达到 900 亿 kW·h，其中农林生物质直燃发电 700 万 kW，城镇生活垃圾焚烧发电 750 万 kW，沼气发电 50 万 kW；生物天然气年利用量达到 80 亿 m^3；生物液体燃料年利用量达到 600 万 t；生物质成型燃料年利用量达到 3 000 万 t。

"十三五"规划的目标旨在提高可再生能源在能源消费中的比重，争取可再生能源商品化比重在一次能源消费中达到 11%。2016 年国家能源局正式出台《关于建立可再生能源开发利用目标引导制度的指导意见》，根据全国 2020 年非化石能源占一次能源消费总量比重达到 15% 的要求，到 2020 年，除专门的非化石能源生产企业外，各发电企业非水电可再生能源发电量应达到全部发电量的 9% 以上，各发电企业可以通过证书交易完成非水可再生能源占比目标的要求。

五、清洁能源消纳行动计划

2018 年 10 月 30 日，国家发展改革委、能源局印发了《清洁能源消纳行动计划（2018—2020 年）》（发改能源规〔2018〕1575 号）。《清洁能源消纳行动计划（2018—2020 年）》的工作目标为：2018 年，清洁能源消纳取得显著成效；到 2020 年，基本解决清洁能源消纳问题。

各年度的具体指标如下。

2018 年，确保全国平均风电利用率高于 88%（力争达到 90% 以上），弃风率低于 12%（力争控制在 10% 以内）；光伏发电利用率高于 95%，弃光率低于 5%，确保弃风、弃光电量比 2017 年进一步下降。全国水能利用率 95% 以上。全国大部分核电实现安全保障性消纳。

2019 年，确保全国平均风电利用率高于 90%（力争达到 92% 左右），弃风率低于 10%（力争控制在 8% 左右）；光伏发电利用率高于 95%，弃光率低于 5%。全国水能利用率 95% 以上。全国核电基本实现安全保障性消纳。

2020 年，确保全国平均风电利用率达到国际先进水平（力争达到 95% 左右），弃风率控制在合理水平（力争控制在 5% 左右）；光伏发电利用率高于 95%，弃光率低于 5%。全国水能利用率 95% 以上。全国核电实现安全保障性消纳。

《清洁能源消纳行动计划（2018—2020 年）》的工作措施主要包括以下 7 方面：一是优化电源布局，合理控制电源开发节奏；二是加快电力市场化改革，发挥市场调节功能；三是加强宏观政策引导，形成有利于清洁能源消纳的体制机制；四是深挖电源侧调峰潜力，全面提升电力系统调节能力；五是完善电网基础设施，充分发挥电网资源配置平台作用；六是促进源网荷储互动，积极推进电力消费方式变革；七是落实责任主体，提高消纳考核及监管水平。

六、"十四五"可再生能源发展规划

2022 年 1 月 29 日，国家发改委、国家能源局发布了《"十四五"现代能源体系规划》（发改能源〔2022〕210 号）。根据《"十四五"现代能源体系规划》，"十四五"时期能源低碳转型的主要目标是：到 2025 年，非化石能源消费比重提高到 20% 左右，非化石能源发电量比重达到 39% 左右。

《"十四五"现代能源体系规划》提出，要加快推动能源绿色低碳转型，大力发展非化石能源。具体内容包括：加快发展风电、太阳能发电；因地制宜开发水电；因地制宜发展其他可再生能源。

2022 年 6 月 1 日，国家发改委、国家能源局、财政部等九部门联合印发《"十四五"可再生能源发展规划》。《"十四五"可再生能源发展规划》锚定碳达峰、碳中和与 2035 年远景目标，按照 2025 年非化石能源消费占比 20% 左右的任务要求，大力推动可再生能源发电开发利用，积极扩大可再生能源发电利用规模。

根据《"十四五"可再生能源发展规划》，"十四五"时期可再生能源主要发展目标如下。

（1）可再生能源总量目标。2025 年，可再生能源消费总量达到 10 亿 t 标准煤左右。"十四五"期间，可再生能源在一次能源消费增量中占比超过 50%。

（2）可再生能源发电目标。2025 年，可再生能源年发电量达到 3.3 万亿 kW·h 左右。"十四五"期间，可再生能源发电量增量在全社会用电量增量中的占比超过 50%，风电和太阳能发电量实现翻倍。

（3）可再生能源电力消纳目标。2025年，全国可再生能源电力总量消纳责任权重达到33%左右，可再生能源电力非水电消纳责任权重达到18%左右，可再生能源利用率保持在合理水平。

（4）可再生能源非电利用目标。2025年，地热能供暖、生物质供热、生物质燃料、太阳能热利用等非电利用规模达到6 000万t标准煤以上。

2025年可再生能源开发利用主要目标如表5-8所示。

表5-8　2025年可再生能源开发利用主要目标

类　别		单　位	2020年	2025年	属性
可再生能源 发电利用	可再生能源电力总量消纳责任权重	%	28.8	33	预期性
	非水电可再生能源电力消纳责任权重	%	11.4	18	预期性
	可再生能源发电量	万亿 kW·h	2.21	3.3	预期性
可再生能源非电利用		万 t	—	6 000	预期性
可再生能源利用总量		亿 t 标准煤	6.8	10	预期性

资料来源：《"十四五"可再生能源发展规划》。

关键词

可再生能源；新能源；太阳能；风能；水能；生物质能；地热能、海洋能；阳光计划；新阳光计划

思考题

1. 什么是可再生能源？它与新能源有何区别和联系？

2. 可再生能源为何受到重视？未来世界能源格局中可再生能源能够取代化石能源吗？

3. 欧盟为什么要大力发展可再生能源？欧盟的可再生能源战略有什么特点？

4. 你认为德国提出2035年100%的可再生能源发电目标能否实现？为什么？

5. 我国《可再生能源中长期发展规划》提出的背景是什么？

6. 如何提高风电利用率？

【在线测试题】扫描二维码，在线答题。

第六章 区域能源协调发展战略

学习目标

1. 了解区域能源的含义；
2. 了解区域能源协调发展的意义和区域能源发展的原则；
3. 了解能源基地的含义和类型；
4. 理解我国煤炭、水电、清洁能源基地建设规划；
5. 理解我国煤炭、石油、天然气、电力输送通道建设规划；
6. 理解长江三角洲地区（简称长三角）、粤港澳大湾区、京津冀地区、中部地区和西部地区能源协同发展规划。

本章提要

我国《"十四五"现代能源体系规划》着力推动区域能源协调发展，提出发挥能源富集地区战略安全支撑作用，加强能源资源综合开发利用基地建设，提升国内能源供给保障水平。同时，优化能源输送格局，加强电力和油气跨省跨区输送通道建设，提高输送通道利用率。本章首先介绍我国区域能源的含义和区域能源协调发展的意义；然后分析我国煤炭、水电、清洁能源基地建设规划，以及煤炭、石油、天然气、电力输送通道建设规划；最后分析长三角、粤港澳大湾区、京津冀地区、中部地区和西部地区能源协同发展规划。

第一节　区域能源协调发展概述

在区域发展战略中，能源的区域协同发展既是重要组成部分，也担当着提供高标准用能服务的重要任务。受能源资源禀赋影响，我国能源生产消费逆向分布特征明显。以"胡焕庸线"为近似分界线，我国中东部地区能源消费量占全国比重超过 70%，生产量占比不足 30%，重要的能源基地主要分布在西部地区。长期以来，我国形成了"西电东送、北煤南运、西气东输"的能源流向格局。

一、区域能源的概念

（一）区域的概念

区域往往没有严格的范畴和边界及确切的方位。地球表面上的任何一部分、一个地区、一个国家乃至几个国家均可成为一个区域。因此，区域可以理解为地球表面的一个空间系统。但根据新古典经济学的描述，区域又是一种经济组织，这种组织是市场选择的结果，而非人为安排的结果。因此，区域是按照一定标准划分的连续的有限空间范围，是具有自然、经济或社会特征的某一方面或几个方面的同质性的地域单位。

"区域"可以按照国家行政归属划分，也可以按照建筑群、民居社区、生态园区或工业园区等进行划分。这种区域可以是行政划分的城市和城区；也可以是一个居住社区或一个建筑群；还可以是特指的开发区、园区等。

（二）区域能源的含义

最早实践区域能源的是美国，其开始于1843年，主要为解决军营的供热、供暖和热水问题。1909年，国际区域能源协会正式成立。该组织致力于促使成员单位提供可靠、经济、高效、环保和科学的区域能源。

国际上也称区域能源为社区能源，指在社区里能源的一切问题都由自己来解决。后来，又发展为城市能源，因为只有在城市里才有社区；再往后，发展为现在广义的区域能源。

所谓区域能源，指一个地域内能源的生产、转化、输配、使用、控制及排放等全过程，是涉及规划、咨询、设计、建设及运营等全生命周期及全过程的系统性解决方案。区域供暖、区域供冷、区域供电，以及解决区域能源需求的能源系统和它们的综合集成统称为区域能源。

区域能源可为城市"碳达峰""碳中和"贡献高效、可持续的系统性能源解决方案。因其具有多能源品种、多技术集成、多用户共享、多用能需求等多能动态合一的特征，可通过专业化和精细化，营造环境、政府、开发商、小业主和能源系统服务商五方共赢的能源发展新模式。因此，大力发展区域能源势在必行。

二、区域能源协调发展的意义

区域能源协调发展指在各个区域能源资源的生产、转化、传输和消费之间的协调与平衡发展。区域能源协调发展有助于提高能源利用效率、保障能源供应安全、促进能源可持续发展。

首先，区域能源协调发展能够提高能源利用效率。能源是社会经济发展的基础，能源利用效率的高低直接影响到经济发展的速度和质量。区域能源协调发展可以实现不同区域能源供需的平衡，避免能源供应过剩或短缺的情况发生。同时，能源协调还能够优化能源系统的运行，提高能源转化效率和利用效率。

其次，区域能源协调发展对保障能源供应安全至关重要。能源供应安全是国家经济安全和社会稳定的重要保障。区域能源协调发展可以通过合理配置能源资源，确保能源供应的稳定和可靠。就我国而言，充分利用西部地区丰富的化石能源资源和风、光等可再生能源，西南地区丰富的水电资源，以及中部地区便利的交通枢纽优势，形成富有区域特色的能源安全保障体系，以点带面，带动国家整体能源安全保障水平有效提升。

最后，区域能源协调发展对促进能源可持续发展具有重要意义。区域能源可持续发展是解决能源与环境、经济和社会之间矛盾的关键。区域能源协调发展可以减少能源消耗和环境污染。例如，我国西部地区化石能源和可再生能源资源都比较丰富，在发展思路上，要坚持走绿色低碳发展道路，把发展重心转移到清洁能源产业，重点建设"风光水（储）""风光火（储）"等多能互补的清洁能源基地，加快推进以沙漠、戈壁、荒漠地区为重点的大型风电光伏基地项目建设。

三、区域能源发展的原则

（一）坚持整体谋划

区域能源发展要围绕区域发展战略目标，从国家层面对能源系统进行整体谋划，协同推进跨区域能源基础设施建设，统筹规划油气、电网、新能源等建设发展，推动建设一体化能源市场，打破自家"一亩三分地"的思维定式，形成布局合理、衔接顺畅、管理协同、运作高效的能源基础设施体系。同时，注重各级各类规划的衔接，强调国家规划、区域规划、省级规划的统筹对接，还要充分考虑产业协同和基础设施互联互通，做好能源与相关行业规划的有机衔接。还要把好能源革命总方向，在构建清洁低碳、安全高效的能源体系的目标框架内，将能源转型发展的重大任务、约束性目标合理分解到各区域，引导区域能源与全国能源发展步调一致。

（二）坚持因地制宜

我国区域间经济、能源资源等条件差异较大，不同区域在推进高质量发展方面也承担着不同的任务。比如，京津冀协同发展以疏解北京非首都功能为"牛鼻子"，高质量建设雄安新区和北京城市副中心；长三角一体化发展要打造全国发展强劲活跃增长极；粤港澳大湾区要建设富有活力和国际竞争力的一流湾区和世界级城市群。区域能源规划要立足各区域的战略定位和资源禀赋特点，制定目标和重点措施，构建完善的区域能源政策体系，精准服务区域协调发展。

（三）应坚持创新驱动

区域能源发展必须深入实施创新驱动发展战略，以创新为高质量一体化发展注入强劲动能。要整合区域创新资源，开展能源领域"卡脖子"关键核心技术攻关，共同完善技术创新链，形成区域联动、分工协作、协同推进的技术创新体系。要重点加强能源新型基础设施等重大工程建设，着力培育发展能源新产业、新业态、新模式，推动能源产业加快向智能化转型，形成能源高技术产业生态集群，打造能源产业升级和实体经济发展高地。

总之，区域发展战略为我国能源高质量发展提供了重大机遇，能源行业当以服务区域战略为抓手，解决能源发展不平衡不充分问题，实现各区域能源更高质量、更有效率、更加公平、更可持续的发展，开创能源区域协调发展新局面。

第二节　能源生产基地建设规划

能源生产基地建设是影响我国区域能源协调发展的重大战略问题，加强能源生产基地建设是解决我国能源生产基地与消费中心空间分布错位问题的关键途径。能源基地建设对于提高国家能源安全保障能力具有重要战略意义，特别是清洁能源基地建设对实现我国"碳达峰、碳中和"的目标具有十分重要的意义。《"十四五"现代能源体系规划》提出了推进西部清洁能源基地绿色高效开发，"十四五"期间，西部清洁能源基地年综合生产能力增加3.5亿t标准煤以上。

一、能源基地的概念及其类型

（一）能源基地的概念

能源基地指以发展能源及相关产业为基础和特色的地区，包括能源的生产、加工、转换、输配、贸易和相应的服务。

传统意义上的能源基地一般指能源生产和供应基地，是以大量的能源资源储量和一次能源产量为基础的。而现代意义上的能源基地除能源生产外，还把港口作为一种资源，利用港口优势，将临港城市作为能源中转、加工转换和供应基地，如港口附近海上有油气资源，临港城市还可作为油气田开发的办公、科研、油田设备制造和后勤基地。

（二）能源基地的类型

能源基地是根据社会需要，在开发和利用某一地区的能源基础上形成的。它的区域范围包括能源资源分布地带和与之开发利用有关的地区。由于各地区能源的分布状况、富裕程度、开发程度与开发规模、影响范围，以及经济发展条件和经济发展要求的不同，因而形成的能源基地的面积有大有小，所起的作用也有所不同。根据它的生产规模所起作用和产销地域范围可以划分为以下三级。

（1）一级能源基地，即全国性能源基地。它拥有丰富的资源量，分布集中，开发条件好，年生产规模在3 000万t以上（煤或石油），能源产品面向全国，有4/5以上输出省外，销售地区范围超过全国1/3的省份，如山西大同煤矿和大庆油田等。

（2）二级能源基地，即具有跨省区意义的能源基地。它拥有相当可观的资源量，分布相对集中，年生产规模在1 000万～3 000万t之间（煤或石油），有相当数量的能源产品外运，销售范围跨几个省份，如阳泉、淮南、平顶山等煤矿和任丘、胜利油田等。

（3）三级能源基地，即具有省内意义的煤矿和油田，有一定的资源量，产量一般不超过1 000万t，可满足省内消费，就地利用比例一般不少于70%，外运量有限，如铜川煤矿、玉门油田等。

由若干个相邻的大煤矿（或大采煤区）、大油田（或大采油区）或梯级大型水电站连成一片，且适宜于统一规划的能源富集地带组成的超级大型能源基地，其地域范围更大，可以包括许多发达的能源工矿区及众多的城市和工业点。例如，我国山西能源基地、美国阿巴拉契亚能源基地、德国西部鲁尔能源基地等超级大型能源基地。美国阿巴拉契亚煤炭能源基地，煤田面积达 18 万 km^2，行政单位涉及 13 个州，总面积达 50 万 km^2，人口 1 903 万人。德国西部鲁尔能源基地煤田面积为 6 200 万 km^2，包括 18 个城市，6 个县和其他 3 个县的一部分，人口 560 万人。这类能源基地拥有大面积的矿区和大流域的多梯级水电站，资源蕴藏量很大，煤炭或石油开采规模一般可在 1 亿 t / 年以上，可外运大量能源产品。

二、我国煤炭生产基地建设规划

《煤炭工业发展"十二五"规划》提出，以大型煤炭企业为开发主体，加快陕北、黄陇、神东、蒙东、宁东、新疆煤炭基地建设，稳步推进晋北、晋中、晋东、云贵煤炭基地建设。根据《煤炭工业发展"十三五"规划》，"十三五"期间，以大型煤炭基地为重点，统筹资源禀赋、开发强度、市场区位、环境容量、输送通道等因素，优化煤炭生产布局。

扩展阅读6.1

（一）加快大型煤炭基地外煤矿关闭退出

北京、吉林、江苏资源枯竭，产量下降，要逐步关闭退出现有煤矿。福建、江西、湖北、湖南、广西、重庆、四川煤炭资源零星分布，开采条件差，矿井规模小，瓦斯灾害严重，水文地质条件复杂，也要加快煤矿关闭退出。青海要做好重要水源地、高寒草甸和冻土层生态环境保护，加快矿区环境恢复治理，从严控制煤矿建设生产。

（二）降低鲁西、冀中、河南、两淮大型煤炭基地生产规模

鲁西、冀中、河南、两淮基地资源储量有限，地质条件复杂，煤矿开采深度大，部分矿井开采深度超过千米，安全生产压力大。基地内人口稠密，地下煤炭资源开发与地面建设矛盾突出。要重点做好资源枯竭、灾害严重煤矿退出，逐步关闭采深超过千米的矿井，合理划定煤炭禁采、限采、缓采区范围，压缩煤炭生产规模。

（三）控制蒙东（东北）、晋北、晋中、晋东、云贵、宁东大型煤炭生产规模

内蒙古东部生态环境脆弱，水资源短缺，控制褐煤生产规模，限制远距离外运，主要满足锡盟（锡林郭勒盟简称）煤电基地用煤需要，通过锡盟—山东、锡盟—江苏输电通道，向华北、华东电网送电。东北地区煤质差，退出煤矿规模大，人员安置任务重，应适度建设接续矿井，逐步降低生产规模。

晋北、晋中、晋东基地尚未利用资源多在中深部，煤质下降，水资源和生态环境承

载能力有限，要做好资源枯竭煤矿关闭退出，加快处置资源整合煤矿，适度建设接续矿井。

云贵基地开采条件差，高瓦斯和煤与瓦斯突出矿井多，水文地质条件复杂，单井规模小，要大力调整生产结构，淘汰落后和非正规采煤工艺方法，加快关闭灾害严重煤矿，适度建设大中型煤矿，提高安全生产水平。结合煤制油项目建设，满足新增煤炭深加工用煤需求。

宁东基地开发强度大，控制煤炭生产规模，应以就地转化为主，重点满足宁东—浙江输电通道和宁东煤制油等新增用煤需求。

（四）有序推进陕北、神东、黄陇、新疆大型煤炭基地建设

陕北、神东基地煤炭资源丰富、煤质好，煤层埋藏浅，地质构造简单，生产成本低，要重点配套建设大型、特大型一体化煤矿。黄陇基地适度建设大型煤矿，补充川渝等地区供应缺口。新疆基地煤炭资源丰富，开采条件好，水资源短缺，生态环境脆弱，市场相对独立，以区内转化为主，少量外调。

三、我国水电基地建设规划

《水电发展"十二五"规划》提出，大型水电基地建设按照"建设十大、建成八大"千万千瓦级水电基地的目标，综合考虑资源状况、开发条件、前期工作等因素，重点开发大渡河、雅砻江、澜沧江中下游、金沙江中下游等流域，启动金沙江上游、澜沧江上游、黄河上游（茨哈以上）、雅鲁藏布江中游、怒江中下游等水电基地开发。

（一）优化开发闽浙赣、东北、湘西水电基地

开工建设赣江井冈山、松花江丰满重建等工程，总规模 130 万 kW。新增投产托口等水电项目，总规模 80 万 kW。到 2015 年，闽浙赣、东北、湘西水电基地总规模分别为 890 万 kW、660 万 kW、780 万 kW，除东北水电基地外，其余两基地水电基本开发完毕。

（二）基本建成长江上游、南盘江红水河、乌江水电基地

开工建设长江干流小南海、乌江白马和红水河龙滩二期等水电站，总规模 350 万 kW。新增投产三峡地下电站，乌江沙沱、银盘，红水河岩滩扩机等大型水电项目，总规模 650 万 kW。到 2015 年，长江上游、南盘江红水河、乌江水电基地建设基本完成，总规模分别为 2 850 万 kW、1 270 万 kW、1 110 万 kW。

（三）全面推进金沙江中下游、澜沧江中下游、雅砻江、大渡河、黄河上游、雅鲁藏布江中游水电基地建设

继续抓好金沙江溪洛渡、向家坝，雅砻江锦屏一级、锦屏二级、官地，大渡河长河

坝、大岗山等重大项目建设，确保按期发电，投产规模达到 4 000 万 kW。开工建设金沙江乌东德、白鹤滩、梨园、鲁地拉、龙开口、观音岩，雅砻江两河口、卡拉、杨房沟，大渡河双江口、猴子岩、硬梁包、丹巴，澜沧江古水、黄登、苗尾，黄河上游玛尔挡、宁木特、茨哈峡，雅鲁藏布江中游加查、街需、大古等项目；重点加强调节性能好的龙头水库电站建设。"十二五"期间，金沙江中下游、澜沧江中下游、雅砻江、大渡河、黄河上游、雅鲁藏布江中游等水电基地开工规模分别为 3 830 万 kW、1 560 万 kW、850 万 kW、1 180 万 kW、650 万 kW、140 万 kW，2015 年投产总规模分别达到 2 390 万 kW、1 640 万 kW、1 410 万 kW、1 180 万 kW、1 500 万 kW、50 万 kW。

（四）有序启动金沙江上游、澜沧江上游、怒江水电基地建设

加快推进金沙江上游和澜沧江上游水电开发步伐，开工建设叶巴滩、拉哇、苏洼龙、如美等项目，适时启动怒江中下游水电基地开发，力争开工建设松塔、马吉、亚碧罗、六库、赛格等梯级电站，开工规模 2 400 万 kW。着力打造金沙江上游、澜沧江上游、怒江上游"西电东送"接续能源基地。

"十二五"期间重点推进的 10 个千万千瓦级大型水电基地如表 6-1 所示。

表 6-1 "十二五"期间重点推进的 10 个千万千瓦级大型水电基地

基地名称	规划总规模/万 kW	2010 年建成规模/万 kW	"十二五"开工规模/万 kW	"十二五"新增投产规模/万 kW	2015 年目标规模/万 kW
长江上游	3 400	2 431	170	420	2 850
金沙江	7 700	0	4 640	2 390	2 390
澜沧江	3 140	885	2 030	750	1 640
雅砻江	2 600	330	850	1 080	1 410
大渡河	2 640	641	1 180	540	1 180
乌江	1 140	933	40	170	1 110
黄河上游	2 530	1 457	650	40	1 500
南盘江、红水河	1 570	1 208	140	60	1 270
雅鲁藏布江	7 400	0	140	50	50
怒江	3 600	0	1 120	0	0
合计	35 720	7 885	10 960	5 500	13 400

资料来源：《水电发展"十二五"规划》。

根据《水电发展"十三五"规划》，"十三五"期间，继续做好金沙江下游、大渡河、雅砻江等水电基地建设；积极推进金沙江上游等水电基地开发，推动藏东南"西电东送"接续能源基地建设；继续推进雅砻江两河口、大渡河双江口等龙头水电站建设，加快金沙江中游龙头水电站研究论证，积极推动龙盘水电站建设；基本建成长江上游、黄河上游、乌江、南盘江红水河、雅砻江、大渡河六大水电基地。

四、我国大型清洁能源基地建设规划

我国西部地区可再生能源资源比较丰富，坚持走绿色低碳发展道路，把发展重心转移到清洁能源产业，重点建设"风光水（储）""风光火（储）"等多能互补的清洁能源基地，加快推进以沙漠、戈壁、荒漠地区为重点的大型风电光伏基地项目建设，意义十分重大。《中华人民共和国国民经济和社会发展第十四个五年规划和2035年远景目标纲要》中提出，"十四五"期间，我国将建设九大大型清洁能源基地。

扩展阅读6.2

（一）松辽清洁能源基地

松辽清洁能源基地主要为"风光储一体化"基地。"十四五"期间，辽宁省明确将启动新一轮重点项目建设工作，大力推动清洁能源建设，其中风电3.3 GW，光伏发电1.5 GW，且光伏新增项目重点支持煤炭资源转型城市利用废弃矿区闲置土地建设项目。

黑龙江省"十四五"时期将启动三大千万千瓦级别能源基地的规划建设，包括：哈尔滨、绥化综合能源基地，齐齐哈尔、大庆可再生能源综合应用示范基地，东部高比例可再生能源外送基地。

到2025年，吉林省要达到新能源装机3 000万kW；到2030年时，达到6 000多万kW。将全力推进吉林"陆上风光三峡""吉电南送"特高压通道等重大能源项目建设，全力推进落实"11125"新能源发展重点任务，即"一个基地、一条通道、一条产业链，两个园区，五大工程"。

（二）冀北清洁能源基地

冀北清洁能源基地主要为"风光储一体化"基地。"十四五"期间，河北省加快建设冀北清洁能源基地，以推进张家口市可再生能源示范区建设为契机，重点建设张承百万千瓦风电基地和张家口、承德、唐山、沧州、沿太行山区光伏发电应用基地，大力发展分布式光伏，到2025年，风电、光伏发电装机容量分别达到4 300万kW、5 400万kW。

（三）黄河"几"字弯清洁能源基地

黄河"几"字弯清洁能源基地主要为"风光火储一体化"基地。到2025年，宁夏全区新能源电力装机力争达到4 000万kW。截至2020年年底，宁夏光伏发电、风电的装机分别为1 197万kW、1 377万kW，合计为2 574万kW。"十四五"期间，将新增1 400万kW光伏发电项目、450万kW风电项目。

到2025年，内蒙古自治区新能源将成为电力装机增量的主体能源，新能源装机比重超过50%。推进源网荷储一体化、风光火储一体化综合应用示范。"十四五"期间，内蒙古新能源项目新增并网规模将达到5 000万kW以上。到"十四五"期末，自治区可再生能源发电装机力争超过1亿kW。

（四）河西走廊清洁能源基地

河西走廊清洁能源基地主要为"风光火储一体化"基地。"十四五"期间，甘肃省持续推进河西特大型新能源基地建设，进一步拓展酒泉千万千瓦级风电基地规模，打造金（昌）张（掖）武（威）千万千瓦级风光电基地，积极开展白银复合型能源基地建设前期工作。加快酒湖直流、陇电入鲁配套外送风光电等重点项目建设。持续扩大光伏发电规模，推动"光伏+"多元化发展。到 2025 年，全省风光电装机将达到 5 000 万 kW 以上，可再生能源装机占电源总装机比例接近 65%，非化石能源占一次能源消费比重超过 30%，外送电新能源占比达到 30% 以上。

（五）黄河上游清洁能源基地

黄河上游清洁能源基地主要为"风光水储一体化"基地。"十四五"期间，青海省建成国家清洁能源示范省，发展光伏、风电、光热、地热等新能源，建设多能互补清洁能源示范基地，促进更多能源实现就地就近消纳转化。锚定 2030 年全省风电、光伏发电装机 1 亿 kW 以上、清洁能源装机超过 1.4 亿 kW 的目标，服务全国如期实现"碳达峰""碳中和"目标。

（六）新疆清洁能源基地

新疆清洁能源基地主要为"风光水火储一体化"基地。"十四五"期间，新疆落实国家能源发展战略，围绕国家"三基地一通道"定位，加快煤电油气风光储一体化示范基地建设，构建清洁低碳、安全高效的能源体系，保障国家能源安全供应。建设国家新能源基地。建成准东千万千瓦级新能源基地，推进建设哈密北千万千瓦级新能源基地和南疆环塔里木千万千瓦级清洁能源供应保障区，建设新能源平价上网项目示范区。推进风光水储一体化清洁能源发电示范工程，开展智能光伏发电、风电制氢试点。

（七）金沙江上游清洁能源基地

金沙江上游清洁能源基地主要为"风光水储一体化"基地。"十四五"期间，四川省重点推进凉山州风电基地和"三州一市"光伏基地建设，加快金沙江流域、雅砻江流域等水风光一体化基地建设，因地制宜开发利用农村生物质能。规划建设金沙江上游、金沙江下游、雅砻江流域、大渡河中上游 4 个风光水一体化可再生能源开发基地：到 2025 年年底，建成光伏发电、风电装机容量各 1 000 万 kW。

（八）雅砻江流域清洁能源基地

雅砻江流域清洁能源基地主要为"风光水储一体化"基地。"十四五"期间，贵州省科学发展风、光等新能源，推动风光水火储一体化发展，建设毕节、六盘水、安顺、黔西南、黔南等百万千瓦级光伏基地，鼓励分散式、分布式光伏发电及风电项目建设。依托已有的大型水电基地，打造乌江、北盘江、南盘江、清水江水风光一体化千万千瓦级可再生能源开发基地。到 2025 年，发电装机突破 1 亿 kW。

（九）金沙江下游清洁能源基地

金沙江下游清洁能源基地主要为"风光水储一体化"基地。"十四五"期间，云南省将优先布局绿色能源开发，以绿色电源建设为重点，加快金沙江、澜沧江等国家水电基地建设。到 2025 年，全省电力装机达到 1.3 亿 kW 左右，绿色电源装机比重达到 86% 以上。"十四五"期间，云南省将规划建设 31 个新能源基地，装机规模为 1 090 万 kW，建设金沙江下游、澜沧江中下游、红河流域"风光水储一体化"基地，以及"风光火储一体化"示范项目新能源装机共 1 500 万 kW。

第三节　能源运输通道建设规划

能源运输主要指常规的一次能源煤炭、石油、天然气等和二次能源电力在流通领域内的运输。能源运输通道是重要的基础设施，能源通道建设是实现区域能源协调发展的重要保障。能源运输通道建设规划不仅有助于提高我国能源供应的安全性，确保能源的持续供应，而且有助于提高能源的利用效率。《"十四五"现代能源体系规划》提出，有序推进大型清洁能源基地电力外送，新建输电通道可再生能源电量比例原则上不低于 50%。

一、煤炭运输通道建设规划

我国煤炭资源主要分布在西北部地区，尤其是"三西"地区（即山西、陕西北部、内蒙古西部地区），煤炭消费重心在东部和中南地区，形成了"北煤南运""西煤东运"的格局。加强煤炭运输通道建设，保障煤炭安全稳定供给，对于保障国家能源战略安全具有非常重要的意义。煤炭运输通道主要由铁路运输通道、公路运输通道、水路运输通道等构成，其中铁路运输通道是主体。

扩展阅读6.3

（一）铁路运输通道建设规划

《煤炭工业发展"十二五"规划》提出，"十二五"期间，煤炭铁路运输以晋陕蒙（西）宁甘地区煤炭外运为主，由大秦线、朔黄线、石太线、侯月线、蒙冀线、陇海线、宁西线和山西中南部通道等组成横向通道，由京沪线、京九线、京广线、焦柳线，以及规划建设的蒙西、陕北至湖北、湖南和江西的煤运铁路等组成纵向通道，构成"西煤东运""北煤南运"的铁路运输格局。

为提高晋陕蒙宁地区铁路煤炭外运能力，大幅度减少公路长途运煤，要加快建设蒙西、陕北至湖北、湖南和江西的煤运通道，推进蒙冀、山西中南部、赤锦、锡林浩特至乌兰浩特等新通道，以及集通、朔黄、宁西、邯长、邯济、通霍、太焦线扩能改造建设。同时，加快兰新线电气化改造和兰渝铁路建设，建成新疆直达川渝地区的煤炭运输通道。

根据《煤炭工业发展"十三五"规划》，"十三五"期间，煤炭铁路运力总体宽松，铁路规划煤炭运力 36 亿 t，可满足"北煤南运""西煤东运"需求。煤炭铁路运输以晋陕蒙煤炭外运为主，全国形成"九纵六横"的煤炭物流通道网络。

晋陕蒙外运通道由北通路（大秦、朔黄、蒙冀、丰沙大、集通、京原）、中通路（石太、邯长、山西中南部、和邢）和南通路（侯月、陇海、宁西）三大横向通路和焦柳、京九、京广、蒙西至华中、包西五大纵向通路组成，满足京津冀、华东、华中和东北地区煤炭需求。蒙东外运通道主要为锡乌、巴新横向通路，满足东北地区煤炭需求。云贵外运通道主要包括沪昆横向通路、南昆纵向通路，满足湘粤桂川渝地区煤炭需求。新疆外运通道主要包括兰新、兰渝纵向通路，适应新疆煤炭外运需求。

小链接 6-1　　　　　　　　　浩吉铁路

浩吉铁路，原建设工程名为"蒙西至华中地区铁路"，简称"蒙华铁路"，是我国境内一条连接内蒙古浩勒报吉与江西吉安的国铁 I 级电气化铁路；是我国"北煤南运"战略运输通道。截至 2019 年 9 月，浩吉铁路是世界上一次性建成并开通运营里程最长的重载铁路。

2012 年 1 月，蒙西至华中地区铁路煤运通道项目获批；2015 年 6 月，线路开工建设；2019 年 8 月，线路命名为浩吉铁路；2019 年 9 月 28 日，浩吉铁路全线通车并投入运营。

浩吉铁路由内蒙古鄂尔多斯市浩勒报吉南站始发，终到江西省吉安市境内吉安站，线路全长 1 813.544 km，共设 77 个车站，设计速度 120 km/h（浩勒报吉南站至江陵站、坪田站至吉安站）、200 km/h（江陵站至坪田站），设计年输送能力为 2 亿 t。

（二）水路运输通道建设规划

水路运输具有运输量大、运费低、维修费用少、运输时间较长等特点，水路运输主要包括海路运输和内河运输两种方式。内河运输主要包括长江干线和京杭运河，其中，长江干线主要将北方地区的煤炭自东部沿海港口运至湖南、湖北、安徽、江西等省份。京杭运河主要连接鲁西南煤炭基地，煤炭主要调往华东地区。

《煤炭工业发展"十三五"规划》提出，"十三五"期间，以锦州、秦皇岛、天津、唐山、黄骅、青岛、日照、连云港等北方下水港，江苏、上海、浙江、福建、广东、广西、海南等南方接卸港，以及沿长江、京杭大运河的煤炭下水港为主体，组成北煤南运水上运输系统。由长江、珠江—西江横向通路、沿海纵向通路、京杭运河纵向通路组成，满足华东、华中、华南地区的煤炭需求。

（三）公路运输通道建设规划

相比铁路运输，公路运输具有运输距离短、运量小、运输成本高，但运输方式灵活等特点，公路运输主要作为铁路运输的补充，承担产煤地及周边省份煤炭短途运输，或铁路、港口煤炭集疏运输，当铁路运力吃紧时，才通过公路进行长途运输。

二、石油输送通道建设规划

（一）原油管道建设规划

原油运输通道主要有陆路和水路通道，陆路运输主要有公路运输、铁路运输和管道运输三种。水路运输容易受到自然因素和航行条件的影响，运输时间比较长。在原油运输中，管道运输具有便利性、安全性、成本相对较低等优点，是原油陆路运输的主要通道。

我国原油进口通道包括传统的海上进口通道和陆地原油进口通道。目前，我国进口原油的很大部分依靠海运，海上进口通道由中东航线、非洲航线、南美航线组成。我国陆地原油进口通道主要包括中哈原油管道、中缅原油管道和中俄原油管道等。

专栏 6-1	中缅油气管道

中缅油气管道是我国继中亚油气管道、中俄原油管道、海上通道之后的第四大能源进口通道。它包括原油管道和天然气管道，可以使原油运输不经过马六甲海峡，从西南地区输送到我国。

中缅原油管道的起点位于缅甸西海岸皎漂港东南方的微型小岛马德岛，天然气管道起点在皎漂港。中缅油气管道项目作为中缅两国建交 60 周年的重要成果和结晶，得到了中缅两国领导人及政府有关部门的高度重视和大力支持。

中缅天然气管道项目于 2010 年 6 月 3 日正式开工建设，2013 年 7 月 28 日投产通气。2017 年 5 月 19 日，中缅原油管道原油正式进入我国。

根据中缅双方于 2009 年 6 月签署《中国石油天然气集团公司与缅甸联邦能源部关于开发、运营和管理中缅原油管道项目的谅解备忘录》，中缅原油管道由中石油集团、缅甸国家油气公司共同出资建设，项目运营期 30 年，设计年输量为 2 200 万 t，缅甸石油天然气公司（Myanmar Oil and Gas Enterprise，MOGE）在中缅原油和天然气管道项目中分别享有 49.1% 和 7.37% 的股权收益，缅甸政府每年收取 1 360 万美元的油气管道路权费、每 t 1 美元的原油管道过境费。

专栏 6-2	中哈原油管道

2004 年 7 月，中国石油天然气勘探开发公司和哈萨克斯坦国家石油运输股份公司共同各自参股 50% 成立了"中哈管道有限责任公司"，负责中哈原油管道的项目投资、工程建设、管道运营管理等业务。

中哈原油管道总体规划年输油能力为 2 000 万 t，西起里海的阿特劳，途经阿克纠宾，终点为中哈边界阿拉山口，全长 2 798 km。管道的前期工程阿特劳—肯基亚克输油管线全长 448.8 km，管径 610 mm，已于 2003 年年底建成投产，年输油能力为 600 万 t。中哈原油管道一期工程阿塔苏—阿拉山口段，西起哈萨克斯坦阿塔苏，东至我国阿拉山口，全长 962.2 km，管径 32 in（1 in=25.4 mm），于 2006 年 5 月实现全线通油。中哈原油管道二期一阶段工程肯基亚克—库姆克尔段，长 761 km，于 2009 年 7 月建成投产，实现由哈萨克斯坦西部到我国新疆全线贯通。

专栏 6-3　　　　　　　　　　　　中俄原油管道

中俄原油管道起自俄罗斯远东管道斯科沃罗季诺分输站，经我国黑龙江省和内蒙古自治区 13 个市、县、区，止于大庆末站。管道全长 999.04 km，俄罗斯境内 72 km，我国境内 927.04 km。按照双方协定，俄罗斯将通过中俄原油管道每年向中国供应 1 500 万 t 原油，合同期 20 年。中俄原油管道 2010 年 11 月 1 日进入试运行阶段。2012 年 9 月，中俄石油管道谈判历经 15 年，最终签约。

根据《能源发展"十二五"规划》，"十二五"期间，要加快西北（中哈）、东北（中俄）和西南（中缅）三大陆路原油进口通道建设，加强配套干线管道建设；适应海运原油进口需要，加强沿海大型原油接卸码头及陆上配套管道建设。加强西北、东北成品油外输管道建设，完善华北、华东、华南、华中和西南等主要消费地区的区域管网。"十二五"时期，新增原油管道 8 400 km，新增成品油管道 2.1 万 km，成品油年输送能力新增 1.9 亿 t。

根据《能源发展"十三五"规划》，"十三五"期间，要统筹油田开发、原油进口和炼油厂建设布局，以长江经济带和沿海地区为重点，加强区域管道互联互通，完善沿海大型原油接卸码头和陆上接转通道，加快完善东北、西北、西南陆上进口通道，提高管输原油供应能力。

跨境跨区原油输配管道建设规划是：完善中哈、中缅原油管道，建设中俄二线、仪长复线仪征至九江段、日仪增输、日照—濮阳—洛阳等原油管道，完善长江经济带管网布局，实施老旧管道改造整改；论证中哈原油管道至格尔木延伸工程的可行性。

（二）成品油管道建设规划

根据《能源发展"十三五"规划》要求，"十三五"期间，按照"北油南下、西油东运、就近供应、区域互联"的原则，优化成品油管输流向，鼓励企业间通过油品资源串换等方式，提高管输效率。

跨区成品油输配管道建设规划是：建设锦州至郑州、樟树至株洲、洛阳至三门峡至运城至临汾、三门峡至西安管道，改扩建格尔木至拉萨等管道。

三、天然气输送通道建设规划

天然气管道指将天然气（包括油田生产的伴生气）从开采地或处理厂输送到城市配气中心或工业企业用户的管道，又称输气管道。利用天然气管道输送天然气，是陆地上大量输送天然气的方式。天然气管道运输具有运输成本低、占地少、建设快、油气运输量大、安全性能高、运输损耗少、无"三废"排放、发生泄漏危险小、对环境污染小、受恶劣气候影响小、设备维修量小、便于管理、易于实现远程集中监控等优势。

扩展阅读6.4

（一）"十二五"期间的建设规划

根据《能源发展"十二五"规划》，"十二五"期间，加快建设西北（中国—中亚）、东北（中俄）、西南（中缅）和海上四大进口通道，形成以西气东输、川气东送、陕京输气管道为大动脉，连接主要生产区、消费区和储气库的骨干管网。统筹沿海液化天然气（LNG）接收站、跨省联络线、配气管网及地下储气库建设，完善长三角、环渤海、川渝地区天然气管网，基本建成东北、珠三角、中南地区等区域管网。形成天然气、煤层气、页岩气、煤制气等多种气源公平接入、统一输送的格局。

根据《天然气发展"十二五"规划》，"十二五"期间，按照统筹规划两种资源、分步实施、远近结合、保障安全、适度超前的原则，加快天然气管网建设。

主干管网建设方面：重点建设西气东输二线东段、中亚天然气管道C线、西气东输三线和中卫－贵阳天然气管道，将进口的中亚天然气和塔里木、青海、新疆等气区增产天然气输送到西南、长三角和东南沿海地区；建设鄂尔多斯－安平管道，增加鄂尔多斯气区外输能力；建设新疆煤制气外输管道。同时，加快沿海天然气管道及其配套管网、跨省联络线建设，逐步形成沿海主干管道。

区域管网建设方面：进一步完善长三角、环渤海、川渝地区管网，基本建成东北、珠三角、中南地区等区域管网。加快联络线、支线及地下储气库配套管道建设。建设陕京四线，连接长庆储气库群和北京，满足环渤海地区调峰应急需要。积极实施西气东输、川气东送、榆济线、兰银线、冀宁线等已建管道增输和新建支线工程。适时建设冀宁复线、宁鲁管道等联络线。建设东北管网和南疆气化管道，改造西南管网。积极推进省内管网互联互通。

（二）"十三五"期间的建设规划

根据《能源发展"十三五"规划》，"十三五"期间，按照"西气东输、北气南下、海气登陆、就近供应"的原则，统筹规划天然气管网，加快主干管网建设，优化区域性支线管网建设，打通天然气利用"最后一公里"，实现全国主干管网及区域管网互联互通。优化沿海液化天然气接收站布局，在环渤海、长三角、东南沿海地区，优先扩大已建LNG接收站储转能力，适度新建LNG接收站。天然气管道总里程达到10万km，干线年输气能力超过 4 000 亿 m³。

《天然气发展"十三五"规划》提出，天然气管网建设的重点任务如下。

第一，完善四大进口通道。西北战略通道重点建设西气东输三线（中段）、四线、五线，做好中亚 D 线建设工作。东北战略通道重点建设中俄东线天然气管道。西南战略通道重点建设中缅天然气管道向云南、贵州、广西、四川等地供气支线。海上进口通道重点加快 LNG 接收站配套管网建设。

第二，提高干线管输能力。加快向京津冀地区供气管道建设，增强华北区域供气和调峰能力。完善沿长江经济带天然气管网布局，提高国家主干管道向长江中游城市群供气能力。根据市场需求增长安排干线管道增输工程，提高干线管道输送能力。

第三，加强区域管网和互联互通管道建设。进一步完善主要消费区域干线管道、省内输配气管网系统，加强省际联络线建设，提高管道网络化程度，加快城镇燃气管网建设。建设地下储气库、煤层气、页岩气、煤制气配套外输管道。强化主干管道互联互通，逐步形成联系畅通、运行灵活、安全可靠的主干管网系统。

（三）"十四五"期间的建设规划

根据《"十四五"现代能源体系规划》，"十四五"期间，建设中俄东线管道南段、川气东送二线、西气东输三线中段、西气东输四线、山东龙口—中原文 23 储气库管道等工程。

四、电力输送通道建设规划

（一）"十二五"期间的建设规划

根据《能源发展"十二五"规划》，"十二五"期间，电力输送通道建设要坚持输煤输电并举，逐步提高输电比重。结合大型能源基地建设，采用特高压等大容量、高效率、远距离先进输电技术，稳步推进西南能源基地向华东、华中地区和广东省输电通道，鄂尔多斯盆地、山西、锡林郭勒盟能源基地向华北、华中、华东地区输电通道。加快区域和省级超高压主网架建设，重点实施电力送出地区和受端地区骨干网架及省域间联网工程，完善输、配电网结构，提高分区、分层供电能力。加快实施城乡配电网建设和改造工程，推进配电智能化改造，全面提高综合供电能力和可靠性。到 2015 年，建成 330 kV 及以上输电线路 20 万 km，跨省区输电容量达到 2 亿 kW。

"十二五"期间，水电外送通道建设的重点是：金沙江溪洛渡送电浙江及广东、雅砻江锦屏等电站送电江苏、四川水电送电华中、糯扎渡等电站送电广东、云南水电送电广西。煤电和风电外送通道的建设重点是：蒙西送电华北及华中、锡盟送电华北及华东、陕北送电华北、山西送电华北及华中、淮南送电上海及浙江、新疆送电华中、宁东送电浙江、陕西送电重庆。

（二）"十三五"期间的建设规划

根据《能源发展"十三五"规划》，"十三五"期间，按照系统安全、流向合理、优化存量、弥补短板的原则，稳步有序推进跨省区电力输送通道建设，完善区域和省级骨干电网，加强配电网建设改造，着力提高电网利用效率。有序建设大气污染防治重点输电通道，积极推进大型水电基地外送通道建设，优先解决云南、四川弃水和东北地区窝电问题。

跨省区外送电通道建设的重点是：建成内蒙古锡盟经北京天津至山东、内蒙古蒙西至天津南、陕北神木至河北南网扩建、山西孟县至河北、内蒙古上海庙至山东、陕西榆横至山东、安徽淮南经江苏至上海、宁夏宁东至浙江、内蒙古锡林郭勒盟至江苏泰州、山西晋北至江苏、滇西北至广东等大气污染防治重点输电通道，以及金沙江中游至广西、观音岩水电外送、云南鲁西背靠背、甘肃酒泉至湖南、新疆准东至华东皖南、内蒙古扎鲁特旗至山东青州、四川水电外送、云南乌东德至广东、川渝第三通道、渝鄂背靠背、贵州毕节至重庆输电工程。

开工建设赤峰（含元宝山）至华北、白鹤滩至华中与华东、张北至北京、陕北（神府、延安）至湖北、闽粤联网输电工程。

结合电力市场需求，深入开展新疆、东北（呼盟）、蒙西（包头、阿拉善、乌兰察布）、陇彬（陇东、彬长）、青海、金沙江上游等电力外送通道项目前期论证。

区域电网建设重点是：依托外送通道优化东北电网 500 kV 主网架；完善华北电网主网架，适时推进蒙西与华北主网异步联网；完善西北电网 750 kV 主网架，覆盖至南疆等地区；优化华东 500 kV 主网架；加快实施川渝藏电网与华中东四省电网异步联网，推进实施西藏联网工程；推进云南电网与南方主网异步联网，适时开展广东电网异步联网。

（三）"十四五"期间的建设规划

根据《"十四五"现代能源体系规划》，"十四五"期间，结合清洁能源基地开发和中东部地区电力供需形势，建成投产一批、开工建设一批、研究论证一批多能互补输电通道。同时完善华北、华东、华中区域内特高压交流网架结构，为特高压直流送入电力提供支撑，建设川渝特高压主网架，完善南方电网主网架。

第四节　我国跨地区能源协作规划

我国幅员辽阔，统筹区域发展从来都是一个重要问题。2019 年，长三角、粤港澳大湾区和京津冀的地区生产总值分别达到 23.7 万亿元、11.4 万亿元和 8.5 万亿元，占到全国的比重达到 44%，是名副其实的全国经济高质量发展动力源，再加上中部地区崛起、西部大开发战略，必然要求能源发展同步甚至要超前，才能助力区域发展战略落实。结合各区域资源禀赋、能源系统现状、经济社会发展现状及潜力、基础设施建设等，综合考虑能源安全、生态环境等因素，兼顾社会公平，统筹推进跨地区的能源协作具有十分重要的意义。

一、长三角能源协同发展规划

长三角是我国经济发展最活跃、开放程度最高、创新能力最强的区域之一，在国家现代化建设大局和全方位开放格局中具有举足轻重的战略地位。推动长三角一体化发展，增强长三角地区创新能力和竞争能力，提高经济集聚度、区域连接性和政策协同效率，对引领全国高质量发展、建设现代化经济体系意义重大。

2019 年 12 月，中共中央、国务院印发《长江三角洲区域一体化发展规划纲要》。规划范围包括上海市、江苏省、浙江省、安徽省全域（面积 35.8 万 km^2）。规划期至 2025 年，展望到 2035 年。

《长江三角洲区域一体化发展规划纲要》提出的发展目标是：到 2025 年，长三角一体化发展取得实质性进展。跨界区域、城市乡村等区域板块一体化发展达到较高水平，在科创产业、基础设施、生态环境、公共服务等领域基本实现一体化发展，全面建立一体化发展的体制机制。在协同推进跨区域能源基础设施建设方面，《长江三角洲区域一体化发展规划纲要》提出了以下三点具体要求。

（一）统筹建设油气基础设施

完善区域油气设施布局，推进油气管网互联互通。编制实施长三角天然气供应能力规划，加快建设浙沪联络线，推进浙苏、苏皖天然气管道联通。加强液化天然气（LNG）接收站互联互通和公平开放，加快上海、江苏如东、浙江温州 LNG 接收站扩建，建设宁波舟山 LNG 接收站和江苏沿海输气管道、滨海 LNG 接收站及外输管道。实施淮南煤制天然气示范工程。积极推进浙江舟山国际石油储运基地、芜湖 LNG 内河接收（转运）站建设，支持 LNG 运输船舶在长江上海、江苏、安徽段开展航运试点。

（二）加快区域电网建设

完善电网主干网架结构，提升互联互通水平，提高区域电力交换和供应保障能力。推进电网建设改造与智能化应用，优化皖电东送、三峡水电沿江输电通道建设，开展区域大容量柔性输电、区域智慧能源网等关键技术攻关，支持安徽打造长三角特高压电力枢纽。依托两淮煤炭基地建设清洁高效坑口电站，保障长三角供电安全。加强跨区域重点电力项目建设，加快建设淮南—南京—上海 1 000 kV 特高压交流输电工程过江通道，实施南通—上海崇明 500 kV 联网工程、申能淮北平山电厂二期、省际联络线增容工程。

（三）协同推动新能源设施建设

因地制宜积极开发陆上风电与光伏发电，有序推进海上风电建设，鼓励新能源龙头企业跨省投资建设风能、太阳能、生物质能等新能源。加快推进浙江宁海、长龙山、衢江和安徽绩溪、金寨抽水蓄能电站建设，开展浙江磐安和安徽桐城、宁国等抽水蓄能电站前期工作，研究建立华东电网抽水蓄能市场化运行的成本分摊机制。加强新能源微电网、能源物联网、"互联网＋智慧"能源等综合能源示范项目建设，推动绿色化能源变革。

二、粤港澳大湾区能源协同发展规划

粤港澳大湾区包括香港特别行政区、澳门特别行政区和广东省广州市、深圳市、珠海市、佛山市、惠州市、东莞市、中山市、江门市、肇庆市，总面积 5.6 万 km²，2017 年年末总人口约 7 000 万人，是我国开放程度最高、经济活力最强的区域之一，在国家发展大局中具有重要战略地位。粤港澳大湾区是继美国纽约湾区、美国旧金山湾区、日本东京湾区后的世界第四大湾区，也是"一带一路"海上丝绸之路的起点。

2019 年 2 月，中共中央、国务院印发《粤港澳大湾区发展规划纲要》，提出的发展目标是：到 2022 年，粤港澳大湾区综合实力显著增强，粤港澳合作更加深入广泛，区域内生发展动力进一步提升，创新能力突出、产业结构优化、要素流动顺畅、生态环境优美的国际一流湾区和世界级城市群框架基本形成。

在建设能源安全保障体系方面，《粤港澳大湾区发展规划纲要》提出要优化能源供应结构。大力推进能源供给侧结构性改革，优化粤港澳大湾区能源结构和布局，建设清洁、低碳、安全、高效的能源供给体系。大力发展绿色低碳能源，加快天然气和可再生能源利用，有序开发风能资源，因地制宜发展太阳能光伏发电、生物质能发电，安全高效发展核电，大力推进煤炭清洁高效利用，控制煤炭消费总量，不断提高清洁能源比重。

同时要强化能源储运体系。加强周边区域向大湾区及大湾区城市间送电通道等主干电网建设，完善城镇输配电网络，提高电网输电能力和抗风险能力。加快推进珠三角大型石油储备基地建设，统筹推进新建 LNG 接收站和扩大已建 LNG 接收站储转能力，依托国家骨干天然气管线布局建设配套支线，扩大油气管道覆盖面，提高油气储备和供应能力。推进广州、珠海等国家煤炭储备基地建设，建成煤炭接收与中转储备梯级系统。研究完善广东对香港、澳门的输电网络、供气管道，确保香港、澳门能源供应安全和稳定。

三、京津冀地区能源协同发展规划

京津冀包括北京、天津、河北三省市，地域面积约 21.6 万 km²，占全国的 2.3%，2018 年年末常住人口 1.1 亿人，占全国的 8.1%，地区生产总值 8.5 万亿元，占全国的 9.4%。京津冀是我国最具发展活力的三大经济增长极之一，同时也是我国重要的能源消费中心之一。能源协同发展是京津冀协同发展的重要内容。为贯彻落实《京津冀协同发展规划纲要》和《京津冀能源协同发展规划（2016—2025 年）》，2017 年 11 月，北京、天津和河北三地发改委联合印发《京津冀能源协同发展行动计划（2017—2020 年）》，提出了强化能源战略协同、设施协同、治理协同、绿色发展协同、管理协同、创新协同、市场协同、政策协同"八大协同"重点任务。部分内容如下。

（一）能源设施一体化

在强化能源设施协同方面，《京津冀能源协同发展规划（2016—2025年）》提出，加快电力一体化建设，优化区域电源布局，在河北东部沿海地区规划建设一定规模的清洁煤电支撑电源，推进特高压输电通道建设，完善500 kV骨干输电网；加快油气设施一体化建设，统筹推进油气资源开发，加快曹妃甸、黄骅港原油码头及配套原油输入管线建设，推动天然气输气干线和LNG输气能力建设；提升区域清洁供热水平，扩大三河热电厂向通州供热规模，实施张家口—北京可再生能源清洁供热工程，实现涿州热电厂向涿州和北京房山供热。

（二）能源治理协同

在强化能源治理协同方面，《京津冀能源协同发展规划（2016—2025年）》提出，大力压减煤炭消费，推进冬季清洁取暖和散煤治理，完成"禁煤区"建设任务，2018年10月底，河北全省范围35蒸吨（t/h，1t/h=0.7 MW）及以下锅炉实现"无煤化"；推进传统能源清洁化改造，全面完成石家庄炼化、沧州炼化、华北石化、中捷石化、鑫海化工油品质量升级改造任务；加快淘汰煤炭、电力行业落后产能，河北省2017年年底前关停火电机组容量68.4万kW。

（三）能源绿色协同发展

在强化能源绿色协同发展方面，《京津冀能源协同发展规划（2016—2025年）》提出，推进可再生能源发展，打造张家口可再生能示范区。建设崇礼低碳奥运专区，可再生能源消费量占终端能源消费总量比例达到30%，可再生能源发电装机规模达到2 000万kW，年发电量达到400亿kW·h以上，为京津冀协同发展提供清洁能源。优先安排张家口可再生能源示范区等可再生能源和清洁能源上网，实现在京津冀区域一体化消纳。

（四）能源政策协同

在强化能源政策协同方面，《京津冀能源协同发展规划（2016—2025年）》提出，研究设立京津冀能源结构调整基金，重点支持清洁能源开发利用、化石能源清洁高效利用、电力系统调节能力提升、燃煤电厂灵活性改造、煤炭行业去产能、电力和天然气调峰储气设施建设运营，以及农村地区"煤改电""煤改气"基础设施投入。落实国家新能源产业补贴标准和环保加价标准，推动新能源产业技术进步。

在保障机制方面，《京津冀能源协同发展规划（2016—2025年）》提出，建立京津冀能源协同发展机制，由三省市能源主管部门组成联席会议，轮流定期组织调度，加强对协同事项的统筹指导和综合协调。建立重要事项日常及时沟通机制，确定联系人制度，建立项目对接机制，对跨省市项目及国家级试点示范项目，做好对接衔接，协调推动实施。

四、中部地区能源协同发展规划

中部地区包括山西、安徽、江西、河南、湖北、湖南六省份，占全国陆地国土总面积的 10.7%，占全国总人口的 26.5%，在全国区域发展格局中具有重要战略地位。"中部崛起"是继我国"东部沿海开放""西部大开发""振兴东北"等之后的又一重要的国家经济发展战略。在我国区域发展总体战略中，中部地区区位优势明显，起着"承东启西"的作用。

2006 年 12 月 26 日，经国务院批复同意，国家发展改革委正式下发了《促进中部地区崛起"十三五"规划》，发展目标是到 2020 年，中部地区全面建成小康社会，经济保持中高速增长，产业整体迈向中高端水平。

在提高能源保障水平方面，《促进中部地区崛起"十三五"规划》提出，积极推进天然气开发利用，大幅提高天然气在一次能源消费中的比重。大力推进地面煤层气开发与井下瓦斯抽采，建成沁水、鄂尔多斯盆地东缘煤层气产业化基地，形成一批亿立方米级煤矿瓦斯抽采矿区。推进页岩气等非常规天然气资源勘探开发。规划建设一批水电站和抽水蓄能电站。开展内陆核电项目前期工作。大力开发可再生能源，加快建设一批百万千瓦级发电基地，因地制宜综合建设分散式风电、分布式光伏发电、生物质发电、中小规模光热发电项目，广泛开展新能源微电网试点，推进新能源示范城市建设。积极发展生物质成型燃料、非粮生物质液体燃料，支持河南建设先进生物质能试验基地。开展多能互补集成优化示范工程建设。积极建设区外能源输入通道，稳步推进特高压跨区输电和联网工程，以及与华中、西南电力调剂通道建设，加快成品油、原油管道和天然气管道建设。在湖泊、内河船舶污染物排放超标、环保要求高的水域布局 LNG 船舶加注站码头，开展 LNG 江海联运试点。依托国家铁路煤运通道、油气管输通道和黄金水运通道，规划建设大型煤炭、石油、天然气储备调峰基地，形成一批能源中转枢纽。支持太原、芜湖在规范发展现有煤炭交易平台的基础上依法合规建设国家级煤炭公共交易平台。

五、西部地区能源协同发展规划

为加快形成西部大开发新格局，推动西部地区高质量发展，2020 年 5 月，中共中央、国务院发布《关于新时代推进西部大开发形成新格局的指导意见》，到 2035 年，西部地区基本实现社会主义现代化，基本公共服务、基础设施通达程度、人民生活水平与东部地区大体相当，努力实现不同类型地区互补发展、东西双向开放协同并进、民族边疆地区繁荣安全稳固、人与自然和谐共生。

关于优化能源供需结构，《关于新时代推进西部大开发形成新格局的指导意见》提出，要优化煤炭生产与消费结构，推动煤炭清洁生产与智能高效开采，积极推进煤炭分级分质梯级利用，稳步开展煤制油、煤制气、煤制烯烃等升级示范。建设一批石油天然气生产基地。加快煤层气等勘探开发利用。加强可再生能源开发利用，开展黄河梯级电站大型储能项目研究，培育一批清洁能源基地。加快风电、光伏发电就地消纳。继续加大西电东送等跨省区重点输电通道建设，提升清洁电力输送能力。加强电网调峰能力建设，有效解决弃风弃光弃水问题。积极推进配电网改造行动和农网改造升级，提高偏远地区供电能力。加快北煤南运通道和大型煤炭储备基地建设，继续加强油气支线、终端管网建设。构建多层次天然气储备体系，在符合条件的地区加快建立地下储气库。支持符合环保、能效等标准要求的高载能行业向西部清洁能源优势地区集中。

关键词

区域；区域能源；能源基地；一级能源基地；二级能源基地；三级能源基地；能源运输通道；长三角地区；粤港澳大湾区；京津冀地区；西部地区

思考题

1. 简述能源基地及其分类。
2. 我国为什么要建设大型清洁能源基地？
3. 我国煤炭基地建设规划有何特点？
4. 我国煤炭运输通道建设规划有何特点？
5. 我国能源跨区域调配的意义是什么？

【在线测试题】扫描二维码，在线答题。

第七章 能源科技创新战略

学习目标 📚

1. 了解世界能源科技发展形势和我国能源科技发展形势；
2. 了解全球能源科技创新成果；
3. 理解美国、欧盟、英国和日本的能源科技创新战略；
4. 理解我国能源科技创新战略的历史演变，特别是《"十四五"能源科技创新规划》。

本章提要 🔍

能源科技战略是一个国家能源战略的有机组成部分，是一个国家基于自身禀赋和科技发展水平，从保障能源供应、维护能源安全出发而采取的一系列政策措施的集合。本章首先分析世界和我国能源科技发展形势及全球能源科技创新成果，然后分析美国、欧盟、英国和日本的能源科技创新战略，最后分析我国能源科技创新战略的历史演变。

第一节 能源科技发展形势

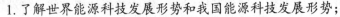

科技创新对能源发展的重要性日益凸显，科技创新是保障能源安全、改善能源结构、实现节能减排和保护环境的重要手段。能源科技创新在能源勘探开采、加工转化、发电/输配电、新能源和可再生能源等先进适用技术和核心装备领域发挥主导作用。能源科技创新被很多国家当作是实现低碳、绿色发展的重要战略措施。

一、世界能源科技发展形势

我国《"十四五"能源领域科技创新规划》分析了世界能源科技发展形势。当前，在能源革命和数字革命双重驱动下，全球新一轮科技革命和产业变革方兴未艾。能源科技创新进入持续高度活跃期，可再生能源、非常规油气、核能、储能、氢能、智慧能源等一大批新兴能源技术正以前所未有的速度加快迭代，成为全球能源向绿色低碳转型的核心驱动力，推动能源产业从资源、资本主导向技术主导转变，对世界地缘政治格局和经济社会发展带来重大而深远的影响。

世界各主要国家近年来纷纷将科技创新视为推动能源转型的重要突破口，积极制定各种政策措施抢占发展制高点。美国近年来相继发布了《全面能源战略》《美国优先能源计划》等政策，并出台系列研发计划，将"科学与能源"确立为第一战略主题，积极部署发

展新一代核能、页岩油气、可再生能源、储能、智能电网等先进能源技术，突出全链条集成化创新。欧盟在《欧洲绿色协议》中率先提出了构建碳中性经济体的战略目标，升级了战略能源技术规划（SET-Plan），启动了"研究、技术开发及示范框架计划"，构建了全链条贯通的能源技术创新生态系统。德国、英国、法国等分别组织了能源研究计划、能源创新计划、国家能源战略研究等系列科技计划，突出可再生能源在能源供应中的主体地位，抢占绿色低碳发展制高点。日本近年来出台了第六版《能源基本计划》《2050 能源环境技术创新战略》《氢能基本战略》等战略规划，提出加快发展可再生能源，全面系统建设"氢能社会"。

受政策驱动，可再生能源、非常规油气、核能、储能、智慧能源等领域诸多新兴技术取得重大突破并跨越技术商业化临界点，引领世界能源消费结构呈现非化石能源、煤炭、石油、天然气"四分天下"，且非化石能源比重逐步扩大的新局面。全球能源技术创新主要呈现以下新动向、新趋势。

一是可再生能源和新型电力系统技术被广泛认为是引领全球能源向绿色低碳转型的重要驱动，受到各主要国家的高度重视。面对日益严重的能源资源约束、生态环境恶化、气候变化加剧等重大挑战，全球主要国家纷纷加快了低碳化乃至"去碳化"能源体系发展步伐。国际能源署预测可再生能源在全球发电量中的占比将从当前的约 25% 攀升至 2050 年的 86%。为有效应对可再生能源大规模发展给能源系统可靠性和稳定性带来的新挑战，美、欧等国家和地区积极探索发展包括先进可再生能源、高比例可再生能源友好并网、新一代电网、新型储能、氢能及燃料电池、多能互补与供需互动等新型电力系统技术，开展了一系列形式多样、场景各异的试验示范工作。

二是非常规油气技术掀起席卷全球的页岩油气革命，成功拓展油气发展新空间，成为颠覆全球油气供应格局的核心力量。美国从 20 世纪 70 年代开始布局页岩油气技术攻关，经过数十年的持续探索，成功发展了旋转导向钻井、水平井分段压裂等系统化的页岩油气开发技术，支撑美国油气自给率持续提升，推动非常规油气技术成为世界各国竞争的焦点。全球非常规油气资源占油气资源总量约 80%，可采资源量超过 80% 分布于北美、亚太、拉美、俄罗斯四大地区。在各相关国家的大力支持和推动下，全球非常规油气技术不断取得新突破、技术成熟度持续提升，正在推动全球油气产业从常规油气为主到常规与非常规油气并重的重大转变。

三是以更安全、更高效、更经济为主要特征的新一代核能技术及其多元化应用，成为全球核能科技创新的主要方向。福岛核事故后，全球核电建设整体进入审慎稳妥发展阶段，但核能技术创新的步伐并未减缓。美、俄、法等核电强国，凭借长期技术积累，瞄准更安全、更高效、更经济等未来核能发展方向，不断加大研发投入和政策支持，在三代和新一代核反应堆、模块化小型堆、核能供热等多元应用、先进核燃料及循环、在役机组延寿和智慧运维等方面开展了大量技术研发和试验示范工作，为引领未来全球核能产业安全高效发展奠定了坚实基础。

四是信息、交通等领域的新技术与传统能源技术深度交叉融合，持续孕育兴起影响深远的新技术、新模式、新业态。美、欧、日等主要发达国家和地区近年来在能源交叉融合技术方面开展了大量有益探索和实践。大数据、云计算、物联网、移动互联网、人工智能、区块链等为代表的先进信息技术与能源生产、传输、存储、消费及能源市场等环节深度融合，持续催生具有设备智能、多能协同、信息对称、供需分散、系统扁平、交易开放等特征的智慧能源新技术、新模式、新业态。电动汽车及其网联技术、氢燃料电池车等低碳交通技术，推动能源、交通、信息三大基础设施网络互联互通、融合发展，正在开启能源、交通、信息领域新的重大变革。

二、我国能源科技发展形势

《"十四五"能源领域科技创新规划》分析了我国能源科技发展形势。我国已连续多年成为世界上最大的能源生产国、消费国和碳排放国。社会主义现代化强国建设的深入推进对能源供给、消费提出更高要求。在"碳达峰、碳中和"目标、生态文明建设和"六稳""六保"等总体要求下，我国能源产业面临保安全、转方式、调结构、补短板等严峻挑战，对科技创新的需求比以往任何阶段都更为迫切。经过前两个五年规划期，我国初步建立了重大技术研发、重大装备研制、重大示范工程、科技创新平台"四位一体"的能源科技创新体系，按照集中攻关一批、示范试验一批、应用推广一批"三个一批"的路径，推动能源技术革命取得重要阶段性进展，有力支撑了重大能源工程建设，对保障能源安全、促进产业转型升级发挥了重要作用。

高比例可再生能源系统技术方面。风电、光伏技术总体处于国际先进水平，有力支撑我国风机、光伏电池产量和装机规模世界第一。10 MW级海上风电机组完成吊装。晶硅电池、薄膜电池最高转换效率多次创造世界纪录，量产单多晶电池平均转换效率分别达到22.8%和20.8%。太阳能热发电技术进入商业化示范阶段。水电工程建设能力和百万千瓦级

扩展阅读7.1

水电机组成套设计制造能力领跑全球。全面掌握1 000 kV交流、±1 100 kV直流及以下等级的输电技术。柔性直流输电技术处于世界先进水平，全球电压等级最高的张北±500 kV柔性直流电网示范工程、乌东德水电送出±800 kV特高压多端直流示范工程已投产送电。

油气安全供应技术方面。常规油气勘探开采技术达到国际先进水平，在国际油气资源开发中具有明显比较优势。非常规和深海油气勘探开发技术取得较大进步，建成一批国家级页岩气开发示范区，页岩气年产量超过200亿 m³，支撑我国成为美国之外首个实现页岩气规模化商业开发的国家，自主研发建造的全球首座十万吨级深水半潜式生产储油平台"深海一号"投运。油气长输管线技术取得重大突破，电驱压缩机组、燃驱压缩机组、大型球阀和高等级管线钢等核心装备和材料实现自主化，有力保障了西气东输、中俄东线等长输管线建设。千万吨级 LNG 项目、千万吨级炼油工程成套设备已实现自主化。

核电技术方面。形成了较完备的大型压水堆核电装备产业体系。自主研发"华龙一号"和"国和一号"百万千瓦级三代核电站,主要技术和安全性能指标达到世界先进水平。自主研发的具有四代特征的高温气冷堆商业示范堆已投产发电,快中子堆示范项目已开工建设。模块化小型堆、海洋核动力平台等先进核反应堆技术正在抓紧攻关和示范。

化石能源清洁高效开发利用技术方面。年产 1 000 万 t 以上特厚煤层综采与综采放顶煤开采装备、重介质选煤技术等煤炭开发利用技术装备实现规模应用。煤矿瓦斯治理、灾害防治技术水平显著提升,百万吨级煤矿的生产事故死亡率持续下降。具有自主知识产权的神华宁煤 400 万 t/ 年煤炭间接液化等一批煤炭深加工重大示范工程建成投产。国际首创的 135 万 kW 高低位布置超超临界二次再热机组投入运行,煤电超低排放水平进入世界领先行列。具有完全自主知识产权的 50 MW 燃气轮机已实现满负荷稳定运行。

扩展阅读7.2

能源新技术、新模式、新业态方面。主流储能技术总体达到世界先进水平,电化学储能、压缩空气储能技术进入商业化示范阶段。氢能及燃料电池技术迭代升级持续加速,推动氢能产业从模式探索向多元示范迈进。能源基础设施智能化、能源大数据、多能互补、储能和电动汽车应用、智慧用能与增值服务等领域创新十分活跃,各类新技术、新模式、新业态持续涌现,对能源产业发展产生深远影响。

然而,与世界能源科技强国相比,与引领能源革命的要求相比,我国能源科技创新还存在明显差距,突出表现为:一是部分能源技术装备尚存短板。关键零部件、专用软件、核心材料等大量依赖国外。二是能源技术装备长板优势不明显。能源领域原创性、引领性、颠覆性技术偏少,绿色低碳技术发展难以有效支撑能源绿色低碳转型。三是推动能源科技创新的政策机制有待完善。重大能源科技创新产学研"散而不强",重大技术攻关、成果转化、首台(套)依托工程机制、容错,以及标准、检测、认证等公共服务机制尚需完善。

"十四五"是我国全面建设社会主义现代化国家新征程的第一个五年规划期。进入新时期新阶段,要充分发挥科技创新引领能源发展第一动力作用,立足能源产业需求,着眼能源发展未来,健全科技创新体系、夯实科技创新基础、突破关键技术瓶颈,为推动能源技术革命,构建清洁低碳、安全高效的能源体系提供坚强保障。

第二节　能源科技创新成果

随着新一轮能源技术革命的孕育兴起,新的能源科技成果不断涌现,新兴能源技术正以前所未有的速度加快迭代,可再生能源发电、先进储能技术、氢能技术、能源互联网等具有重大产业变革前景的颠覆性技术应运而生。

一、油气勘探开发与利用技术

（一）地下原位改质技术

地下原位改质是通过对地下储层进行高温加热，将固体干酪根转换为轻质液态烃，再通过传统工艺将液态烃从地下开采出来的方法。该技术具有不受地质条件限制、地下转化轻质油、高采出程度、低污染等优点，一旦规模化应用，将对重质油、页岩油和油页岩开采具有革命性意义。壳牌公司地下原位改质技术采用小间距井下电加热器，循序均匀地将地层加热到转化温度。该技术通过缓慢加热提升产出油气的质量，相对于其他工艺可以回收埋藏极深的岩层中的页岩油，同时省去地下燃烧过程，减少地表污染，降低对环境的危害。为了避免污染地下水，壳牌公司开发了独有的冷冻墙技术，可有效避免生产区域在页岩加热、油气采出和后期清理过程中对地下水的侵入。

（二）废弃油田再利用技术

俄罗斯秋明国立大学将物理化学开采方法与微乳液驱油技术相结合，开发出一种从废弃的油田中开采石油的方法。微乳液驱油依靠的是质量和黏度，是当今最有效的驱油技术。微乳液比石油重，不与之混合，驱油时会把石油推到表面。但其对侵蚀性的现实条件（沉积物的温度和硬度）非常敏感，会失去实验中的理想特性。

（三）高精准智能压裂技术

近年来，水平井分段压裂呈现压裂段数越来越多、支撑剂和压裂液用量越来越大的趋势。从长远看，实现压裂段数少、精、准，才是水力压裂技术的理想目标。目前业界正在探索大数据、人工智能指导下的高精准压裂技术和布缝优化技术，但是真正能够"闻着气味"走的压裂技术还有待研究和突破。美国 Quantico 能源公司利用人工智能技术，将静态模型与地球物理解释紧密耦合，对不良数据进行质量控制，形成高精度预测模型，用于压裂设计，在二叠盆地和巴肯油田的 100 多口油井中使用后，与邻井对比结果表明，优化后的完井方案不仅可以使产量提高 10%～40%，还能有效降低整体压裂作业成本。随着"甜点"识别、压裂监测技术和人工智能技术的发展，未来高精准智能压裂技术有望实现每一级压裂都压在油气"甜点"上，可有效提高储层钻遇率和油气产量，降低开发成本，降本增效意义重大。

（四）远程单趟式深水完井

高昂的钻机费用迫使开发商想方设法减少井筒起下钻次数，特别是在深水作业中。油服企业威德福于 2019 年 3 月推出 TR1P 系统，这是全球首个也是唯一一个能够远程激活的单趟下钻式深水完井系统，可为开发商带来更高的效率、灵活性及收益。该系统无须控制管线、冲管、电缆、连续油管及修井设备，完全实现了 100% 的无干涉作业。开发商能够在生产井与注入井中执行储层所需的作业，可在更短的时间内完成更多的作业，从而降低作业风险、降低成本。与传统的机械或液压式完井设备相比，TR1P 系统在整体作业与钻机摊铺成本方面节省了开支。

二、太阳能技术加快应用

（一）新型六结叠层太阳能电池效率已接近 50%

由于半导体固有的带隙特点，单结半导体太阳能电池的光电转换效率存在理论极限，即肖克利－奎伊瑟（Shockley-Queisser，S-Q）极限。而将不同带隙（光谱响应范围不同）的电池进行串联构建的叠层太阳能电池被认为是电池效率突破 S-Q 极限值的技术路径。围绕上述问题，美国国家可再生能源实验室（National Renewable Energy Laboratory，NREL）研究团队

扩展阅读7.3

设计制备了基于Ⅲ-V族异质结半导体的六结叠层太阳能电池，通过对制备工艺和结构的优化，有效克服了不同晶体晶格错配问题，减少了内阻，抑制了相分离，使得电池器件性能显著提升，在聚光条件下器件获得了高达 47.1% 的认证效率（之前效率纪录是 46.4%），创造了有史以来太阳能电池器件光电转换效率最高值，即使在无聚光条件下整个器件依旧可以获得近 40% 的转换效率，也是目前无聚光太阳能电池器件的最高纪录。电池的六个结叠层（光敏层）中的每个节点都经过专门设计，可以捕获来自太阳光谱特定部分的光。该设备总共包含约 140 种Ⅲ-V材料层，以支持这些节点的性能，但其宽度却比人的头发丝窄三倍。由于Ⅲ-V太阳能电池的高效率特性和制造成本，因此最常用于为卫星供电。

（二）太阳能制氢技术取得积极进展

澳大利亚国立大学（The Australian National University，ANU）的科学家利用串联钙钛矿硅电池实现了 17.6% 的太阳能直接制氢效率。这种电池是将低成本的过氧化物材料层叠在传统的硅太阳能电池上。目前的共识是，利用低成本的半导体来实现光电化学（photo electro chemistry，PEC）水分解过程，太阳能制氢的效率要达到 20%，才能在成本上具有竞争力。ANU 团队表示，串联钙钛矿硅电池，结合便宜的半导体，可以在合理的成本下带来高效率。PEC 过程允许仅使用阳光和光电化学材料从水中生产氢。这一操作跳过了电力生产和转换步骤，不需要电解槽。这种直接产生绿色氢的过程与光合作用的过程类似。

美国科学家首次研发了一种能够有效吸收阳光的单分子，而且该分子还可以作为一种催化剂，将太阳能转化为氢气。这种新型分子可以从太阳光的整个可见光光谱（包括低能量红外光谱，也是太阳光光谱的一部分，以前很难收集该光谱的能量）中收集能量，并迅速有效地将其转化成氢气。与目前的太阳能电池相比，这种单分子电池可以多利用 50%的太阳能，从而减少对化石燃料的依赖。

三、新型核电技术取得重大进展

（一）全球首座浮动核电站投入使用

2019 年 9 月，由俄罗斯设计建造的全球首座浮动核电站"罗蒙诺索夫院士"号，从俄北极摩尔曼斯克港启航，穿越北极海域行驶近 4 989 km 之后抵达目的地佩韦克港。"罗蒙诺索夫院士"号于 2020 年 5 月投入商业运营，其动力采用"泰米尔"号破冰船动力堆的升级版。俄罗斯已为"罗蒙诺索夫院士"号投入约 4.8 亿美元，该船长 144 m，宽 30 m，高 10 m，排水量 2.15 万 t，能配备 70 名左右船员，船上搭载两座 35 MW 核反应堆，主要功能是为俄极其偏远地区的工厂、城市及海上天然气、石油钻井平台提供电能。

在发电方面，该核电站采用了小型模块化核反应堆，拥有两套改进的 KLT-40 反应堆，每座发电量达 35 MW，可提供高达 70 MW 的电力或 30 MW 的热量，供 20 万人使用。除了核电设施，这个巨型浮式核电站上的海水淡化设备还可每天提供 24 万 m^3 的淡水。现在，俄国家原子能公司正在研制第二代浮式核电站，将之作为解决北极等特殊地域能源供应的重要选择。

（二）受控核聚变实验持续创造纪录

受控的核聚变反应所产生的净能量在没有危险辐射量的情况下产生，实现能量持续、平稳输出，其优势明显大于核裂变发电。作为应对气候变化的一个潜在解决方案，核聚变能源将替代对化石燃料的需求，解决可再生能源固有的间歇性和可靠性问题。美国、中国和欧洲国家核聚变实验装置持续创造纪录，稳步推进受控核聚变的实现。

美国国家点火装置（National Ignition Facility，NIF）在几年前就已经实现了 1 亿摄氏度的目标，其采用惯性约束核聚变方式，以 192 条激光束集中在一个花生米大小的、装有重氢燃料的目标反应室上。每束激光发射出持续大约十亿分之三秒、蕴涵 180 万 J 能量的脉冲紫外光，脉冲撞击到目标反应室上，将产生 X 光。利用 X 光将把燃料加热到 1 亿摄氏度，并施加足够的压力使重氢核发生聚变反应。

我国自行研制的全超导托卡马克核聚变实验装置（EAST）与美国 NIF 实现聚变的方式不同。目前托卡马克实现了磁束缚等离子体和中心温度 1 亿摄氏度，下一个目标是维持束缚，且达到 1 亿摄氏度维持 1 000 s。

位于法国南部的跨国项目国际热核聚变实验堆（International Thermonuclear Experimental Realtor，ITER）是目前全球规模最大、影响最深远的国际科研合作项目之一。2019 年 7 月，这一全球最大的核聚变反应堆项目实现低温恒温器成功交付，进入安装状态。目前，35 个国家正在通力合作 ITER 计划。ITER 装置主机最重要部分之一的 PF6 线圈，由中国科学院合肥研究院等离子体所承担研制并正式交付，为 ITER 计划 2025 年第一次等离子体放电的重大工程节点奠定了重要基础。

四、高性能储能电池获得重大突破

（一）电池储能系统提供无功功率服务

随着越来越多的间歇性可再生能源并入电网，对电压精确平衡的需求促使英国电力系统运营商 National Grid 不断探索各种无功功率解决方案。英国储能开发商 Zenobe Energy 部署的电池储能系统通过 National Grid 为英国配电网络运营商和英国电力网络提供这些服务。Zenobe Energy 公司在英格兰苏塞克斯郡 King Barn 部署了一个装机容量为 10 MW 的电池储能系统。该储能项目由 National Grid 运营，主要为电网提供无功功率服务，以缓解容量挑战。预计到 2050 年可以为消费者节省 4 亿英镑以上的电力费用，同时增加 4 GM 的装机容量。

（二）有机空气电池提高可再生能源供应稳定性

金属（如钾、钠、锂等）空气电池是一种极具发展潜力的高比容量电池技术，其理论能量密度上限可达 11 kW·h/kg，远高于传统的锂离子电池，因此得到了学术界和工业界的广泛关注。然而，由于存在金属枝晶、空气电极孔道堵塞等问题，导致该类电池安全性和循环寿命不佳，限制了该类电池的实际应用。香港中文大学研究团队设计制备了钾联苯复合有机物，并将其作为负极取代传统的金属负极，与空气电极组成新型的有机空气电池，有效地解决了金属—空气电池由来已久的金属电极枝晶生长和循环寿命短的问题，从而获得了高安全、高倍率和长寿命的空气电池，在 4 mA/cm^2 高放电电流密度下实现长达 3 000 余次的稳定循环，平均库伦效率高达 99.84%，为空气电池开辟全新技术发展路径。有机空气电池最适合应用于大型电厂能源储存，如风电或太阳能，亦可用于火力发电厂调频，家用太阳能电板也有机会使用到。

（三）设计研发高性能负极材料全固态电池

以金属锂作负极的全固态锂金属电池在理论能量密度和安全性上都远优于传统锂离子电池。然而，锂负极不受控的枝晶生长，以及低库伦效率严重制约了锂负极全固态锂金属电池的实用化发展。因此，开发高性能负极材料成了全固态电池研究领域热点。三星综合技术院（Samsung Advanced Institute of Technology，SAIT）和日本三星研究院设计开发了一种独特的银—碳（Ag-C）复合负极，替代锂（Li）金属负极，结合硫银锗矿型固态电解质制备了软包的全固态电池，获得了高达 942 W·h/kg 的能量密度和 99.8% 的平均库伦效率。银—碳电极有效调节金属锂的沉积—剥离过程，避免枝晶形成，显著提升了电池寿命，且能够保持稳定循环超过 1 000 余次，在电动汽车等高比能储能应用领域具备广阔应用前景。研究人员还测试了各种不同高温下电池的稳定性，结果显示该电池表现出良好耐高温特性，且该电池体积仅为同样容量传统锂离子电池的一半。

（四）层状三元金属氢化物电极提升柔性电容性能

随着柔性可穿戴电子器件的快速发展，人们对柔性储能器件的需求逐步增加。而柔性超级电容器（超容）作为一类便携式能量储存设备也受到了许多研究者的关注。然而，当前商用的柔性超容能量密度较低（小于 10 W·h/kg）无法满足高能量密度的实际需求，开发具有高容量、高充放电倍率性能的柔性电极材料极为重要。层状金属氢氧化物具有双电层电容和赝电容的储能特性，是一类重要的超容电极材料，如镍钴层状氢氧化物，但其在碱性环境中存在不稳定性，亟须予以解决。新加坡国立大学课题组采用简单的水热法制备了一种镍（Ni）、钴（Co）、铝（Al）三元金属复合的层状金属氢化物柔性超容电极材料，通过对 Al 元素含量的优化调节，显著提升了柔性非对称超容的放电比容量和循环稳定性。该项研究制备了一种新型的三元金属双层氢化物柔性电极材料，通过 Al 元素的引入有效地改善了电极比电容和结构稳定性，从而获得了具有高比电容、高倍率性能和长循环寿命的柔性超容器件，电容器件经过 15 000 次循环后，容量仅衰减不到 9%。为改善柔性可穿戴电子器件储能提供了新的技术方案。

五、氢能技术稳步推进

（一）全球首次实现远洋氢运输

由多家日本企业组成的新一代氢能链技术研究合作组实现了全球首次远洋氢气运输，从文莱向日本运输了第一批氢气，通过在川崎市沿海的东亚石油株式会社京滨炼油厂开始供应从甲基环己烷（GH_{14}）中分离出来的氢气，为水江发电厂的燃气涡轮机提供燃料。不同于日本与澳大利亚开展的褐煤制氢—液氢输运，AHEAD 采用千代田公司的 SPERA 技术探索有机液态储氢的商业化。相对于低温液态储氢的高能耗（25% 左右）、易蒸发（每日 0.5% ～ 1%），有机液态储氢具有性能稳定、简单安全及可充分利用现有石化基础设施等优势。但也存在着反应温度较高、脱氢效率较低、催化剂易毒化等问题。该技术的核心是找到高效的催化剂。千代田公司利用甲基环己烷作为载体，开发的催化剂"有效寿命"超过 1 年，并成功进行了 10 000 h 的示范运行。

（二）10 MW 级可再生能源电力制氢厂投运

位于日本福岛县浪江町的 10 MW 级可再生能源电解水制氢示范厂（FH2R），是目前世界上最大的可再生能源制氢装置。该设施于 2020 年 3 月 7 日开始运行，进行清洁廉价制氢技术的生产试验。该设施在 18 万 m^2 场地内铺设了 20 MW 太阳能发电装置，接入 10 MW 电解水制氢装置，设计生产能力 1 200 m^3/h 氢气。开始运行期间能够年产 200 t 氢气，生产过程中二氧化碳净排放为零。生产的氢气预计主要以压缩罐车和气瓶组的形式供应福岛县和东京都市场。氢产量和储存量将根据对市场需求的判断进行调整。氢产量还将适应电力系统负荷调整的需要进行调节，以满足用电供需平衡的要求，最终不使用蓄电池而通过利用电能—氢能之间的转化实现电网负荷调整达到供需平衡。具体实施中，东芝能源系统负责项目协调及氢能系统，日本东北电力负责电力系统及相关控制系统，岩谷产业负责氢的需求预测系统和氢的储存、供给。

第三节　发达国家能源科技创新战略

美国、欧盟、英国和日本等能源强国和地区虽然能源资源禀赋各异，但均高度重视能源科技创新，建立了长期、持续、明确的能源科技战略及与国情相适应的能源科技创新体系，有力确保了其世界能源强国地位和能源科技创新主导地位。近年来，主要能源大国均制定了能源科技创新战略，并采取行动加快能源科技创新。

世界主要国家和地区对能源技术的认识各有侧重，基于各自能源资源禀赋特点，从能源战略的高度制订各种能源技术规划、采取行动加快能源科技创新，以增强国际竞争力，尤其重视具有潜在颠覆影响的战略性能源技术开发，从而降低能源创新全价值链成本。

一、美国能源科技创新战略

美国特朗普政府将"美国利益优先"作为核心原则，在借助技术革命实现本国能源独立优势的过程中重塑全球能源供应格局，为扩大经济与地缘政治霸权创造"进可攻、退可守"的战略空间。

（一）美国能源部研究与创新法案

美国在完善国家能源科技创新体系进程中突出全链条集成化创新，加快先进技术成果转化为现实生产力。2018年美国国会制定出台《美国能源部研究与创新法案》，从立法高度全面授权美国能源部开展基础研究、应用能源技术开发和市场转化全链条集成创新，并奠定奥巴马政府任期内成功建立的3类能源创新机构的法律地位，使其不因总统的更迭而遭到撤销。同时，推动美国能源部成立部层面的研究与技术投资委员会，以协调全部门战略性研究投入为重点，集成关键要素支持基础科学和应用能源技术开发的交叉研发活动。

美国还持续改革国家实验室管理体制，提高监管运营效率，加强能源技术成果转化能力，最大限度发挥科技创新效能；并组建国家实验室联盟牵头开展重大科研计划，带动产学研围绕国家目标联合攻关，充分发挥国家战略科技力量建制化优势。

美国政府高度重视能源技术研发，投入大量研发资金，维持其在全球能源技术领域的地位。2017年，美国联邦政府投入73亿美元支持研究、开发和示范，较前一年增长9%。大部分研究、开发和示范资金用于清洁能源技术研究，包括核能（尤其是小型核反应堆），碳捕集、利用和封存（carbon capture、utilization and storage，CCUS），能效等。随着可再生能源发电量的增长和电动汽车的发展，以及极端天气和网络攻击的发生频率增加，电网

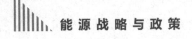

现代化也成为其技术研发的重要内容。

（二）先进反应堆示范计划

2020 年 5 月，美国能源部启动了"先进反应堆示范计划"，拟建造 2 个先进示范反应堆，并在未来 5 ～ 7 年内将之投入使用。美国能源部（Department of Energy，DOE）将提供 1.6 亿美元的启动资金，费用与工业界分摊。美国国会也在 2020 年预算中为启动一个新的先进反应堆示范项目拨款 2.3 亿美元。"先进反应堆示范计划"主要是建造先进反应堆，并执行美国政府 2020 年 4 月发布的继续支持美国先进反应堆技术示范的战略。

（三）资助多个 CCUS 研发项目

美国在碳捕获、利用与封存技术（CCUS）领域处于全球领先地位。截至 2019 年年底，美国拥有 10 个大型 CCUS 项目，每年捕集超过 2 500 万 t 二氧化碳。2020 年 4 月，DOE 明确将提供 1.31 亿美元资助多个 CCUS 研发项目。其中的 4 600 万美元用于支持燃煤或燃气电厂二氧化碳捕集技术的前端工艺设计。被资助的项目主要分为两类：一类是工业碳捕集技术前端工艺设计研究；另一类是工程规模的燃烧后碳捕集技术测试。剩余的 8 500 万美元用于支持碳安全计划项目三阶段。主要目的是加速 CCUS 项目区域化部署。该部分资助主要有两个目的：一是识别和评估经济可行且安全的商业化地质封存场地；二是二氧化碳捕集纯化技术的经济技术评价。

（四）脱碳工业路线图

DOE 于 2022 年 9 月发布的《脱碳工业路线图》确定了减少美国工业部门排放的 4 个关键途径及其研发和示范需求，针对 5 个碳密集型重点行业提出了到 2050 年实现净零排放的关键要点及研发和示范行动计划。同时，DOE 还宣布了一项 1.04 亿美元的融资资助，用于推进工业脱碳技术的发展。通过土地利用生态系统管理、CCUS 等关键技术攻关，到 2050 年美国 5 个重点行业的碳排放可减少 87%。

（五）将氢能和储能作为先进技术进行战略投资

在氢能方面，DOE 的目标是到 2030 年将清洁氢的产能增加到 1 000 万 t/ 年，到 2040 年增加到 2 000 万 t/ 年，到 2050 年增加到 3 000 万 t/ 年。为推动清洁氢能技术开发与部署，DOE 提供了 4 000 万美元资金支持，用于推进实施"氢能攻关"和"H2@Scale"计划，以期实现在 10 年内将清洁氢成本降低到 1 美元 /kg。其研发方向包括开发利用太阳能合成绿色燃料的技术、改进氢排放检测和监测的技术、开发更高密度和更低压力的氢存储技术、降低应用于中重型运输车辆氢燃料电池的成本并提高其耐久性等。

在储能方面，美国支持新一代储能技术的开发、商业化和应用，以维持美国在储能领域的全球领导地位。例如，DOE 致力于开发"太阳能 + 储能"一体化技术，提高应对极端天气事件的抵御能力；DOE 和西北太平洋国家实验室启动国家电网储能研发平台，开发下一代储能材料、器件和原型系统,并计划在电网运行环境下进行独立测试和验证;DOE通过先进能源研究计划署(ARPA-E)开发新型的筒管式架构锂电池,该设计将增加电极材料的厚度,使其存储的能量超过目前研究的同等尺寸下储存的能量,降低每千瓦时能源存储的总成本;资助7 500万美元启动建设国家电网储能研发平台,该平台将在2023年投入试运行,并计划于2025年开始正式运行。

为实现电力系统中100%电力来自可再生能源,美国注重太阳能、风能、地热能等清洁能源技术的研发和应用。例如,美国宣布资助2 600万美元用于太阳能和风能电网可靠性示范;资助4 400万美元用于推动本国地热能研究,促进增强型地热系统开发测试技术创新。

二、欧盟能源科技创新战略

(一)技术研发框架计划

20世纪70年代,欧盟的前身——欧共体委员会推出了《1977—1980年欧洲共同体科技政策指南》,标志着欧洲统一的科技研发合作战略形成。1983年,欧共体为协调成员国科技政策,搭建欧洲企业间合作平台,加强在高技术领域的商业竞争力,推出了第一个"技术研发框架计划"(The First Framework Programme for Research and Technological Development,简称FP1)。欧盟的技术研发框架计划已成为世界上规模最大的官方综合性科研与开发计划之一,先后有第一框架计划FP1(1984—1987年)、第二框架计划FP2(1987—1991年)、第三框架计划FP3(1991—1994年)、第四框架计划FP4(1994—1998年)、第五框架计划FP5(1998—2002年)、第六框架计划FP6(2002—2006年)和第七框架计划FP7(2007—2013年),其中FP7投入经费501.82亿欧元。能源是技术研发框架计划的重要内容,特别是在FP6和FP7中,能源相关技术研发的地位更加突出。

进入21世纪,随着能源、环境问题的凸显,欧盟依托"技术研发框架计划",加强了能源技术研发。在2002—2006年执行的第六框架计划FP6中,能源并未单独作为优先领域,而是放在"可持续发展,全球环境变化和生态系统"中,重点包括可再生能源技术、节能提效、替代燃料、燃料电池、氢储能等,目标是开发和使用新的技术和可持续发展的能源生产和使用策略,尤其是增加可再生能源的利用。能源部分经费为8.1亿欧元,占总预算的4.6%。

在2007—2013年执行的第七框架计划FP7中,能源成了独立的优先领域,重点包括氢能和燃料电池、可再生能源发电、可再生能源供热/制冷、二氧化碳捕获与封存、洁净煤技术、节能提效、电力/天然气网络和能源政策研究等,目标是优化能源结构,提高能源效率,应对能源供应安全和气候变化,提高欧洲工业竞争力。

（二）欧洲战略性能源技术规划

2008 年，欧盟实施的"欧洲战略性能源技术规划"（European Strategic Energy Technology Plan，SET-Plan）是欧盟指导能源技术发展的战略性文件，体现了当时欧盟对能源技术发展的新认识和新判断。SET-Plan 提出欧盟未来能源发展需依赖的 6 个支柱：工业用生物燃料、碳捕捉及运输与存储、欧洲电网、燃料电池和氢能、核电、太阳能和风能技术，另外还提出了以能效为主的智能城市的概念（但没有具体内容和投资估算）。

SET-Plan 是欧盟能源政策最重要的决策支持工具，旨在加快知识发展、技术转化和市场扩大，确保欧盟在低碳技术上的产业领导地位，通过技术发展促进实现欧盟 2020 年能源气候变化目标，推动全球到 2050 年前形成低碳经济。

SET-Plan 的实施机制主要包括：①欧洲工业计划（European Industrial Initiatives，EII），包括风电、太阳能发电、碳捕捉和储存、电网、生物质能和核裂变 6 项计划；②欧洲能源研究联盟（European Energy Research Alliance，EERA），它通过分享实施和联合实施成员国的研究计划，实现欧盟能源研究能力的优化；③燃料电池与氢能联合行动（Fuel Cell and Hydrogen Joint Undertaking，FCHJU），2008 年由欧洲委员会和企业建立，旨在加快燃料电池和氢能技术在欧洲的市场化。

SET-Plan 各类项目经费主要通过 3 种渠道获得：欧盟第七框架计划（FP7）、欧洲能源复兴计划（European Energy Programme for Recovery，EEPR）和 NER300。

SET-Plan 总投入近 40.8 亿欧元，其中碳捕捉和存储技术（carbon capture and storage，CCS）占 29%，风电方面占 23.8%，生物质能方面占 20.3%。

（三）地平线 2020 能源规划

2013 年 12 月，欧盟出台了地平线 2020（Horizon 2020）计划。2014 年 1 月，地平线 2020 计划正式启动，这是欧洲最大的研究创新计划，经费近 800 亿欧元。地平线 2020 能源技术创新计划是其中的重要组成部分，体现了欧盟对能源技术创新发展的最新认识和理念。

地平线 2020 计划分 2014 年、2015 年两期，内容包括 4 方面——能源效率、低碳能源、智能城市和社区及中小型企业参与。能源效率方面的研究和示范活动集中在建筑、工业、采暖和制冷行业、中小企业与电信部门在能源相关产品和服务信息，以及通信技术方面的整合与合作。低碳能源方面的研究包括：光伏能、聚光太阳能、风能、海洋能、水能、地热能、可再生制热和制冷技术、储能技术、生物燃料和其他替代燃料、碳捕获和碳封存技术。智能城市和社区方面主要包括基于能源、交通和 ICT 传感器的智能城市和社区综合解决方案和大规模示范项目、智能城市与通信解决方案的系统标准研发、城市和社区提升的智能解决方案等。中小型企业参与主要包括在低碳能源系统进行中小企业创新潜力模拟。

该项目分为研发类、示范类和协调支撑类，其中：研发类包括实验室或仿真环境下的基础性、实用性技术研发、集成、实验等；示范类包括新的或改进的技术、产品、工艺、服务或解决方案的技术经济性示范或试验项目；协调支撑类包括改善市场环境、加速市场转型，如标准化、能力建设等。两期总预算约 12 亿欧元。2014 年和 2015 年预算分别为58 317 万欧元、61 592 万欧元。

2022 年 2 月，欧盟清洁氢合作伙伴关系"清洁氢能联合行动计划"发布《2021—2027 年氢能战略研究与创新议程》，提出到 2027 年氢能研发重点领域和优先事项。欧盟在"地平线欧洲"框架下投入 10 亿欧元用于资助氢能研发示范，明确了 6 个氢能研发重点领域和优先事项，包括可再生能源制氢、氢能存储和分配、氢能终端应用及氢谷示范项目等。2022 年 9 月，欧盟委员会批准一项国家援助项目，以支持氢价值链中的研究、创新、首次工业部署和相关基础设施建设等。

三、英国能源科技创新战略

（一）绿色工业革命十点计划

英国高度重视其最具优势的低碳技术研发，在海上风电、氢能、先进模块化反应堆、储能与灵活性、生物质能、工业燃料转换、先进 CCUS、直接空气捕集、温室气体去除和颠覆性技术等重点技术领域部署了系列研究行动。

2020 年 11 月 18 日，英国政府发布了《绿色工业革命十点计划》，旨在推动英国在2050 年之前消除导致气候变化的因素。《绿色工业革命十点计划》从海上风电、氢能、核能、零排放汽车、绿色公共交通、零排放喷气式飞机和绿色航运、绿色建筑、CCUS、自然保护、绿色金融与创新等 10 方面部署了英国加速实现温室气体净零排放的整体路径，同时利用温室气体去除技术减少剩余排放，支持英国向清洁能源和绿色技术转型，逐步实现英国净零排放目标。

2022 年 8 月，英国商业、能源和工业战略部宣布投入 5 440 万英镑开发温室气体去除创新技术，资助 15 个项目以开发从大气中去除温室气体的创新技术，重点关注 4 个技术领域：直接空气碳捕集与封存、生物能源结合碳捕集和封存、生物炭、海洋碳去除。

（二）英国能源安全战略

英国政府于 2022 年 4 月推出的新版《英国能源安全战略》，为其核能、海上风电、氢能等清洁能源技术发展提供了重要支撑。根据该能源战略，英国核能发电装机容量到2050 年将从现在的 700 万 kW 增加到 2 400 万 kW，满足英国 1/4 的电力需求。在核能发展方面，英国计划 2023—2030 年间每年批准建设一座、总计 8 座核反应堆，包括大型和小型模块化反应堆；启动其 1.2 亿英镑的"未来核能扶持基金"支持核能的发展。此外，为推动核能开发，英国政府将设立名为"大英核能"的新机构。

根据该能源战略，英国海上风电装机容量到 2030 年将从此前的目标 4 000 万 kW 提高到 5 000 万 kW，其中 500 万 kW 以上来自浮式风电场。为实现上述目标，英国政府计划为海上风电建立"一条符合质量标准的快速审批途径"，将新的海上风电场的审批时间从 4 年缩短至 1 年。

除核能、海上风电外，英国发布的《英国能源安全战略》还包括氢能生产等领域。英国计划到 2030 年将其氢气产量翻一番，氢能发电装机容量达到 1 000 万 kW，其中至少一半来自电解制氢。英国研究与创新署还宣布投入 4 400 万英镑支持 28 个项目，包括 23 个涉及低碳制氢、零碳制氢、氢气储运、净零氢能供应解决方案等领域的可行性研究项目，以及 5 个创新氢能供应技术的示范项目。

（三）低碳制氢供应链技术开发

2020 年，英国商业、能源和产业战略部宣布出资 3 300 万英镑支持低碳制氢供应链技术开发，旨在研发高性能低成本的低碳制氢技术并开展相关示范，以降低制氢成本，加速英国低碳制氢技术的部署和应用。本次资助聚焦五大主题领域，具体内容如下。

（1）海上风电制氢。在深海区域建造一个风电制氢设施原型，该设施原型由大型浮动式风力涡轮机（10 MW）、水处理单元和产氢电解槽组成，能够以海水为原料利用风电进行电解制氢，并通过管道运输到陆地。

（2）低碳产氢示范工厂。通过采用集成 Johnson Matthey 公司低碳制氢技术的碳捕集设施，Progres-siveEnergy、Essar、Johnson Matthey 和 SNC-Lavalin 四家公司联合建造一座低碳制氢示范工厂，每小时产氢量达到 10 万 m^3，以验证技术规模化应用潜力。

（3）基于聚合物电解质膜电解槽的绿色产氢装置。基于 ITM Power 公司吉瓦级别的聚合物电解质膜电解槽，开发一个低成本、零排放的风电制氢示范装置，为炼油厂提供清洁的氢气资源。

（4）开发和评估先进的天然气重整制氢新系统。开发和评估先进的天然气重整制氢新系统，为利用英国北海天然气生产氢气提供一种节能且具有成本效益的新方法，同时新系统能够有效地捕集并封存制备过程产生的二氧化碳气体以防止气候变化。

（5）开发吸附强化蒸汽重整制氢装置。依托天然气技术研究所发明的基于新技术的相关工艺，设计开发中试规模低碳氢气制备的示范装置并进行示范生产，评估新工艺的技术经济性。

四、日本能源科技创新战略

日本长期以来采用政府主导、官产学研相结合的体制，推动重大科技领域的研发创新。日本能源科技创新战略秉承了"技术强国"的整体思路，重点放在产业链上游的高端技术，依靠对产业链的掌控和影响使日本能源技术在世界市场上占据最大份额。面向 2050 年技术前沿，日本出台了《能源环境技术创新战略》，强化政府引导下的研发体制，推进颠覆性能源技术创新。

2008 年 3 月 5 日，日本经济产业省公布了"凉爽地球能源技术创新计划"。该计划制定了 2050 年的日本能源创新技术发展路线图，明确了 21 项重点发展的创新技术，主要包括高效天然气火力发电、高效燃煤发电技术、二氧化碳的捕捉和封存技术、新型太阳能发电、先进的核能发电技术、超导高效输送电技术、先进道路交通系统、燃料电池汽车、插电式混合动力电动车、生物质能替代燃料、革新型材料和生产与加工技术、革新型制铁技术、节能型住宅建筑、新一代高效照明、固定式燃料电池、超高效热力泵、节能式信息设备系统、电子电力技术、氢的生成和储运技术等。

经历福岛核事故之后，日本在能源科技发展重点上有较大调整。2018 年 7 月发布了第五版《能源基本计划》，提出压缩核能发展，举政府之力加快发展可再生能源。此外，日本将氢能作为未来社会二次能源结构基础，2017—2019 年密集发布了《氢能基本战略》《氢能与燃料电池战略路线图》《氢能和燃料电池技术开发战略》，从提出战略目标到部署路线图，再到实施具体项目方案进行系统布局，在日本全面建设氢能社会。

2017 年 12 月，日本政府制定《氢能基本战略》，从战略层面设定氢能的中长期发展目标。2018 年 7 月，日本政府发布第五版《能源基本计划》，定调未来发展方向是压缩核电发展，降低化石能源依赖度，加快发展可再生能源，以氢能作为二次能源结构基础，同时充分融合数字技术，构建多维、多元、柔性能源供需体系，实现 2050 年能源全面脱碳化目标。2019 年 3 月，日本更新《氢能与燃料电池战略路线图》，提出到 2030 年的技术性能、成本目标。同年 9 月，日本政府出台《氢能与燃料电池技术开发战略》，确定燃料电池、氢能供应链、电解水产氢三大技术领域 10 个重点研发项目的优先研发事项。从最初的发展氢能的基本战略，一直到最近的技术开发战略，日本从战略到战术再到具体项目执行层面，稳步推进氢能和燃料电池的技术发展与应用。

日本的燃料电池产业坚持面向家庭，且在技术上持续推进。在国家层面，政府以向新能源产业技术综合开发机构投入专项科研经费为主，设定核心技术应达到的相应指标，并将指标进行分解，对承担课题研究的单位定期进行评估，以实现氢能发展目标。研究机构在氢燃料电池领域建立了持续的研发体系，很多大学持续参与氢能研究已达 50 年，在关键技术包括极板、膜电极、电子材料等方面都有庞大的研发团队。在企业层面，根据氢燃料电池技术状况、氢来源的便利性及成本、市场需求等，不断完善氢燃料电池家庭应用产品，松下、东芝、日立等机电一体化企业在 10 年前已开始了应用端的实证研究，积极占领研发成果制高点。在降低制氢成本方面，2019 年，日本物质材料研究机构与东京大学和广岛大学合作，通过开发 2030 年前后完全可能研制出实用化的、放电较慢但成本低廉的蓄电池，日本有望实现每立方米为 17 ～ 27 日元（约合 1.04 ～ 1.64 元人民币）的制氢成本。

第四节　我国能源科技创新战略

科技决定能源的未来，科技创造未来的能源。能源技术创新在能源革命中起决定性作用，必须摆在能源发展全局的核心位置。我国自改革开放以来，积极引进消化吸收能源强国较为先进的技术成果并进行再创新，充分发挥科技创新在能源发展中的关键支撑作用，在技术创新、装备国产化等方面取得较大进步，能源科技装备水平得以显著提升。

一、我国能源技术的战略需求

《能源技术革命创新行动计划（2016—2030年）》提出了我国能源技术的战略需求。我国能源技术革命应坚持以国家战略需求为导向，一方面为解决资源保障、结构调整、污染排放、利用效率、应急调峰能力等重大问题提供技术手段和解决方案；另一方面为实现经济社会发展、应对气候变化、环境质量等多重国家目标提供技术支撑和持续动力。

（一）围绕"两个一百年"奋斗目标提供能源安全技术支撑

我国正处于实现"两个一百年"奋斗目标和中华民族伟大复兴的"中国梦"的关键阶段，能源需求在很长时期内还将持续增长。这要求通过能源技术创新，加快化石能源勘探开发和高效利用，大力发展新能源和可再生能源，构建常规和非常规、化石和非化石、能源和化工，以及多种能源形式相互转化的多元化能源技术体系。

扩展阅读7.4

（二）围绕环境质量改善目标提供清洁能源技术支撑

我国正在建设"青山常在、绿水长流、空气常新"的美丽中国，这要求通过能源技术创新，大幅减少能源生产过程污染排放，提供更清洁的能源产品，加强能源伴生资源综合利用，构建清洁、循环的能源技术体系。

（三）围绕二氧化碳峰值目标提供低碳能源技术支撑

我国对世界承诺，到2030年单位国内生产总值二氧化碳排放比2005年下降60%～65%、非化石能源占一次能源消费比重达到20%左右、二氧化碳排放2030年左右达到峰值并争取早日实现。这要求通过能源技术创新，加快构建绿色、低碳的能源技术体系。在可再生领域，要重点发展更高效率、更低成本、更灵活的风能、太阳能利用技术，生物质能、地热能、海洋能利用技术，可再生能源制氢、供热等技术。在核能领域，要重点发展三代、四代核电，先进核燃料及循环利用，小型堆等技术，探索研发可控核聚变技术。在二氧化碳封存利用领域，要重点发展驱油驱气、微藻制油等技术。

（四）围绕能源效率提升目标提供智慧能源技术支撑

我国能源利用效率总体处于较低水平，这要求通过能源技术创新，提高用能设备设施的效率，增强储能调峰的灵活性和经济性，推进能源技术与信息技术的深度融合，加强整个能源系统的优化集成，实现各种能源资源的最优配置，构建一体化、智能化的能源技术体系。要重点发展分布式能源、电力储能、工业节能、建筑节能、交通节能、智能电网、能源互联网等技术。

（五）围绕能源技术发展目标提供关键材料和装备支撑

能源技术发展离不开先进材料和装备的支撑。根据重点能源技术需要，重点发展特种金属功能材料、高性能结构材料、特种无机非金属材料、先进复合材料、高温超导材料、石墨烯等关键材料；重点发展非常规油气开采装备、海上能源开发利用平台、大型原油和液化天然气船舶、核岛关键设备、燃气轮机、智能电网用输变电及用户端设备、大功率电力电子器件、大型空分、大型压缩机、特种用途的泵（阀）等关键装备。

二、我国能源技术创新规划

我国能源技术创新规划主要包括《国家能源科技"十二五"规划》《能源技术革命创新行动计划（2016—2030 年）》《能源技术创新"十三五"规划》和《"十四五"能源领域科技创新规划》。

扩展阅读7.5

（一）国家能源科技"十二五"规划

2011 年 12 月 5 日，国家能源局印发了《国家能源科技"十二五"规划》。《国家能源科技"十二五"规划》分析了我国能源科技发展形势，以加快转变能源发展方式为主线，以增强自主创新能力为着力点，规划能源新技术的研发和应用，用无限的科技力量解决有限能源和资源的约束，着力提高能源资源开发、转化和利用的效率，充分运用可再生能源技术，推动能源生产和利用方式的变革。

按照能源生产与供应产业链中技术的相近和相关性，《国家能源科技"十二五"规划》划分了 4 个重点技术领域：勘探与开采技术、加工与转化技术、发电与输配电技术和新能源技术，并将"提效优先"的原则贯穿至各重点技术领域的规划与实施之中。

根据能源发展和结构调整的需要，《国家能源科技"十二五"规划》明确了 2011—2015 年能源科技的发展目标，在上述 4 个重点技术领域中确定了 19 个能源应用技术和工程示范重大专项，制定了实现发展目标的技术路线图，并针对重大专项中需要突破的关键技术，规划了 37 项重大技术研究、24 项重大技术装备、34 项重大示范工程和 36 个技术创新平台。此外，《国家能源科技"十二五"规划》还提出了建立"四位一体"国家能源科技创新体系的构想及具体保障措施。

《国家能源科技"十二五"规划》提出的发展目标：围绕由能源大国向能源强国转变的总体目标，为能源发展"十二五"规划实施和战略性新兴产业发展提供技术支撑。通过重大能源技术研发、装备研制、示范工程实施以及技术创新平台建设，形成较为完善的能源科技创新体系，突破能源发展的技术瓶颈，提高能源生产和利用效率，在能源勘探与开采、加工与转化、发电与输配电及新能源领域所需要的关键技术与装备上实现自主化，部分技术和装备达到国际先进水平，提升国际竞争力。

1. 2015 年能源科技发展目标

勘探与开采技术领域。完善复杂地质油气资源、煤炭及煤层气资源综合勘探技术，岩性地层油气藏目的层识别厚度小于 10 m，碳酸盐岩储层地震预测精度小于 25 m，煤层气产量达到 210 亿 m³。提升低品位油气资源高效开发技术，高含水油田二类油藏聚驱采收率超过 8%，0.3 mD①油气田动用率超过 90%，形成页岩气等非常规天然气勘探开发核心技术体系及配套装备，开发煤炭生产地质保障技术，井下超前探测距离达到 200 m，完善煤炭开采与安全保障技术，矿井资源回采率大幅提高。

加工与转化技术领域。突破超重和超劣质原油加工关键技术，完成国 V 标准油品生产技术的开发，实现炼油轻质油回收率达到 80%。自主开发煤炭液化、气化、煤基多联产集成技术，以及特殊气质天然气、煤制气和生物质制气的净化技术。研制用于油气储运的 X100 和 X120 高强度管线钢，实现燃压机组、大型球阀、大型天然气液化处理装置国产化。

发电与输配电技术领域。突破 700 ℃超超临界机组、400 MW IGCC 机组关键技术，完善燃气轮机研制体系，突破热端部件设计制造技术，实现重型燃气轮机和微小型燃气轮机的国产化，掌握火电机组大容量 CO_2 捕集技术。攻克复杂地质条件下超高坝、超大型地下洞室群开挖与支护等关键技术难题，掌握 1 000 MW 级混流式水电机组设计和制造关键技术，实现 400 MW 级抽水蓄能机组和 70 MW 级灯泡贯流式水电机组的国产化，实现流域梯级水电站群多目标综合最优运行调度。实现大容量、远距离高电压输电关键技术和装备的完全自主化，提高电网输电能力和抵御自然灾害能力，在智能电网、间歇式电源的接入和大规模储能等方面取得技术突破。

新能源技术领域。消化吸收三代核电站技术，形成自主知识产权的堆型及相关设计、制造关键技术，并在高温气冷堆核电站商业运行、大型先进压水堆核电站示范、快堆核电站技术、高性能燃料元件和 MOX 燃料元件，以及商用后处理关键技术等方面取得突破。掌握 6 ～ 10 MW 风电机组整机及关键部件的设计制造技术，实现海基和陆基风电机组的产业化应用。提高太阳能电池效率，并实现低成本、大规模的产业化应用，发展 100 MW 级具有自主知识产权的多种太阳能电池集成与并网运行技术。开发储能和多能互补系统的关键技术，实现可再生能源的稳定运行。开发以木质纤维素为原料生产乙醇、丁醇等液体燃料及适应多种非粮原料的先进生物燃料产业化关键技术，实施二代燃料乙醇技术工程示范，开发农业废弃物生物燃气高效制备及其综合利用关键技术，进行日产 5 000 ～ 10 000 m³ 生物燃气规模化示范应用。

2.2020 年能源科技发展目标

勘探与开采技术领域。煤炭资源勘探与地质保障能力显著增强，煤机装备和自动化水平大幅度提高；陆上成熟盆地油气勘探技术、高含水油田及低渗低丰度油气田开发技术达到国际领先水平，海洋深水勘探开发配套技术实现工业化应用。

加工与转化技术领域。开发加工重质、劣质原油和减少温室气体排放的炼油技术，实现炼油产品清洁化和功能化；开发新型气体加工分离技术和高效天然气吸附、贮氢等新型材料；开发煤炭气化、液化、煤基多联产与煤炭清洁高效转化技术，实现规模化、产业化

---

① 毫达西（mD）是油气渗透率的基本单位。

应用；实现天然气管输干线与支线燃压机组的产业化。

发电与输配电技术领域。掌握 700 ℃超超临界发电机组的设计和制造技术，实现 F 级重型燃气轮机的商业化制造和分布式供能微小型燃气轮机的产业化。完成 1 000 MW 级混流式水电机组技术集成并在工程中应用；掌握大型潮汐电站双向贯流式灯泡机组关键核心技术。使我国发电技术整体达到世界领先水平。开展超导输电技术的应用研究，掌握更高一级特高压直流输电技术和电工新材料先进技术及相应的装备技术；智能电网、间歇式电源的接入和大规模储能等技术得到广泛应用，在智能能源网方面取得技术突破。

新能源技术领域。建成具有自主知识产权的大型先进压水堆示范电站。风电机组整机及关键部件的设计制造技术达到国际先进水平；发展以光伏发电为代表的分布式、间歇式能源系统，光伏发电成本降低到与常规电力相当，发展百万千瓦光伏发电集成装备及技术；开展多塔超临界太阳能热发电技术的研究，实现 300MW 超临界太阳能热发电机组的商业应用；实现先进生物燃料技术产业化及高值化综合利用。

（二）能源技术革命创新行动计划（2016—2030 年）

2016 年 4 月 17 日，国家发展改革委、国家能源局联合下发《能源技术革命创新行动计划（2016—2030 年）》（发改能源〔2016〕513 号），明确了我国能源技术革命的总体目标。提出到 2020 年，能源自主创新能力大幅提升，一批关键技术取得重大突破，能源技术装备、关键部件及材料对外依存度显著降低；到 2030 年，建成与国情相适应的完善的能源技术创新体系，能源自主创新能力全面提升，能源技术水平整体达到国际先进水平，支撑我国能源产业与生态环境协调可持续发展，进入世界能源技术强国行列。

《能源技术革命创新行动计划（2016—2030 年）》明确了 15 项重点任务：煤炭无害化开采技术创新，非常规油气和深层、深海油气开发技术创新，煤炭清洁高效利用技术创新，二氧化碳捕集、利用与封存技术创新，先进核能技术创新，乏燃料后处理与高放废物安全处理处置技术创新，高效太阳能利用技术创新，大型风电技术创新，氢能与燃料电池技术创新，生物质、海洋、地热能利用技术创新，高效燃气轮机技术创新，先进储能技术创新，现代电网关键技术创新，能源互联网技术创新和节能与能效提升技术创新。

《能源技术革命创新行动计划（2016—2030 年）》发布了《能源技术革命重点创新行动路线图》，对 15 项重点任务的战略方向、创新目标和创新行动等做了具体的规划，为我国能源技术革命勾勒了一幅行动路线图。

（三）能源技术创新"十三五"规划

2016 年 12 月 30 日，国家能源局印发了《能源技术创新"十三五"规划》。《能源技术创新"十三五"规划》按照《国民经济和社会发展第十三个五年规划纲要》《能源发展"十三五"规划》要求，旨在发挥科技创新的引领作用，增强能源自主保障能力，提升能源利用效率，优化能源结构，推进能源技术革命。《能源技术创新"十三五"规划》分析了能源科技发展趋势，以深入推进能源技术革命为宗旨，明确了 2016—2020 年能源新技术研究及应用的发展目标。按照当前世界能源前沿技术的发展方向及我国能源发展需求，聚焦于清洁高效化石能源、新能源电力系统、安全先进核能、战略性能源技术及能源基础材料5个重点研究任务，推动能源生产利用方式变革，为建设清洁低碳、安全高效的现代能源体系提供技术支撑。

《能源技术创新"十三五"规划》是《能源技术革命创新行动计划（2016—2030年）》在"十三五"期间的阶段性目标，是未来五年推进能源技术革命的重要指南，按照应用推广一批、示范试验一批、集中攻关一批的要求，针对能源技术创新中亟须突破的前沿技术规划了重点任务。

《能源技术创新"十三五"规划》提出的发展目标是：围绕由能源大国向能源强国转变的总体目标，瞄准国际能源技术发展的趋势，立足我国能源技术发展现状及科技创新能力的实际情况，从2016—2020年集中力量突破重大关键技术、关键材料和关键装备，实现能源自主创新能力大幅提升、能源产业国际竞争力明显提升，能源技术创新体系初步形成。

在清洁高效化石能源技术领域，促进煤炭绿色高效开发，实现致密气、煤层气和稠重油资源的高效开发，推动页岩油气、致密油和海洋深水油气资源的有效开发。掌握低阶煤转化提质、煤制油、煤制气、油品升级等关键技术。进一步提高燃煤发电效率，提高燃煤机组弹性运行和灵活调节能力，攻克多污染物一体化脱除技术，整体能效水平达到国际先进水平。

在新能源电力系统技术领域，重点攻克高比例可再生能源分布式并网和大规模外送技术、大规模供需互动、多能源互补综合利用、分布式供能、智能配电网与微电网等技术，在机械储能、电化学储能、储热等储能技术上实现突破，提升电网关键装备和系统的技术水平；掌握以太阳能、风能、水能等可再生能源为主的能源系统关键技术，开展海洋能、地热能利用试验示范工程建设，实现可再生能源大规模、低成本、高效率开发利用。

在安全先进核能技术领域，建成自主产权的先进三代压水堆示范工程，掌握大型先进压水堆、高温气冷堆、快堆、模块化小型堆关键技术，钍基熔盐堆研究取得突破，深入研发先进核燃料技术、乏燃料及放射性废物先进后处理技术，建立适合我国大型压水堆核电厂延寿论证的技术体系。

在战略性能源技术领域，掌握微型、小型燃气轮机设计、试验和制造技术，实现中型和重型燃气轮机的设计、试验和制造自主化；突破高能量密度特种清洁油品关键技术，建设煤制油、生物航空燃油等示范工程；超导输电、储能装置达到国际先进水平；实现氢能、燃料电池成套技术产业化；可控核聚变、天然气水合物（可燃冰）利用技术得到进一步发展，总体达到国际先进水平。

在能源基础材料技术领域，研制出高温金属材料及核级材料，进一步提高光伏组件用高分子材料、储能用电极材料等技术参数，大幅降低成本，实现新型节能材料走向市场应用；掌握多种高效低成本催化材料生产技术。

在能源生产、输送、消费等各环节开展先进节能技术的研究，通过技术升级和系统集成优化实现能源利用效率明显提升、单位能耗明显下降。

（四）"十四五"能源领域科技创新规划

"十四五"是加快推进能源技术革命的关键时期。2021年11月29日，国家能源局、科学技术部联合印发《"十四五"能源领域科技创新规划》。《"十四五"能源领域科技创新规划》是"十四五"我国推进能源技术革命的纲领性文件，与国家中长期科技规划及"十四五"现代能源体系规划、科技创新规划、各专项规划有机衔接、相互配合，紧密围绕国家能源发展重大需求和能源技术革命重大趋势，规划部署重大科技创新任务。

《"十四五"能源领域科技创新规划》提出了2025年前能源科技创新的总体目标，围绕先进可再生能源、新型电力系统、安全高效核能、绿色高效化石能源开发利用、能源数字化智能化等方面，确定了相关集中攻关、示范试验和应用推广任务，制定了技术路线图，结合"十四五"能源发展和项目布局，部署了相关示范工程，有效承接示范应用任务，并明确了支持技术创新、示范试验和应用推广的政策措施。

《"十四五"能源领域科技创新规划》提出的发展目标：能源领域现存的主要短板技术装备基本实现突破。前瞻性、颠覆性能源技术快速兴起，新业态、新模式持续涌现，形成一批能源长板技术新优势。能源科技创新体系进一步健全。能源科技创新有力支撑引领能源产业高质量发展。

（1）引领新能源占比逐渐提高的新型电力系统建设。先进可再生能源发电及综合利用、适应大规模高比例可再生能源友好并网的新一代电网、新型大容量储能、氢能及燃料电池等关键技术装备全面突破，推动电力系统优化配置资源能力进一步提升，提高可再生能源供给保障能力。

（2）支持在确保安全的前提下积极有序发展核电。三代大型压水堆装备自主化水平进一步提升，建立标准化型号和型号谱系。小型模块化反应堆、（超）高温气冷堆、熔盐堆、海洋核动力平台等先进核能系统研发和示范有序推进。乏燃料后处理、核电站延寿等技术研究取得阶段性突破。

（3）推动化石能源清洁低碳高效开发利用。"两深一非"、老油田提高采收率等油气开发技术取得重大突破，有力支撑油气稳产增产和产供储销体系建设。煤炭绿色智能开采、清洁高效转化和先进燃煤发电技术保持国际领先地位，支撑做好煤炭"大文章"。重型燃气轮机研发与示范取得突破，各类中小型燃气轮机装备实现系列化。

（4）促进能源产业数字化智能化升级。先进信息技术与能源产业深度融合，电力、煤炭、油气等领域数字化、智能化升级示范有序推进。能源互联网、智慧能源、综合能源服务等新模式、新业态持续涌现。

（5）适应高质量发展要求的能源科技创新体系进一步健全。政—产—学—研—用协同创新体系进一步健全，创新基础设施和创新环境持续完善。围绕国家能源重大需求和重点方向，优化整合并新建一批国家重点实验室和国家能源研发创新平台，有效支撑引领新兴能源技术创新和产业发展。

（五）科技支撑碳达峰碳中和实施方案

2022 年 8 月 18 日，科技部、国家发展改革委、工业和信息化部等 9 部门印发《科技支撑碳达峰碳中和实施方案（2022—2030 年）》，统筹提出支撑 2030 年前实现"碳达峰"目标的科技创新行动和保障举措，并为 2060 年前实现"碳中和"目标做好技术研发储备。

通过实施方案，到 2025 年实现重点行业和领域低碳关键核心技术的重大突破，支撑单位国内生产总值（GDP）二氧化碳排放比 2020 年下降 18%，单位 GDP 能源消耗比 2020 年下降 13.5%；到 2030 年，进一步研究突破一批碳中和前沿和颠覆性技术，形成一批具有显著影响力的低碳技术解决方案和综合示范工程，建立更加完善的绿色低碳科技创新体系，有力支撑单位 GDP 二氧化碳排放比 2005 年下降 65% 以上，单位 GDP 能源消耗持续大幅下降。

关键词

能源科技创新；地下原位改质技术；页岩油气革命

思考题

1. 如何理解能源技术的重要性？

2. 试述能源科技创新的意义。

3. 你如何评价我国能源科技水平？

4.《"十四五"能源领域科技创新规划》出台的背景是什么？

5. 我国为何要完善能源科技创新体系？重点内容有哪些？

6. 试述欧盟能源科技创新战略对我国能源科技创新的启示。

【在线测试题】扫描二维码，在线答题。

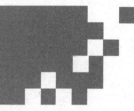

第四篇　能源战略实施

能源战略方案确定后，必须通过具体化的实际活动，才能实现能源战略目标。能源战略实施就是把能源战略制定阶段所确定的意图性战略转化为具体的组织行动，以实现预定的能源战略目标。制定合理的能源政策是实施能源战略的重要环节。

第八章 发达国家的能源政策

学习目标
1. 了解美国、欧盟、德国和日本的能源政策;
2. 理解美国、欧盟、德国和日本的节能政策;
3. 理解美国、欧盟、德国和日本的可再生能源政策。

本章提要

以美国、欧盟、日本为代表的发达国家和地区根据自身的资源禀赋制定了不同的能源战略。为了实施各自的能源战略,这些发达国家和地区制定了一系列能源政策,并将部分能源政策通过立法的方式加以推动。发达国家在能源多元化和清洁高效利用方面积累的经验,值得包括我国在内的广大发展中国家借鉴和参考。本章首先介绍美国、欧盟和日本的能源政策,然后分析美国、欧盟、德国和日本的节能政策,最后分析美国、欧盟、德国和日本的可再生能源政策。

第一节 发达国家能源政策概述

美国、欧盟和日本等发达国家和地区的能源政策各有侧重。美国是世界上最大的能源消耗国之一,美国能源政策强调能源独立,注重能源技术创新,提高能源使用效率。欧盟的化石能源严重依赖进口,为了实现绿色转型的目标,欧盟能源政策注重环境保护,大力发展可再生能源。日本资源匮乏且面临巨大减排压力,日本能源政策注重节约能源,保障能源供应安全,大力发展绿色清洁能源。

一、美国的能源政策

美国是世界上最大的发达国家,同时也是世界上重要的能源生产国和能源消费大国,其能源政策一直备受关注。长期以来,追求能源独立是美国能源政策的主线,美国历届政府通过采取支持国内油气开采、鼓励技术创新和页岩革命、发展清洁能源及开展能源外交等政策措施,保障能源安全稳定供应。

(一)卡特政府时期的能源政策

20世纪70年代,由于受到两次石油危机和石油对外依存度不断升高的双重影响,美国政府将能源安全、能源节约和石油替代列入了议事日程。该阶段美国国内能源政策重点主要是借助市场力量取消价格管制，实行新能源补贴，强化能效标准，提高战略石油储备。

1978年10月，卡特总统签署了《国家能源法》，这是美国最早的一部综合性的能源政策法律，该法是由《国家节能政策法》《电厂和工业燃料使用法》《公共事业公司管理政策法》《能源税收法》和《天然气政策法》5部法律构成。该法不仅授权提供资金支持家庭节能计划，对低收入家庭提供额外补助，实施太阳能和节能贷款计划，资助医院和学校实施节能改造，而且还责令能源部对家用电器设定能效标准，并在美国50个州建立能源办公室，向政府机构和私营部门分发能源补贴。

1980年6月30日，卡特总统签署了《能源安全法》。该法包括《防务生产法修正案》《美国合成燃料公司法》《生物质能和酒精燃料法》《可再生能源资源法》《太阳能和节能法》及《地热能法》。《能源安全法》提出了一种新的能源政策思路，即通过有效利用各种再生和不可再生能源来减少美国对进口石油的依赖，主要措施是推动可再生能源研发试验并为其提供资金支持，同时对可再生能源的实际开发和利用提供财政刺激。

（二）小布什政府时期的能源政策

在小布什政府时期，美国国内资源的开采、能源节约、能源使用效率的提高以及替代能源的发展等方面均取得了突破性的进展。2005年，小布什政府出台了《能源政策法》（Energy Policy Act，EPA），该法案旨在鼓励提高能源效率和能源节约，促进发展替代能源和可再生能源，减少对国外能源的依赖，加强和提升电网水平，鼓励扩大核电站建设等。该法案长达1 720多页，共有18章420多条。其主要内容包括：提供消费税优惠，促进提高家庭用能效率；设定新的最低能效标准，提高商用和家用电器效率；通过税收优惠，废止过时的不利于基础设施投资的规定，加强和提升国内电网等能源基础设施；通过减税等措施促进可再生能源的开发利用；支持高能效汽车生产，减少对国外能源的依赖等。

《能源政策法》的出台，标志着美国21世纪初期的能源政策发生重大改变，降低能源供应的国外依存度、增加国内能源供给多元化、节约能源及大量使用清洁能源的核心思想被确立为美国能源政策的主轴。

2000年后，世界原油价格的飙升带动了成品油和生物燃料价格的上涨，在此背景下，2007年，小布什总统签署实施《能源独立与安全法》（Energy Independence and Security Act，EISA），其主要内容包括：一是通过设定可再生燃料强制标准，提高替代燃料来源供应量，要求燃料生产商在2012年至少使用360亿加仑（gal，1 gal=3.79 L）的生物燃料；二是提高燃油经济性标准，到2020年在全国范围内达到每加仑35英里（mile，1 mile=1.6 km），此举将使燃油经济性标准提高40%，并降低美国的石油需求。这一法案标志着美国在降低美国石油依赖性、提高可再生能源生产、提升美国的能源安全和国家安全，及应对全球气候变化方面迈出了重要一步。《能源独立和安全法》拉开了美国能源改革的序幕，该法案更加注重节能和可再生能源推广，对美国国内的节能技术研发和生产投入起到了重要推动作用。

（三）奥巴马政府的能源新政

在奥巴马执政时期（2009—2017年），美国能源政策的基调是强调提高能效，降低对外石油依存度，限制化石能源的使用，鼓励新能源开发，提高燃料经济性标准，以及减少碳排放，保障能源安全，促进能源独立。尽管很多能源政策未得到有效执行，但奥巴马时期美国能源生产形势发生了显著变化。

2009年6月26日，美国众议院通过了《美国清洁能源与安全法》（American Clean Energy and Security Act，ACESA），该法案提出了以发展新能源为核心，进一步推动节能和提高能效的能源战略框架。奥巴马政府希望减少石油消费，增加可再生能源，减少二氧化碳排放，这可被视为能源更新换代过程中最具雄心壮志的能源政策。奥巴马政府前所未有地重视新能源产业发展，并被列入国家发展战略高度审视。奥巴马政府认为，短期内，新能源政策可以创造新的经济增长点；从长远来看，可以帮助美国降低甚至是摆脱对国外石油的依赖，并在清洁能源领域占领技术制高点，继续使美国在世界经济中占据主导地位。

总之，奥巴马政府的能源新政是一个以能源结构变革为先导的经济全面复兴计划，对世界经济、政治和社会各个层面都有广泛影响。奥巴马政府视新能源政策为美国继续引领世界的一项重要国家政策。

（四）拜登政府的能源政策

能源政策是拜登政府的政治优先事项。拜登总统在能源政策方面延续了民主党一贯的立场和主张，支持清洁能源革命，通过多边合作重新加入《巴黎气候协定》，以挽回特朗普任期内对美国国际声誉造成的破坏。拜登总统将气候变化提升到国家安全战略层面，重新构建美国能源政策的蓝图，提出"绿色新政是一项至关重要的应对气候挑战的框架"，要以"建立现代、可持续的基础设施和公平的未来清洁能源"作为能源政策的核心。拜登政府试图通过一系列举措推动美国能源格局的清洁化、低碳化和高效化。对内，限制化石能源开采，加速推动清洁能源发展，促进国内基础设施建设清洁化、低碳化。对外，构建稳固的绿色盟友网络，积极参与并领导国际气候事务，促进国际能源可持续性转型。

二、欧盟的能源政策

1993年11月1日，《马斯特里赫特条约》（又称《欧洲联盟条约》）在获得欧共体（European Community，EC）所有12个成员国批准后生效，欧共体正式更名为欧盟（European Union，EU）。欧盟的能源政策制定和执行有别于单一国家。欧盟能源政策制定分为部长理事会决策模式、共同决策程序模式和欧盟委员会决策模式三种形式，具有多层次决策和权力制衡、成员国略占权力优势的特点。在欧盟能源政策的执行上，欧盟委员会代表欧盟执行统一的对外能源政策，并监督欧盟内部能源政策的执行。

扩展阅读8.1

（一）20 世纪 90 年代的能源政策

1995 年 12 月，欧盟委员会公布了《欧盟能源政策白皮书》，标志着欧盟共同能源政策的形成。《欧盟能源政策白皮书》第一次明确提出了欧盟能源政策的三大基本目标：确保能源供给安全、提高市场竞争力以及环境保护。

《欧盟能源政策白皮书》发布之初，欧盟的能源形势良好，欧盟能源政策的重心在于发展内部能源市场、增强欧盟竞争力。随着 1998—1999 年 OPEC 连续三次减产，世界能源供给状况恶化，能源价格开始大幅上涨，这使得欧盟面临能源供给安全威胁，于是欧盟便开始将能源政策重心转移至能源供给安全目标上。

20 世纪 90 年代至 2000 年间，随着欧洲一体化程度的加深，欧盟出台了一系列共同的能源政策，以及煤炭、电力、石油、核能、天然气等各能源领域内的具体法律法规。涉及可再生能源、能源领域内的各项行动计划、能源价格、配额许可等能源领域的各个方面，条例之多、范围之全是欧盟能源政策形成完善的最好例证。

（二）欧盟的新能源政策

21 世纪初，随着世界能源供给状况的恶化，能源价格大幅上涨，欧盟面临能源供给安全威胁，此时欧盟能源政策的中心转移至能源供给安全目标上。随后几年，随着世界环境不断恶化，可持续发展目标成为欧盟能源政策的重点。

为了应对来自能源安全、竞争力低下和全球气候变化带来的挑战，2006 年 3 月 14 日，欧洲理事会通过了欧盟的新能源政策，并提交给欧盟首脑会议审议。2006 年 3 月 24 日，欧盟 25 个成员国领导人一致通过了《欧盟能源政策绿皮书》。《欧盟能源政策绿皮书》的通过，标志着欧盟的新能源政策正式形成。该文件再次强调了能源政策的 3 个核心支点，并确定了能源政策行动的 6 个优先领域。

新能源政策有 3 个核心支点：能源供应安全、增强能源产业竞争力和环境保护。在欧盟看来，能源供应安全不仅是简单的能源供应保障，其本身就包含了环境的可持续性。增强能源产业竞争力是欧盟能源政策的另一个支柱，欧盟也不只是强调企业在获取能源上的竞争力，而是强调成员国在能源产业多方面的国际合作能力。注重环境保护和可持续性则更能体现欧盟能源政策的特点，尤其是在欧盟批准了《京都议定书》后，环境便成为欧盟能源的核心问题之一。

新能源政策行动共有 6 个优先领域：第一个优先领域是完成欧盟电力和天然气内部市场的建设；第二个优先领域是团结各成员国以建立内部能源市场，从而确保能源供给安全；第三个优先领域涉及欧盟能源多样化构成；第四个优先领域指欧盟应采取切实措施应对全球气候变暖；第五个优先领域指欧盟应鼓励能源技术创新，制订一个战略能源技术开发计划；第六个优先领域指欧盟应建立一致的对外能源战略。

（三）欧盟共同能源政策

2009 年，欧盟通过了《欧盟第三次能源改革方案》，作为推动欧盟天然气和电力市场改革的纲领性法律文件。《欧盟第三次能源改革方案》的主要目标在于通过新能源法律和政策来促进欧盟能源市场的安全性、竞争性和可持续发展。

2010 年，欧委会发布了《能源 2020：寻求具有竞争性、可持续性和安全性能源》文件，为欧盟未来 10 年的能源政策提供战略框架。该文件设定了未来 10 年欧盟国家能源政策的 5 大优先目标：一是在未来 5 年内完成泛欧能源供应网络的基础设施建设，未来 10 年欧盟国家将投入 1 万亿欧元；二是注重交通及建筑的节能；三是统一欧盟成员国在全球能源市场上的立场，并加大欧盟与非洲国家的能源合作；四是确保欧盟在能源技术与创新中的全球领先地位；五是在内部市场实施更透明的能源消费政策。

2011 年 12 月，欧委会发布了《能源路线图 2050》，制定实现欧盟能源目标的具体路径。《能源路线图 2050》旨在通过提高能源效率、新建能源基础设施、发展可再生能源、增加储能容量及促进科研技术创新等措施，到 2050 年实现欧盟经济去碳化目标。

20 世纪 90 年代以来，欧盟能源政策中的一体化因素日益加强，超国家主义的成分随着统一能源税的征收、能源环境标准的实施，以及统一大市场的稳步发展正逐渐加强欧盟能源政策的共同色彩。近年来，欧盟通过实施电力和天然气领域的自由化改革、加强共同对外能源政策的协调，以及严格执行与能源政策相关的环境政策等措施，能源政策正逐步走向一体化。欧盟能源政策的制定和实行从总体上取得了较大的成效，基本上满足了成员国获得持续稳定、廉价环保的能源供应，保证了经济的可持续发展。欧盟共同能源政策的实践，是对整个欧洲一体化进程出现的阻碍与分离倾向的内部制衡，对内逐渐整合各个国家的利益，使欧盟这个超国家机构真正实现其设立时的本旨；对外则统一各成员国的口径，积极为欧洲利益实践共同的外交政策，在国际上践行欧盟本身的影响力。

目前，欧盟能源政策主要包括 6 个关键领域：推动欧洲能源联盟建立；实施欧洲能源安全战略；建设欧洲内部能源市场；促进欧盟能源生产（包括可再生能源）；提升能源效率；确保能源安全。

三、日本的能源政策

能源问题是制约日本经济发展的瓶颈。第二次世界大战以后，特别是第二次石油危机之后，日本政府通过制定、调整和实施能源政策，在日本这样一个能源资源缺乏、能源对外依存度极高的国家，建立了确保能源稳定供应的能源体系，并在节能技术及应用、新能源开发技术、能源国际合作等方面取得了举世瞩目的成就。

（一）20 世纪五六十年代的能源政策

从第二次世界大战后到 20 世纪 50 年代末的这段时间里，日本能源政策一直是以煤炭产业为重点。随着国际能源形势的变化，日本能源需求的激增、自由化浪潮的加速发展，以及日本煤炭产业暴露出的自身不足等原因，日本逐渐改变了原来煤主油从的能源政策，转向以石油为中心的综合能源政策。

1960年12月27日，日本政府制定了《国民收入倍增计划》，确立了以石油为主的综合能源政策的基本方向。1962年5月11日，日本颁布了《石油业法》，该法的颁布标志着日本能源政策的基本发展方向是以石油为主。随后，为进一步稳定石油等关键能源的供应，日本政府先后出台了《石油公团法》《石油供求优化法》等系列政策。

日本通过制定和实施以石油为主的综合能源政策，逐步形成了能源供应和消费多元化的局面，突破了能源短缺对经济增长的约束，成功地满足了日本经济高速发展的能源需求。

（二）20世纪70年代的能源政策

20世纪70年代的两次石油危机给日本经济带来了很大冲击，为应对冲击，日本政府开始重视能源的安全供给，着重改变能源供给结构。具体的政策措施有以下3种。

第一，坚持能源开发与节约并重，谋求能源结构多样化。日本把节能工作列为国策，并提出了新能源技术开发计划，大力发展新能源产业，将能源结构调整为以石油、煤炭、核能和天然气为主，以太阳能、地热、风能、生物质能等新能源为辅的多元的能源结构。

第二，保障石油稳定供应，重视能源进口的多元化。日本政府一直把能源供应来源的多元化作为日本能源安全政策的核心之一。保障石油供给的安全是日本能源政策的重点。长期以来，日本严重依赖中东地区的能源进口。为了降低石油进口过度集中的风险，日本积极寻求新的能源进口源，在北美、亚太地区、俄罗斯和非洲等地积极参与石油和天然气的开发。

第三，建立和完善石油战略储备设施。从1972年4月开始，日本政府规定，从事石油进口和石油提炼业务的企业必须储备相当于自身需要60天的石油。1975年，日本政府开始实施《石油储备法》，制定了"90天储备增强计划"，即政府必须储备可供90天消费需求的石油，民间必须储备可供70天消费需求的石油。与其他国家石油储备不同的是，日本石油储备带有强制性。

（三）20世纪90年代的能源政策

1997年12月，在日本京都召开的《联合国气候变化框架公约》缔约方第三次会议通过了旨在限制发达国家温室气体排放量以抑制全球变暖的《京都议定书》。《京都议定书》规定，在2008—2012年，发达国家的二氧化碳等6种温室气体的排放量将在1990年的基础上平均减少5.2%。由此低碳减排成为日本能源政策的新内容。

专栏8-1　　　　　　　　　　　《京都议定书》

《京都议定书》（Kyoto Protocol），全称《联合国气候变化框架公约的京都议定书》是1997年12月在日本京都由《联合国气候变化框架公约》第三次缔约方大会通过的，旨在限制发达国家温室气体排放量以抑制全球变暖的国际性公约。减排的温室气体包括二氧化碳（CO_2）、甲烷（CH_4）、氧化亚氮（N_2O）、氢氟碳化物（HFCs）、全氟碳化（PFCs）、六氟化硫（SF_6）。2005年2月16日，《京都议定书》正式生效。

《京都议定书》规定，到 2010 年，所有发达国家二氧化碳等 6 种温室气体的排放量，要比 1990 年减少 5.2%。具体地说，各发达国家从 2008—2012 年必须完成的削减目标是：与 1990 年相比，欧盟削减 8%、美国削减 7%、日本削减 6%、加拿大削减 6%、东欧各国削减 5% ～ 8%。新西兰、俄罗斯和乌克兰可将排放量稳定在 1990 年水平上。议定书同时允许爱尔兰、澳大利亚和挪威的排放量比 1990 年分别增加 10%、8% 和 1%。

（四）福岛核事故后的能源政策

2011 年 3 月，日本福岛核电站发生核泄漏事故。2012 年 5 月，日本宣布关闭了运行中的最后一座核电站反应堆，核电供应为零，结果导致电力供应明显下降。为了缓解能源困局，日本只能大量进口化石燃料，结果造成温室气体排放量增加，减排压力增大。

为了尽快使可再生能源成为核能的替代能源，日本于 2012 年 7 月正式实施可再生能源固定上网电价机制。同时，日本政府制定了严格的节电措施，这些节电措施甚至影响了经济社会正常运行。

2011 年福岛核事故后，日本政府开始了新一轮能源政策的调整，政策重点又重新转移到确保能源稳定供应上。2014 年，日本政府将基本能源政策定位为"3E+S"，即在确保安全（safety）的前提下，着力提高能源安全（energy security）、经济效率（economic efficiency）和环境效益（environment benefits）。

能源政策调整后，日本的能源结构发生了变化，天然气、石油和可再生能源在总能源消耗中的份额有所增加，取代了部分核能份额。根据美国能源信息署的信息，石油仍然是日本最大的一次能源来源，尽管其在总能源消费中的份额有所下降。2011 年福岛核事故前，日本是仅次于美国和法国的世界第三大核能消费国，2010 年核能约占该国总能源的13%。到 2019 年，该国的核能份额为 3%。随着更多核反应堆的重启，这一份额预计将逐渐增加。

专栏 8-2　　　　　　　日本福岛核电站核泄漏事故

2011 年 3 月 11 日 14 时 46 分，日本宫城县北部发生的强地震引发了大海啸，导致属于日本东京电力公司的福岛第一核电站丧失冷却功能。东京电力公司在第一时间刻意隐瞒了真实情况，对外宣称"核电站没有出现较大故障"。3 月 12 日，核电站 1 号反应堆因温度过高发生两次爆炸，该公司终于意识到了事情的严重性，开始大量抽取海水用来冷却核反应堆。

经由冷却后的海水变成了放射性污水，东京电力公司以没有足够条件储存为理由，将约 1 万 t 的高浓度放射性污水直接排入大海。之后，核电站其他机组陆续发生氢气爆炸、起火燃烧，这一系列事故导致安全壳破裂，核电站最后一道屏障失效。大量高浓度放射性物质迅速扩散到环境当中，直接对周围空气、水、土地产生辐射危害，核电站方圆 20 km 区域内的居民被迫撤离。

第二节 发达国家的节能政策

自 20 世纪 70 年代第一次能源危机后，欧美发达国家制定了各种政策措施来提高能源效率，降低能源消耗。欧美发达国家的节能政策是根据本国不同经济发展阶段而制定的，节能政策演变趋势是由命令控制型政策向基于市场型的政策转变。借鉴发达国家在实施节能战略中的先进经验与做法，对我国实施节能优先战略，确保能源安全和能源保障具有十分重要的现实意义。

一、美国的节能政策

作为全球的能源生产与消费大国，美国始终将节能工作置于其首要战略地位，并制定了一系列节能管理政策措施，以提高能源的利用效率。

（一）节能法律法规

1973 年石油危机以后，美国开始注重用法律的手段来加强节能管理。美国主要的节能法律法规如表 8-1 所示。

表 8-1　美国主要的节能法律法规

时　间	政策名称	主要内容
1975 年	《能源政策与节约法案》	该法案通过价格手段激励国内石油产量的增长、建立石油战略储备和提高汽车燃油效率
1978 年	《国家节能政策法》	确定了节能在能源政策中的重要地位
1987 年	《国家家用电器节能法》	规定了各项家用电器的最低能效标准
1992 年	《国家能源政策法》	设定建筑规范，开发新的节能产品
2005 年	《2005 能源政策法案》	鼓励石油、天然气、煤气和电力企业等采取节能、洁能措施

1975 年 9 月，美国国会通过了《能源政策与节约法案》（EPCA），当年 12 月，福特总统正式签署了该法案。在提高汽车燃油效率方面，美国制定了《公司平均燃料经济标准》（CAFE），对汽车燃油效率进行了强制性规定。在产品能效标准方面，EPCA 制定了"联邦政府能源节约计划"，第一次推出了"最低能耗标准"（MEPS）的概念，针对一些特定产品制定了推荐性的 MEPS 目标。EPCA 从法律上开创了美国能源节约制度的先河和里程碑，成了美国节约能源法律层面上的基础。

1978 年颁布的《国家节能政策法》（NECPA）是卡特总统《国家能源计划》的一部分，旨在更大提高家庭和商业使用能源的效率。NECPA 要求能源部长敦促各州公用设施监管机构建立和实施居民节能计划。该法授权能源部长对学校、医院和地方政府的建筑物进行的节能审计和节能改造提供资助。在提高能源效率方面，NECPA 要求披露某些车辆的燃油经济标准，责成环境保护机构报告新车燃油经济指标的准确性，并对违反燃油经济标准的行为规定了民事惩罚措施。同时，该法要求能源部长制定一些工业设备的能源利用效率标准。

1987 年颁布的《国家家用电器节能法》（NAECA）是一部专门调整电器能源效率的联邦制定法，它授权能源部通过规则制定来更新电器能效标准。

1992 年颁布的《国家能源政策法》旨在提高能源效率、促进能源结构多样化、鼓励替代能源的开发与利用以及减少对进口能源的依赖。该法案要求各州在规定时间内制定商业建筑能源规范，以及在现有自律守则的基础上，制定住宅能源规范。法案详细说明了特定商业和工业设备的节能要求；设定供暖及空调设备、电视机、高强度放电灯和配电变压器的标准；并对具有较大节能潜力的设备给予资金及技术上的支持。

2005 年 8 月，美国参、众两院通过了《2005 能源政策法案》，该法案的重点是鼓励企业使用可再生能源和无污染能源，并以减税等措施，鼓励企业、家庭和个人更多地使用节能和清洁能源产品。《2005 能源政策法案》涉及总额高达 145 亿美元的用于提高能效的政策性款项，主要针对石油、天然气、煤炭和电力 4 大骨干能源行业，同时对于中小企业和普通消费者，也设立了许多颇有吸引力的经济奖励条款。

（二）节能激励政策

"能源之星"（Energy Star），是一项由美国政府主导，主要针对消费性电子产品的能源节约计划。"能源之星"计划于 1992 年由美国环保署和美国能源部启动，目的是降低能源消耗及减少温室气体排放。该计划后来又被澳大利亚、加拿大、日本、新西兰及欧盟采纳。该计划为自愿性，"能源之星"的标准通常比美国联邦标准节能 20% ～ 30%。最早配合此计划的产品主要是计算机等资讯电器，之后逐渐延伸到电机、办公室设备、照明、家电等。后来还扩展到了建筑，美国环保署于 1996 年起积极推动"能源之星建筑物计划"，由环保署协助自愿参与业者评估其建筑物能源使用状况（包括照明、空调、办公室设备等）、规划该建筑物的能源效率改善行动计划以及后续追踪作业，所以有些导入环保新概念的住家或工商大楼中也能发现能源之星的标志。

"能源之星"提供在线评估工具，它使企业和消费者可以评定家庭和工业设施的效率。能源之星评级已成为消费者和企业购买决策的一个重要组成部分。更有效率的建筑物、应用程序和硬件意味着能更大地节省用于加热的时间或电力成本。

美国采取的财政激励政策有现金补贴、税收减免和低息贷款等。2001 年美国加州政府启动的"能源回扣补贴项目"，规定如果用户 2001 年夏季的耗电量比 2000 年同期降低 20%，则返还当年夏季电费的 20%；2003 年新的《能源政策法规》修订的新内容主要涉及新设备的节能标准和新建建筑的财政激励政策方面；2005 年公布的《能源政策法》则突出了减免税政策。

（三）节能管理机构

在联邦政府层面，美国能源部下属的能效和可再生能源局是全国节能战略的制定者，能源监管委员会负责相关政策、项目的运行，而能源信息署则主要负责能源信息的统计工作；美国环保署和国家运输安全委员会也有部分职责。在大部分州政府设有相应的能源管理部门，负责执行国家的能源政策，以及各州政府制定的能效政策。

非政府部门是沟通政府部门和市场的纽带和桥梁，在美国的节能工作中起着非常重要的作用。这些非政府部门主要包括科研单位、大学、实验室，也包括一些相关的节能咨询公司。

二、欧盟的节能政策

欧盟长期以来都是全球节能减排的践行者和《京都议定书》的积极推动者。欧盟的节能政策包含 3 个核心：提高能源效率、节约能源和开发利用可再生能源。欧盟的节能措施主要是综合利用欧盟目前可用的政策工具来推进节能，将节能目标与现有政策工具进行整合。

（一）强制性的节能政策工具

强制性节能政策工具指通过制定与强制执行能源法律法规和行业标准，来实现节能的目标。欧盟没有制定统一的节约能源法，关于能源节约和能源效率是通过颁布指令（directive）进行规范的。指令规定了一系列节能要求，通过在欧盟公报上公布，确保了欧盟及其成员国的了解，从而推动节能工作的切实开展。

节能指令是欧盟最基本的节能政策工具，节能指令为欧盟及其成员国内部区域规定节能标准，并要求它们在一定时间内将规范性指令转为本国的节能法律。例如，2012 年 11 月，欧盟公布了新的能源效率指令（2012/27/EU），修订了能源相关产品生态设计要求指令（2009/125/EC）和能源相关产品能效标识指令（2010/30/EU），并且取代了关于推广热电联产指令（2004/8/EC）及能源终端使用效率和能源服务指令（2006/32/EC）。

欧盟通过《能源效率指令》《建筑能效指令》《生态设计指令》和《能源标签法规》，对各成员国的能源效率提出要求。欧盟成员国则依据欧盟的标准，通过颁布政府法令，作出本国化的规定。2010 年，欧盟通过了修订后的《建筑能效指令》（2010/31/EU）。除了规定成员国新增及现有建筑物要达到最低能耗标准要求的义务外，该指令还要求成员国确保到 2021 年所有新建筑都要达到"接近零能耗"（nearly zero-energy building）的标准。《建筑能效指令》（2010/31/EU）对于引导和督促欧盟成员国大力实施建筑节能和减少碳排放具有重要意义，不过欧盟这一近零能耗建筑定义没有具体量化指标。

（二）经济激励节能政策工具

经济激励节能政策工具是通过政府对生产者和消费者实施经济支持的方式来进行节能，包括实施政府预算拨款、税收减免及补贴、优惠贷款、政府采购、白色认证、能耗证书等。例如，德国针对高速公路货车按二氧化碳的排量收费，而使用天然气的汽车到 2020 年前享受免税优惠；丹麦在 2005 年 10 月设立了节能信托基金，对每一台节能冰箱都有补贴；比利时弗莱芒区地方政府向居民发放购物券，指定此券在 2006—2007 年间只能用于购买节能灯具。

（三）信息宣传节能政策工具

信息宣传节能政策工具包含能源审计、能源标识、提供信息、加强节能知识的教育和宣传等措施。能源审计是企业解决能源消耗问题的重要工具。通过详细了解其能源消耗情况并就如何减少能源消耗提出建议，企业可以投资具有成本效益的设施，这些设施的投资回收期通常不到 3 年。

德国政府高度重视节能和能效信息的交流和传播，其中，能效标识是一项重要举措。其能效标识覆盖了家电、商用产品、供暖系统和锅炉，以及本身不使用能源但对能源消耗有很大影响的产品（如隔热窗）。此外，能效标识不仅提供了相关设备的能效信息，而且还能根据产品类型提供如用水量（洗衣机和洗碗机）和噪声水平等方面的信息，从而有效帮助消费者比选不同的产品。

（四）节能自愿协议政策工具

节能自愿协议政策工具指政府应用契约方式对环境和能源问题进行管理的手段，它从传统的制定能耗标准并强制执行转向尊重企业和公众的环境保护主体地位，在协商的基础上与企业进行合作，进而推动节能和环境政策的实施。节能自愿协议其实是行政合同的一种，其本质就是政府与企业或整个工业部门在自愿的基础上，以提高能源利用效率为前提而签订的互惠互利的非强制性节能合同。

欧盟的节能自愿协议属于自愿性的节能计划。法国是欧盟成员国中最早使用节能自愿协议的国家之一。荷兰是欧盟成员国中执行节能自愿协议效果最好的国家之一。

专栏 8-3	节能自愿协议

节能自愿协议（Voluntary Agreements）是国际上应用最多的一种非强制性节能措施，它可以有效弥补单纯行政手段的不足。节能自愿协议指整个工业部门或单个企业在自愿的基础上为提高能源效率与政府签订的一种协议。节能自愿协议是政府和工业企业在其各自利益的驱动下自愿签订的，也可看作在法律规定之外企业"自愿"承担的节能环保义务。需要指出的是，自愿协议中的"自愿"并不是绝对的"自愿"，它所指的"自愿"是有条件的。

荷兰是自愿协议应用最早、覆盖面最广、实施效果最好的国家之一。1992 年，荷兰签署了第一轮自愿协议即长期协议（LTA），共签署了 44 份，涉及 29 个工业部门，大部分协议于 2000 年到期。协议完成了既定的目标：从 1989 年到 2000 年，能效提高 22.3%（每年约为 2%），相当于节能 157 PJ（1 PJ=10^{15}J），每年减排二氧化碳 900 万 t。

2000 年，荷兰大部分耗能工业部门又与政府签署了新的协议——基准协议，以应对国际新变化。参与基准协议的部门有石油、钢铁、有色金属、酿造、水泥、化工、玻璃、造纸、制糖业等。

此外，全球还有多个发达国家，如澳大利亚、丹麦、法国、德国、日本、挪威等都采取了这种政策措施来激励企业自觉节能和提高能效。

三、德国的节能政策

德国的节能政策体系可以分为法律约束和政策激励两大类，其中前者主要是制定各种节能法律法规和标准，以此明确企业和消费者的节能义务，后者主要是由联邦政府、州政府和市政府制定各种节能政策，激励全社会努力提高能源效率。

（一）节能法律法规和标准

德国非常重视通过制定法律法规来实现节能目标。德国节能法律法规的制定可以追溯到 20 世纪六七十年代甚至更早。1976 年，德国首次颁布《建筑物节能法》，以法律形式规定新建筑必须采取节能措施，对于新建房屋的采暖、通风、供水设备的安装和使用均提出了节能要求。1976 年签发的《建筑节能法》是德国建筑领域节能的基本法，同时也是《建筑节能条例》的立法框架和基础。1977 年，德国制定了《建筑物热保护条例》，对于新老建筑的节能措施提出了更加详细的要求。此外，德国还相继颁布了《供暖设备条例》和《供暖成本条例》等相关法规。以上法律法规都进行过多次修改，每次修改节能指标都有所提高。2002 年 2 月 1 日，德国颁布了《节约能源条例》，取代了之前的《建筑物热保护条例》和《供暖设备条例》，并将节能要求进一步提高 30%。

扩展阅读8.2

为落实欧盟指令 2010/31/EU 的要求，德国于 2013 年实施了《节约能源法》（2013 EnEG），该法要求自 2019 年 1 月 1 日起，德国政府拥有或使用的新建建筑达到近零能耗建筑水平，自 2021 年 1 月 1 日起，所有新建建筑达到近零能耗建筑水平。德国 2014 年 5 月生效实施的 2014 版《节能条例》（2014 EnEV）对于进一步提高建筑能效提出了具体实施细则，为迈向近零能耗建筑提供了技术基础和路径。2016 年修订的《节能条例》能效标准进一步趋严，它要求新建建筑的一次能源消耗减少 25%。2020 年，德国颁布了《建筑能源法》取代了《建筑节能法》，同时废止《节能条例》，《建筑能源法》进一步完善了对新建建筑和现有建筑的能效要求。

在过去的几十年中，德国逐步完善在节能和能源利用方面的法律和制度。德国是欧洲节能环保领域法律框架最完善的国家，目前已经达到很高的能效水平。从能耗角度来说，德国是世界范围内生产效率领先的国家，德国国内能耗和经济增长已基本实现脱钩。

（二）节能激励政策

德国重视发挥市场机制的作用，激励用能单位主动实施节能措施。例如，针对大型工业企业，德国要求每 4 年开展 1 次强制性能源审计。但如果企业建立能源管理体系或相应的环境管理体系，则可免于强制性能源审计，以鼓励企业积极建立能源管理体系。

德国推出的财税激励措施包括：既有建筑节能改造、能源税收减免、电动汽车和替代交通等税收优惠政策，高效建筑联邦政府资金、城市建设投资补助、排放交易体系创新基金，以及零碳化转型政策性低息贷款等一系列财政激励政策。

德国政府一直对德国先进低碳技术的研发给予经费投入方面的持续支持。对于中小企业，德国联邦经济部与德国复兴信贷银行建立节能专项基金，为企业接受专业节能指导和采取节能措施提供资金支持，用于促进德国中小企业提高能源效率。

此外，德国政府对于高于法定节能要求的建筑提供经济支持，具体由德国复兴信贷银行实施。德国复兴信贷银行制定了更高的建筑节能标准，对于达到不同标准的建筑给与相应的经济资助。

（三）节能管理结构

德国联邦政府没有统一的公共节能管理部门。联邦经济与技术部及环境、自然保护与核能安全部是主要的国家能源事务管理部门，分别负责传统能源（石油、煤炭、天然气）和新型能源（原子能、可再生能源）事务管理。

地方政府的主要职责有两方面：一是节能管理，具体包括对公共建筑物、街道照明等公用设施能耗的监控与管理、对技术设备的优化改造、技术创新（太阳能发电等）；二是节能环保的咨询与宣传，具体包括为市民的房屋节能改造提供免费咨询、提供小额资助、在公共媒体上宣传推广节能改造项目。

德国节能工作的主管机构是德国能源事务公司。该机构于 2000 年秋成立，2001 年正式开始营业。公司股东主要包括德国联邦政府和德国复兴信贷银行等，其核心职责是提高电力、建筑、交通等领域的能源使用效率，推进生物燃料、合成燃料、氢能等可替代、可再生能源的利用，为住户节能改造提供资金支持，利用媒体宣传推广节能环保理念和消费行为。

四、日本的节能政策

日本是一个国土面积较小且自身资源十分有限的国家，其石油、煤炭、天然气等一次能源几乎全部依赖进口。为了保障能源安全，提高能源利用效率，日本建立了比较完善的节能政策体系，并通过实施一系列的节能措施，最终成为世界领先的节能型国家。

（一）节能法律体系

第二次石油危机以后，日本开始推行节能政策。日本的节能政策主要依靠立法来推动，通过立法的方式来确保节能政策的有效实施。日本节能法律体系分为三个层次：基本法（《节约能源法》和《循环型社会形成推进基本法》）；综合法（《废弃物处理法》和《资源有效利用促进法》）；专门法（《建筑材料再生利用法》《容器包装再生利用法》《家用电器产品品质法》等）。

1979 年 6 月，日本国会制定了节能领域的"根本大法"——《节约能源法》（全称为《关于合理使用能源的法律》），该法在日本节能法律体系中具有决定性的指导地位，是日本能效和节能法规的基础。该法案对工业、交通运输、建筑及民用电器等部门的能耗和节能措施做了详细规定。

在工业领域节能方面，《节约能源法》规定，年度能源消耗折算原油 150 万 L 以上的工厂，有配备能源管理人员并提交能源使用状况的定期报告和 3～5 年中长期计划书的义务，政府依据工厂年度用能报告对企业用能是否合理进行监督。对年度能源消耗折算原油 300 万 L 以上的工厂，则必须配备能源管理师。国家预算中安排专门的节能资金，用以支持企业节能和促进节能技术研发等活动。另外，政府还对节能产品和设备采购提供低利率的贷款、所得税优惠、投资补助等经济激励措施。日本政府还对节能工作突出的工业企业进行荣誉奖励，并对节能违法单位处以重罚。

在建筑领域节能方面，建立了完善的居住建筑节能标准和住宅能效标识制度。推出节能改造促进税制，对进行节能改造的居民在所得税、固定资产税、不动产取得税、注册许可税和赠与税方面进行减免。

在交通运输领域节能方面，制定车辆的能效标准，要求在规定年限内达到目标，否则将受到警告、公告、命令、罚款等处罚。日本政府通过"汽车能效评价公布制度"等方便消费者选择比较。为了鼓励使用小排量、节油型汽车，日本实施汽车绿色化税制，减轻了电气、天然气、甲醇汽车的汽车税，对使用期超过 11 年的柴油车、超过 13 年的汽油车则征收重税。

在终端用能领域节能方面，《节约能源法》要求制定产品能效"领跑者"标准、能效标识制度。目前，日本已在汽车、空调、冰箱、热水器等 21 种产品实行了产品能效领跑者制度。日本还对空调设备、电冰箱、电视机、电子计算机、变压器及微波炉等 16 种产品实施了能效标识制度。

在《节约能源法》的实施过程中，政府与时俱进地根据老百姓生活水平、习惯的变化和技术进步等外因，分别于 1993 年、1997 年、1998 年、1999 年、2002 年、2005 年、2006 年、2009 年、2013 年和 2022 年进行了修订。

1999 年 4 月，日本修改《节约能源法》加入"领跑者"制度，这是日本独创的一项节能法律制度。"领跑者"制度也叫"节能标准更新制度"。节能指导性标准按当时最先进的水平——领跑者制定，5 年后这个指导性标准会变成强制性标准，达不到标准的产品不允许在市场上销售，同时新的指导性标准出台。对于在规定时间内未能达标的制造企业，将采取劝告、公开、命令、罚款（100 万日元以下）等措施。2008 年后，"领跑者"制度的实施对象包括乘用汽车、空调、照明器具、电视接收机、复印机、电子计算机、载货汽车、冰箱、自动贩卖机、变压器、保温电饭煲、微波炉、DVD 刻录机、路径控制设备、开关控制设备等 23 种。从 1999 年起，纳入"领跑者"制度的产品能效都有显著改善，在制造商等方面的努力下，各种产品的能效提升均超过预期目标。为了推广节能效率高的产品，日本家用电器张贴有关产品节能性信息，实施节能标签制度。

日本政府根据法律执行的实际效果，适时废止了一些不太具有可操作性的节能法案。通过与时俱进的立法和不断修订，日本建立起了一套较为完备、行之有效且具有特色的节能法律制度。日本政府制定和实施的节能法律涉及日常生活、生产、消费各方面，促进节能型社会的形成。

（二）节能支持政策

日本政府通过税收、财政、金融等手段对节能进行支持。在税收方面实施节能投资税收减免优惠政策。在财政方面对节能设备推广和节能技术开发进行补贴。在金融方面，企业的节能设备更新和技术开发可从政府指定银行取得贷款，享受政府规定的特别利率优惠。具体来讲，日本产业界中重点的能源消耗企业必须提交未来的中长期能源使用节能计划，并有义务定期报告能源的使用量。随着民生部门的能源消费在日本能源消费中的地位不断上升，民生部门的节能措施也日渐重要。如将家用电器、办公自动化（office automation，OA）等设备的能源节省基准引入能源使用最优方式，同时鼓励开发新建筑材料，对办公楼、住宅楼等提出明确的节能要求。在交通领域积极推进节油型汽车的研发和制造，鼓励多利用公共交通工具。

（三）节能服务机构

日本政府部门中有专门负责节能的机构和健全的节能中介机构。

1. 政府机构

在国家层面，日本的节能管理机构是由内阁首相直接领导的"国家节能领导小组"，由该小组具体负责制定国家的节能宏观政策及目标，再由议会审议并最终形成法律予以推行。在操作层面，经济产业省是全国节能工作的主管部门，其下属的能源资源厅统一负责全国节能规制工作，而作为地方分局的经济产业局则负责对地方及企事业单位的统一管理。

2. 日本节能中心

日本节能中心（Energy Conservation Center of Japan，ECCJ）是推进经济社会节能活动的核心部门，具有准政府机构性质。日本政府于 1978 年将热能管理协会改制为日本节能中心，成为经济产业省管辖下的公益法人。日本节能中心主要从事五大方面的活动：一是推进涉及衣、食、住和教育等各个领域的生活节能；二是对企业进行节能诊断；三是各种节能信息的搜集、分析、提供，对节能新技术开发等的调查研究活动；四是执行对发展中国家的节能诊断和培训等国际援助事业；五是对相关能源管理人员的培训、考试等。

3. 新能源产业技术综合开发机构

为了支持国内新能源和节能技术的研发，日本政府于 1980 年成立了新能源产业技术综合开发机构（New Energy and Industrial Technology Development Organization，NEDO）。该机构一方面负责管理研发项目，另一方面提供科研经费，它是日本在产业节能、能源利用和环境保护等领域规模最大的技术开发、推广机构，在节能技术研发领域处于核心地位。

4. 日本能源经济研究所

日本能源经济研究所（Institute of Energy Economics Japan，IEEJ）成立于 1966 年，旨在从国际经济整体角度针对能源领域开展研究活动，通过客观分析能源问题，提供作为政策制定依据的基础数据、信息和报告，以此促进日本能源供应和消费行业的发展，改善人们的生活；并拓宽研究领域，将环境问题和能源相关领域的国际合作纳入其研究主题。目标是致力于从全球角度考虑日本和亚洲的能源经济问题并提出政策建议方案，成为日本和亚洲能源相关问题研究领域一流的智囊机构。

该机构的主要职能有 5 方面：一是对国际能源动向等情报信息进行搜集、整理、分析；二是分析日本国内的能源市场、产业动向；三是分析预测日本对能源的需求；四是对涉及能源政策的企业经营战略等相关课题进行研究，并提出建议；五是推进国际能源署间的交流互动，共同完成相应的项目。

5. 能源服务公司

能源服务公司（energy service company，ESCO）指在市场上为企业、单位提供节能咨询、改造等服务，以顾客节省出的能源经费的一定比例作为酬金的企业。日本能源服务公司的服务内容包括：节能方法的开发、咨询，引入节能项目的筹备、设计、施工及其管理；实施节能方法后对节能效果的计量和验证；对新建的节能设备和系统进行维护与管理；与企业节能相关的财务规划和金融安排。

第三节 发达国家的可再生能源政策

可再生能源的发展会受到地理条件、政治因素、经济因素、技术因素等各种因素的影响，特别是与传统能源相比，可再生能源不具备成本优势，因此政府政策的介入就显得十分重要。不存在一种放之四海而皆准的标准政策或政策组合，各个国家和地区需要根据实际情况，选择适合的可再生能源政策工具。在世界发达国家和地区的可再生能源政策方面，美国、欧盟、德国和日本的政策力度最大，包括增加税收补贴、加大可再生能源技术研发投入和鼓励消费者使用与可再生能源相关的产品以增加总需求。

一、美国的可再生能源政策

美国涉及可再生能源立法有超过 100 年的历史，但美国联邦政府直到 20 世纪 70 年代才开始重视可再生能源。由于可再生能源初期运营成本高，风险大，其低排放与可循环等优势不能体现在价格上，因此，与传统能源相比没有竞争优势。为此，美国联邦政府相继出台了一系列的法律法规，

扩展阅读8.3

地方政府也制定了配套的经济激励政策，从而促进可再生能源在美国的推广应用和产业发展。

（一）可再生能源强制性政策

1. 促进清洁能源发展的法律法规

1973 年石油危机之后，美国国会和联邦政府相继出台了一系列旨在促进清洁能源发展的法律法规，美国促进清洁能源发展的法律法规如表 8-2 所示。

表 8-2　美国促进清洁能源发展的法律法规

年　份	政策名称	主要内容
1978	《公用事业管制政策法》	首次提出电力公司必须按"可避免成本"购买合格发电设施生产的清洁电力
1978	《能源税法》	参与可再生能源发电的企业可以投资或生产抵税
1980	《能源安全法》	突出了发展新能源的要求，引入了贷款担保等资金融通机制，向年产量低于 100 万 gal 的小乙醇生产厂提供贷款担保
1992	《能源政策法》	首次提出对可再生能源的生产给予生产税抵扣，对免税公共事业单位、地方政府和农村经营的可再生能源发电企业按照生产的电量给予经济补助
2005	《国家能源政策法》	包含了一系列用来促进可再生能源发展的经济刺激措施
2009	《美国复苏和再投资法案》	提出通过投资税抵免的办法，鼓励美国本土可再生能源设备制造业的发展

1992 年的《能源政策法》是 20 世纪 90 年代美国最重要的推动可再生能源的立法。该法允许对非公用事业发电商开放输电网，鼓励新投资者进入电力市场，鼓励监管机构进行跨州资源整合和规划。此外，该法对在 1994—1999 年之间投入发电的风能涡轮机和生物能源发电厂给予为期 10 年的税收减免。该法要求能源部部长要通过竞标方式来选择可再生能源技术和提高能效技术的示范、商业化项目；该法鼓励向发展中国家出口可再生能源技术并提供相应技术信息；该法还为采用太阳能、风能、生物能和地热能等可再生能源设备的企业等提供补贴。

2005 年 8 月，《国家能源政策法》获得通过，该法的大部分内容都是用来支持传统的石化能源和核能工业，与可再生能源有关的主要内容包括：（1）扩展了可再生能源生产税收减免政策的适用范围，除了风能和生物能源、地热能、小规模发电机组、垃圾填埋气和垃圾燃烧设施也纳入适用范围；（2）该法授权政府机构、合作制电力企业等组织可以发行"清洁可再生能源债券"用来融资购置可再生能源设施；（3）为了推动新兴可再生能源的市场化，该法还规定到 2013 年美国政府电力消费至少要有 7.5% 的份额源自可再生能源；（4）该法制定了可再生燃料标准制度。

2009 年 2 月 17 日，时任美国总统奥巴马签署了《美国复苏与再投资法案》（American

Reinvestment and Recovery Act，ARRA），法案的主要内容包括重视开发可再生能源、碳捕捉和封存技术、发展新能源汽车产业、智能电网等。该法案在继续肯定已有促进太阳能发展的各种优惠、税收扣除和项目支持等政策支持外，进一步加大了对太阳能项目的财政支持力度；将风能生产的税收扣除期限延长到 2012 年；将有关地热、生物质能利用项目的税收扣除期限延长至 2013 年。

2. 可再生能源配额制

可再生能源配额制（renewable portfolio system，RPS）是美国州级政府出台的可再生能源强制性政策。美国是世界上第一个推行可再生能源配额制的国家，自 20 世纪 90 年代开始，美国就在许多州相继开始实施可再生能源配额制度，其中，得克萨斯州、加利福尼亚州和新墨西哥州是可再生能源配额制实施相对成功的地区。

可再生能源配额制又称可再生能源组合标准（renewable portfolio standard），也称可再生能源购买义务（renewable purchase obligation）。可再生能源配额制是一种基于立法的、通过市场机制实现的可再生能源发展政策，是一种公正、透明的政策工具。可再生能源配额制是以法律形式强制要求某一地区可再生能源电力用电量占本地区电力需求总量的最低比例。

可再生能源配额制一般不需要进行价格补贴，因此，可以避免政府进行大量的资金筹集工作。政府的作用通常表现在监督配额完成情况并对未履行义务的企业进行处罚。其最大优势是，通过市场机制以最低的成本开发一定数量的可再生能源电力。

可再生能源配额制的基本特征如下。

第一，可再生能源配额制是基于立法制定的，具有法律强制性。凡是没有完成法定配额义务要求的企业都将受到处罚，目的是确保可再生能源发展目标的实现。

第二，可再生能源配额制规定了一定时期内应达到的可再生能源发展目标，这个目标既可以是可再生能源增长的绝对量，也可以是一个增长比例，目的是保证可再生能源在未来一定时期内有一个固定的市场需求。

第三，可再生能源配额义务可以通过市场上绿色证书的自由交易完成。绿色证书交易为企业间的竞争提供了便利。

（二）可再生能源激励政策

在经济刺激方面，美国政府（主要是州级政府）采取了多种多样的措施。其中主要有税收刺激、电价优惠和绿色电价。

1. 净计量电价政策

净计量电价政策是一种电价结算政策，该政策允许安装了可再生能源发电技术的用户将多发的电传输到电网，并在计算用户用电量时扣除这部分上网的电量，从而为分布式可再生能源发电提供切实的激励。净计量电价政策是美国 2005 年《国家能源政策法》的一部分，截至 2013 年年底，美国共有 43 个州、华盛顿特区及 4 个附属地区采用了该政策。然而，随着分布式发电在发电结构中的占比提升，电价政策再加上净计量电价政策可能会导致生产性消费者与常规消费者的交叉补贴，并对传统发电回报率产生不利影响。

2. 税收刺激

州级税收刺激措施可分为收入减免（包括个人收入减税和集体收入减税）、销售税抵扣和财产税减免等3种形式。

3. 电价优惠

这种收费制度允许用电户用自己的可再生能源发电设备所产生的电量，来抵消用户在整个用电期间所消耗的电量。可再生能源产生的电量越多，被抵消的电量越多，用户交纳的电费就越少。

4. 绿色电价

绿色电价的特点是付费的用户必须自觉自愿地参加到一种较高电价的计划中去，这种高电价是由可再生能源发电成本较高造成的，或者是为了支持特殊的可再生能源项目。绿色电价是由一些电力公司自发提出的，而不是由政府决定的。目前许多电力公司已在执行或者已给它的用户提出实施绿色电价的建议。

二、欧盟的可再生能源政策

欧盟制定了雄心勃勃的可再生能源发展战略，而要实现这些战略，必须采取切实可行的政策措施。欧盟可再生能源政策的显著特点是充分发挥市场机制，根据可再生能源发展的不同阶段和不同情况，选用不同的政策组合。政府的作用在于制定相关标准和规则，弥补市场失灵。欧盟可再生能源的发展，是政府政策和市场机制相互配合的结果。

扩展阅读8.4

（一）欧盟可再生能源指令

欧盟指导可再生能源发展的政策文件，主要有4种类型：一是《能源政策白皮书》中包含可再生能源发展方面的论述；二是《可再生能源白皮书》及其《行动计划》；三是《能源供应绿皮书》，一般在出版白皮书之前出版，在某种程度上主要是征询各成员国意见的文件；四是欧盟指令，欧盟指令是指导各成员国立法的具有法律约束力的文件，需要各个欧盟成员国遵守，其对促进可再生能源发展的规定比较具体。

欧盟可再生能源政策始于1997年的《可再生能源白皮书》。1997年11月，欧盟发表《可再生能源白皮书》，第一次为欧盟可再生能源发展制定了一个共同行动计划。为促进该计划的顺利实施，欧盟陆续颁布《关于在内部电力市场促进可再生能源电力生产的指令》（2001/77/EC）和《关于在运输领域推广使用生物燃料和其他可再生燃料的指令》（2003/30/EC）。

2001/77/EC指令是欧盟2001年出台的一项旨在促进可再生能源电力的指令，只有11条，对欧盟和成员国可再生能源电力发展指标、可再生能源电力支持机制、行政程序、电网、可再生能源来源保证等方面作出了原则性规定。同时，2001/77/EC指令也给成员国国内立法留出了空间。2001/77/EC 指令要求各成员国以客观、透明和无歧视的原则，使得到"绿色证书"的电力供应确实来源于清洁能源。2001/77/EC 指令要求各成员国采取切实措施，简化与可再生能源生产有关的行政审批程序，使中小型企业也有机会从事清洁能源的生产。

2003/30/EC 指令是欧盟 2003 年为推动生物燃料和其他可再生燃料在交通中的使用而出台的一项指令，通常被称为生物燃料指令。该指令只有 9 条，其核心条款是对成员国使用生物燃料和其他可再生燃料提出最低份额要求，即生物燃料和其他可再生燃料占成员国交通燃料市场的份额，到 2005 年年底不低于 2%，到 2010 年年底不低于 5.75%。

2009 年，欧盟通过了一项关于全球气候问题和可再生能源的法案，其中包括一个指令——《促进可再生能源使用的第 2009/28/EC 指令》。该指令修改了关于可再生能源电力指令及生物资料指令等。所涉及的立法范围十分广泛，并对电力、生物燃料、原产地证明等问题做了新的规定。欧盟要求各个成员国可以通过交换数据的方式，促进可再生能源领域的普遍发展。因此，此规定大大加强了欧洲国与国之间的合作，甚至是国际合作。欧盟在供热、电力供应等方面，所占可再生能源领域的份额能够尽早达到所要求的目标。该指令明确规定了欧盟内部合作的制度。该指令还规定了成员国需要及时向欧盟报告的制度。成员国的可再生能源行动计划，需要向欧盟通报具体的实施状况，具体的通报时间、通报内容在该指令中都有明确的规定。

2018 年 12 月 11 日，欧盟发布新的促进可再生能源使用指令 2018/2001/EU，对促进可再生能源使用指令 2009/28/EC 进行修改。指令 2009/28/EC 规定，到 2020 年，整个欧盟的能源消耗中至少有 20% 来自可再生能源，新指令将 2030 年的目标定为：最终总能源需求中可再生能源占到 32%。

涉及可再生能源发展的欧盟指令主要有 2001/77/EC、2003/30/EC、2009/28/EC 和 2018/2001/EU 等指令，这些指令基本上已形成相对完备的可再生能源发展法律框架。欧盟委员会要求成员国将可再生能源指令转化为国家立法，并制订相应的国家可再生能源行动计划和支持政策。

（二）可再生能源支持机制

欧盟可再生能源支持政策涵盖了发电、供热制冷、交通等各个领域，其中绝大多数支持政策集中在发电行业。多年来，已经有多种支持机制和特定政策设计被广泛应用。其中最常用的可再生能源支持机制有固定上网电价（feed in tariff，FIT）、溢价补贴（feed in premium，FIP）、差价合约（contracts for difference，CFD）或溢价补贴递减、可交易的绿色证书（green certificate，GC）等。

1. 上网电价机制

上网电价机制是一种旨在促进可再生能源投资的政策工具，是世界各国最常使用的政策工具，欧盟 28 个成员国中有 20 个国家实行固定上网电价机制。上网电价机制是一项旨在通过向生产者提供高于市场的有保障价格来支持可再生能源发展的机制，按照其补贴模式，上网电价机制可以分为固定上网电价机制和溢价补贴机制。

由于政策框架不同，欧洲各国可再生能源上网电价机制并不存在完全统一的模式，但从应用范围来看，政府强制要求电网企业在一定期限内按照一定电价收购电网覆盖范围内可再生能源发电量的固定上网电价机制是应用最为广泛的模式。

固定上网电价机制根据可再生能源种类、装机规模、发电量等因素制定了有差别的上网电价标准和收购期限，具有很强的针对性和可操作性，为投资者和参与者提供了稳定的预期，极大地刺激了可再生能源领域投资。但是随着可再生能源开发规模的扩大，固定上网电价机制也带来了政府可再生能源发电补贴负担过重和居民电价不同幅度上涨等问题。

欧洲各国可再生能源支持机制的变化趋势是放弃固定补贴。各国政府从此前采纳的固定上网电价，转而支持溢价补贴和差价合约。这使得各国政府能够在鼓励新增可再生能源发电容量的同时，通过这些机制管理补贴预算负担。

溢价补贴机制指可再生能源按照电力市场规则与其他常规电源无差别竞价上网，同时政府为可再生能源上网电量提供溢价补贴，可再生能源上网电价水平为"电力市场价格＋溢价补贴"，溢价补贴分为固定或浮动。采用溢价补贴的代表国家是德国、西班牙和丹麦等。

扩展阅读8.5

2. 差价合约机制

英国曾是欧盟重要的成员国。英国从2017年起开始实施差价合约机制。其核心是可再生能源按照电力市场规则进入电力市场，由政府管理的专门机构与可再生能源发电企业按合同价格签订长期合同（该合同价格由招标确定且必须低于政府指导价）。在交易过程中，如果市场平均电价低于合同价，则向发电企业予以补贴至合同价；反之须返还高出部分。差价合约机制采用招标确定合同电价的方式，通过合约既保证可再生能源企业的合理收益，又避免了对可再生能源企业的过度激励。

统计显示，欧洲大多数国家偏向于采用固定上网电价和溢价补贴机制。同时，越来越多的国家使用拍卖的方式来实施上网电价和溢价补贴。

3. 可交易绿色证书机制

可交易能源绿色证书机制与可再生能源配额制密切相关。绿色证书是对可再生能源发电方式进行确认的一种指标，可再生能源参与电能量市场出售电能并获取与其发电量相对应的绿色证书，并将其在绿证市场上出售以获取绿证收益。

可交易绿色证书机制是专为绿色证书进行买卖而营造的市场机制。可交易绿色证书机制是保证可再生能源配额制度有效贯彻的配套措施，它将市场机制和鼓励政策有机地结合，使得各责任主体通过高效率和灵活的交易方式，用较低的履行成本来完成政府规定的配额。

在欧盟成员国中，瑞典、英国、比利时、意大利、波兰、罗马尼亚等6个国家建立了基于可交易绿色证书的配额制，该政策的核心是规定可再生能源发电量必须占到总消费电量的一定比例。在制定配额目标的同时，还建立了绿色证书交易市场。发电企业单位发电量可获得一个绿色证书，并在证书市场交易。

除了上述最常见的支持类型之外，欧洲还使用其他支持机制，如投资补助、贷款担保、税收优惠等，或结合多种支持机制，激励可再生能源发展。由于欧盟各成员国的气候和地理条件不同，可再生能源产业的规模和实力不同，社会和政治偏好不同，每个国家都选择了一套适用于自身的政策工具。

欧洲可再生能源政策经历了从大规模的政府补贴到市场竞价的发展过程，各国采取低税率或退税等税收措施支持可再生能源产业发展，多国在推动可再生能源逐步深度参与电力市场的同时，通过市场机制实现高效消纳。

三、德国的可再生能源政策

德国之所以能成为世界可再生能源发展的领跑者，对可再生资源的立法功不可没。德国通过不断调整《可再生能源法》等相关政策法规，实现了可再生能源的低成本持续快速扩张，目前德国的光伏发电和风电已经基本实现平价上网。

（一）可再生能源立法

大力发展可再生能源是德国能源转型的主要内容之一。为了推动可再生能源的开发利用，德国于1990年12月7日制定了《电力入网法》，并于1991年1月1日正式实施。1994年和1998年，德国分别对该法进行了两次修订。该法主要对象为用于接入公共电网的可再生能源电力，目的是将上网电价这一制度引进德国，以保障可再生能源发电和并网，强制电网运营商不仅有义务接收可再生能源发电并网，并且要以固定的价格收购。上网电价补贴制度保证了德国可再生能源能够迅速发展。

为了更广泛而有效地促进可再生能源的发展，并解决1998年以后出现的可再生能源发电企业和输电商之间存在的利益矛盾等问题，2000年3月29日，德国出台了《可再生能源法》（EEG2000），替代了实行10年的《电力入网法》，标志着可再生能源在法律领域进入新的阶段。

《可再生能源法》（EEG2000）的颁布成为德国能源战略中的标志性事件，德国政府将发展新能源作为一项"基本国策"加以推动，为德国发展可再生能源提供了法律层面的支撑。在《可再生能源法》的指导下，德国陆续采取了多种多样促进新能源应用的措施，如新能源电价补贴、促进太阳能的"十万屋顶计划"等。

《可再生能源法》是德国促进发展可再生能源、推动能源转型的重要工具。根据可再生能源发展目标完成的情况，德国对《可再生能源法》（EEG2000）进行过六次补充修订（EEG2004、EEG2009、EEG2012、EEG2014、EEG2017和EEG2021）。德国《可再生能源法》修订一览表如表8-3所示。通过六次修订《可再生能源法》（EEG2000），德国的可再生能源政策在不断调整中逐步完善，部分可再生能源补贴不再依赖政府，而由市场竞价体系来决定。

表 8-3 德国《可再生能源法》修订一览表

可再生能源法代号	修订年份	修订内容
EEG2004	2004	完善上网电价制度；实施欧盟规定的《可再生电力指令》（RES-E）的需要
EEG2009	2009	完善了新增发电容量的固定上网电价调制机制，同时鼓励自发自用，并首次提出了市场化方面的条款
EEG2012	2012	鼓励可再生能源发电进入市场；同时根据不同的技术、安装和施工难度等进行差别定价，鼓励和促进不同规模可再生能源电力的快速发展
EEG2014	2014	首次提出了针对光伏发电的招标制度，重点推进光伏发电市场化
EEG2017	2017	补贴不再由政府决定，而是由市场竞价体系来确定
EEG2021	2021	加大对风势较弱地区的风电开发力度，允许农田、水面和停车场的光伏项目等；放宽社区参与风电项目、租户自建太阳能设备的条件

为解决可再生能源发电电价补贴造成电力用户终端用电电价大幅攀升等问题，在实现高比例可再生能源发展的同时，为控制电力成本、促进可再生能源行业的可持续发展，德国政府调整了相关政策。

2016 年 6 月，德国政府正式通过《可再生能源法》修正案（EEG2017），该法案于 2017 年正式生效。其核心内容包括：①全面引入可再生能源发电招标制度，正式结束基于固定上网电价的政府定价机制，全面推进可再生能源发电市场化。逐步取消绿色电力入网价格补贴。大型风电厂、太阳能电站和生物质能发电厂未来将不再得到法定的固定补贴，新建生态发电厂必须进行公开招标，引入市场竞争机制。②规定可再生能源发电上限，减少过剩产能。近年德国陆上风电发展迅猛，根据《可再生能源法》产生的附加费快速增加，亟须加以调控。政府将限制陆上风电扩建速度，规定可再生能源如风能、太阳能和生物质能每年的发电量上限，旨在减少过剩产能，抑制绿色能源补贴费用过快上涨。但政府维持对私人屋顶上小于 750 kW·h 的太阳能板发电的补贴。

（二）绿色能源补贴政策

为推动实现能源转型目标，德国政府实施了大规模补贴措施。1998 年，由德国联邦环境、自然保护及核安全部与德国复兴信贷银行共同颁布了"十万太阳能屋顶计划"，该计划通过优惠的利率支持 1kW 以上光伏系统的安装。

专栏 8-4　　　　优惠政策为"十万太阳能屋顶计划"护航

1998 年 10 月，德国政府提出了"十万太阳能屋顶计划"。德国政府规定，太阳能电站在公共电网中每发 1 kW·h 电，由政府补贴 0.574 欧元（相当于人民币 5.74 元），而居民屋顶发电将比太阳能电站发电的价格还要高。德国电价是 0.1 欧元/度，而电力公司回购太阳能发电的价格是 0.5 欧元/度，差价调动了居民的积极性。和 1990 年前德国率先在世界上推出"屋顶计划"的响应者寥寥相比，到 2004 年，德国共安装了 10 万个太阳能屋顶。

国家政策引导甚至强制规定，是太阳能能够在德国等国家大规模应用的关键。德国政府除了提供 10 年无息信贷，还提供 37.5% 的补贴。此外，还制定了相关的政策保障输电商对屋顶太阳能发电电量的优先购买并保证太阳能发电电价高于常规能源发电的电价。一系列的优惠政策为"十万太阳能屋顶计划"在德国的推广起到了保驾护航的作用。

资料来源：发达国家的"太阳能屋顶计划"，青年报，2013 年 3 月 13 日，第 A01 版。

自 1991 年开始，德国政府对绿色电力生产企业提供补贴，年补贴额超过 200 亿欧元。在补贴带动下，德国成为全球新能源投资额最大的国家之一，并且政府的高额补贴导致绿色电力发电量飙升，但电网却无法吸纳这些电力，因此绿色电力过剩问题十分突出。

2000 年 4 月，德国联邦议院正式通过了《可再生能源法》。这部法律取消了可再生能源发电量的上限，要求可再生能源发电量按照其总售电量在所有供电公司之间进行分配。2004 年实行购电补偿办法，光伏发电强制并网。根据太阳能发电的不同形式，政府给予 20 年 0.4 ～ 0.62 欧元 / 度的补贴，每年递减 5% ～ 6.5%。

2009 年，德国复兴银行颁布了《KfW 可再生能源计划》，该计划包含两个部分："标准类项目"和"补贴类项目"，"标准类项目"主要是对可再生能源项目的贷款支持（太阳能光伏、生物质能、沼气、风电、水电、地热能发电和热电联产），"补贴类项目"主要针对大型可再生能源发电厂，除了贷款支持还有还款奖励。

2009 年 3 月，德国通过了《新取暖法》，向采用可再生能源取暖的家庭提供总共 5 亿欧元的补贴。德国企业利用风能、太阳能和生物质能等可再生能源发电，可以将企业的全部研发成本、制造成本加上一定的利润计入电价；对其所生产的电力，电网企业无条件采购、无条件入网。此外，通过政府手段解决"资本难题"核心，实现传统能源向新能源的转移支付。

四、日本的可再生能源政策

日本的主要能源为化石能源，煤炭和液化天然气为其最主要的发电燃料。日本政府将保障能源安全作为能源政策的首要任务，致力于提高可再生能源比重。由于受到福岛核事故的影响，近年来，日本加大了对可再生能源的支持力度。

（一）可再生能源强制性政策

日本的很多可再生能源政策是通过立法推动的。1980 年，日本政府制定了《关于促进石油替代能源的开发以及引进的法律》，规定了石油替代能源的开发和促进等政策。

20 世纪 90 年代以后，日本加快了新能源的立法工作，一系列法律、法规相继出台，为新能源的开发和利用提供了必要的支撑。《促进新能源利用特别措施法》和《日本电力事业者新能源利用特别措施法》是日本促进新能源发展比较具有代表性的法律。

1997 年 4 月 18 日，日本政府制定了《促进新能源利用特别措施法》，大力发展风能、太阳能、地热、垃圾发电和燃料电池发电等新能源与可再生能源。该法于 1999 年、2001 年、2002 年进行了修订。在体系结构上，该法分为总则、基本原则、促进企业对新能源的利用、分则和附则共 4 章 16 条。

为贯彻实施《促进新能源利用特别措施法》，日本政府于 1997 年 6 月制定了《促进新能源利用特别措施法施行令》，具体规定了新能源利用的内容、中小企业者的范围。新能源的范围包括太阳能发电、风力发电、太阳能利用、温度差能源、废弃物发电、废弃物热利用、废弃物燃料制造、清洁能源汽车、天然气发电所获得的热量送热水供暖房冷气房等、燃料电池发电、动植物的有机物发电、动植物的有机物热利用、动植物的有机物燃料制造及利用冰或雪为热源发电等。该法规于 1999 年、2000 年、2001 年、2002 年经过多次修改。

2002 年 6 月 7 日，日本颁布实施《日本电力事业者新能源利用特别措施法》，制定该法的目的是保障与国内外经济社会环境相适应的能源稳定和适当的供给，完善电力事业者利用新能源的必要措施，促进环境保护和国民经济健康发展。该法的主要内容是电力事业者有义务使用一定量的新能源。从此，太阳能、风能、地热能等发电被列入日本电力事业者必须完成的指标体系。该法的实施对日本开发利用新能源产生了积极影响。

为了与《日本电力事业者新能源利用特别措施法》衔接配套、便于执行，日本政府于 2002 年 11 月和 12 月颁布了《日本电力事业者新能源利用特别措施法施行令》和《日本电力事业者新能源利用特别措施法施行规则》等法规。

2003 年日本颁布的《有关电力公司新能源利用的特别措施法》是可再生能源配额制开始运行的标志。可再生能源配额制规定，电力公司通过自行开展可再生能源发电业务，或从可再生能源电力发商处采购可再生能源电力来完成其零售电力中可再生能源电力占比义务。可再生能源电力的生产商与采购电力的企业通过配套的绿色电力证书交易市场完成政府规定的生产和采购可再生能源电量，对不能满足配额要求的责任人处以惩罚。

然而，可再生能源配额制度下，发电商的利润来自可再生能源证书市场交易，不能提供长期利益，发电商得不到稳定的收益，导致日本发电商对可再生能源发电的积极性难以提高。而且可再生能源配额制设定配额目标时不区分能源种类，导致了不同种类可再生能源间发生竞争；产生市场排挤，致使日本可再生能源发电行业发展失衡，也阻碍了新技术的开发和普及。因此，2012 年 7 月，日本正式引入上网电价制，以扩大可再生能源电力的采购量。

上网电价制规定了电网零售企业有义务在规定时间内以高于火电电价的政府设定价格采购可再生能源电力。上网电价制的运行系统涉及 6 个主体，包括由电网连接的可再生能源电力供应侧即发电者、电力零售企业和电力消费者，还有政府背景下的经济产业省、采购价格计算委员会和费用负担调整机构。

2003 年 4 月，日本的新能源政策规定，电力公司有义务扩大可再生能源并加以利用。

并要求电力公司强制使用新能源，即根据其出售的电量，规定必须使用新能源发电的比例。为了鼓励人们使用太阳能，政府采取了补贴的方法。居民安装太阳能发电设备的投资由政府补贴50%。太阳能产生的电并入电网，由政府高价收购。居民电价低于购电价格。2009年，日本恢复停滞两年的光伏发电所有补贴政策。

（二）可再生能源激励政策

在财政补贴政策上，日本把石油进口税的一部分用作新能源项目补贴，政府每年向从事新能源事业的公司发放奖励性补助金；对于符合新能源法认可目标的新能源推广项目，补助1/3以内的事业费。为鼓励国民使用新型能源，按1 kW新能源能耗补贴9万日元标准直接补助用户家庭。

在税收政策上，日本对于开发新能源的企业实行一定程度的税收优惠。在金融政策方面，一是向新能源产业提供低息贷款和信贷担保；二是提供出口信贷；三是吸引民间资本的投入。

 关键词

可再生能源配额制；固定上网电价；溢价补贴；差价合约；绿色证书

思考题

1. 发达国家能源政策的共同点有哪些？
2. 德国发展可再生能源的政策对我国有何启示？
3. 日本的节能政策对我国有何启示？
4. 什么是可再生能源配额制？它有什么特点？
5. 什么是上网电价机制？它有哪些优缺点？
6. 能源对外依存度高则风险度一定高吗？为什么？
7. 能源约束是可以通过政策设计进行解决吗？为什么？
8. 可再生能源为何受到重视？未来世界能源格局中可再生能源能够取代化石能源吗？

【在线测试题】扫描二维码，在线答题。

第九章 我国的能源政策

学习目标

1. 了解我国"十五"到"十三五"时期的能源政策；
2. 理解我国的节能政策；
3. 理解我国的可再生能源政策。

本章提要

　　随着国民经济快速发展，我国迅速崛起为世界能源大国，一次能源生产量和消费总量跃居世界第一。自改革开放以来，为适应经济社会发展、能源转型等形势的发展变化，我国不断调整和完善能源政策，为经济持续多年的高速发展提供了强有力的支撑。我国政府一直倡导节能和开发可再生能源，为此出台了一系列节能政策和促进可再生能源发展的支持政策。

第一节　我国能源政策概述

　　我国能源政策随着社会经济的发展不断调整完善，带有明显的时代特征。进入 21 世纪以来，随着经济的快速增长，国内能源消费需求量越来越大，资源、环境约束矛盾越发突出，我国明确提出了保障能源安全、优化能源结构、提高能源效率、保护生态环境等能源政策。

一、"十五"时期的能源政策

（一）淘汰落后产能政策

　　加快淘汰落后产能是转变经济发展方式、调整经济结构、提高经济增长质量和效益的重大举措，也是加快节能减排、积极应对全球气候变化的迫切需要。为防止电石、铁合金、焦化、平板玻璃等高耗能行业的盲目扩张，中央政府颁布了一系列政策文件。

　　2001 年 12 月 13 日，国务院办公厅转发《国家经贸委、国家计委关于从严控制平板玻璃生产能力切实制止低水平重复建设意见的通知》（国办发〔2001〕95 号）。要求地方政府一律停止审批任何形式的扩大平板玻璃生产能力的建设项目（包括新建或技改项目），更不得化整为零搞低水平重复建设。

　　为坚决遏制电石和铁合金行业低水平重复建设和盲目发展的势头，2004 年 5 月，国务院办公厅转发《发展改革委等部门关于对电石和铁合金行业进行清理整顿若干意见的通知》（国办发明电〔2004〕22号）。发改委等7部门《关于对电石和铁合金行业进行清理整顿的若干意见》要求"坚决淘汰敞开式和1万吨（单台装机容量为5 000千伏安）以下的电石炉、单台装机容量3 200千伏安及以下的铁合金矿热电炉和100立方米以下的铁合金高炉"和"对超标排污的电石生产企业，由当地环保部门责令停止生产，限期整改"。

2004年国家发改委先后发布了《关于清理规范焦炭行业的若干意见》《关于进一步巩固电石、铁合金、焦化行业清理整顿成果，规范其健康发展的有关意见的通知》和《焦化行业准入条件》，对焦化行业进行全面清理整顿。2004年5月27日，国家发展改革委、商务部、环保总局等9部委联合发出《清理规范焦炭行业若干意见的紧急通知》（发改产业〔2004〕941号），提出"坚决淘汰土焦"。

为促进煤炭工业持续稳定健康发展，保障国民经济发展需要，2005年6月7日，国务院发布《国务院关于促进煤炭工业健康发展的若干意见》（国发〔2005〕18号），包括指导思想、发展目标和基本原则等6部分28条内容。

2005年8月22日，国务院办公厅发布《国务院办公厅关于坚决整顿关闭不具有安全生产条件和非法煤矿的紧急通知》（国办发明电〔2005〕21号），要求立即停产整顿不具备安全生产条件的煤矿，坚决关闭取缔"停而不整"、经整顿仍不达标及非法生产的矿井，实行联合执法，依法查处违法违规单位和人员，加强对整顿关闭工作的社会监督和舆论监督。

针对国内钢铁、水泥、电解铝、电石、焦炭、水电、煤炭、纺织、汽车、铁合金10大行业存在的产能潜在过剩的问题，国家相继出台了钢铁、电解铝、煤炭、汽车等行业发展规划和产业政策。2005年12月2日，《促进产业结构调整暂行规定》（国发〔2005〕40号）和《产业结构调整指导目录》公布，对钢铁、电解铝等十一大高耗能行业进行结构调整。对不符合国家产业政策和市场准入条件、国家明令淘汰的项目和企业，规定不得提供贷款和土地，环保和安监部门不得办理相关手续。

（二）电力体制改革政策

2002年2月10日，《国务院关于印发电力体制改革方案的通知》（国发〔2002〕5号）提出了"十五"期间电力体制改革的主要任务：实施厂网分开，重组发电和电网企业；实行竞价上网，建立电力市场运行规则和政府监管体系，初步建立竞争、开放的区域电力市场，实行新的电价机制；制定发电排放的环保折价标准，形成激励清洁电源发展的新机制；开展发电企业向大用户直接供电的试点工作，改变电网企业独家购买电力的格局；继续推进农村电力管理体制的改革。

根据《国务院关于印发电力体制改革方案的通知》，撤销国家电力公司，重组成立国家电网公司、南方电网公司、五大发电集团公司和四大辅业集团公司。五大发电集团指中国华能集团有限公司、中国大唐集团有限公司、中国华电集团有限公司、国家能源投资集团有限责任公司、国家电力投资集团有限公司。四大辅业集团公司是中国电力工程顾问集团有限公司、中国水电工程顾问有限公司、中国水利水电建设集团有限公司、中国葛洲坝集团有限公司。

作为电力体制改革的核心内容，电价改革势在必行。2003年7月9日，国务院办公厅发布《国务院办公厅关于印发电价改革方案的通知》（国办发〔2003〕62号）。为了推进电价改革的实施工作，促进电价机制的根本性转变，2005年3月28日，国家发展改革委会同有关部门制定了《上网电价管理暂行办法》《输配电价管理暂行办法》和《销售电价管理暂行办法》，逐步推行发、输、配、售电价形成机制。

为了加强电力监管，规范电力监管行为，完善电力监管制度，2005年2月15日，国务院颁布了《电力监管条例》（国务院令第432号）。《电力监管条例》的颁布和实施，进一步规范了电力市场秩序，建立起政府综合管理、监管机构依法监管、电力企业各负其责的安全责任体系和协调机制。

二、"十一五"时期的能源政策

（一）能源供给结构调整政策

传统能源产能过剩是我国能源发展面临的一项重要挑战。"十一五"期间，我国持续推进能源供给侧结构性改革，围绕煤炭、煤电、石化等行业的落后低效产能淘汰和优质高效产能释放，出台了一系列政策。

为切实解决部分行业盲目投资、低水平扩张导致生产能力过剩的突出问题，2006年3月12日，国务院发布了《国务院关于加快推进产能过剩行业结构调整的通知》（国发〔2006〕11号），提出了推进产能过剩行业结构调整的8项重点措施。

2007年1月20日，《国务院批转发展改革委、能源办关于加快关停小火电机组若干意见的通知》（国发〔2007〕2号）指出，电力结构不合理，特别是能耗高、污染重的小火电机组比重过高，成为制约电力工业节能减排和健康发展的重要因素。抓住当前经济社会发展较快、电力供求矛盾缓解的有利时机，加快关停小火电机组，推进电力工业结构调整，对于促进电力工业健康发展，实现"十一五"时期能源消耗降低和主要污染物排放减少的目标至关重要。

针对一些地方政府出台一些鼓励高耗能产业发展的优惠政策，把高耗能产业作为招商引资的重点，高耗能行业又开始在一些地区盲目扩张的问题，2007年4月29日，国家发展改革委发布《关于加快推进产业结构调整遏制高耗能行业再度盲目扩张的紧急通知》（发改运行〔2007〕933号）。

2010年10月16日，《国务院办公厅转发国家发展改革委关于加快推进煤矿企业兼并重组的若干意见》（国办发〔2010〕46号）提出，加快煤矿企业兼并重组，是规范煤炭开发秩序、保护和集约开发煤炭资源、保障能源可靠供应的必然要求，是调整优化产业结构、提高发展质量和效益、实现长期可持续发展的重大举措。

为加快推进能源结构调整，逐步提高天然气、水电等清洁能源在能源消费中的比例，并积极支持可替代能源的发展，优化能源结构，"十一五"时期，我国先后出台了《国家发展改革委办公厅关于开展大型并网光伏示范电站建设有关要求的通知》（发改办能源〔2007〕2898号）、《关于加强金太阳示范工程和太阳能光电建筑应用示范工程建设管理的通知》（财建〔2010〕662号）、《关于做好2010年金太阳集中应用示范工作的通知》（财建〔2010〕923号）。

（二）能源价格政策

2005年年底，我国政府正式宣布不再对电煤价格进行调控。2006年，国家发展改革委发布《国家发展改革委关于做好2007年跨省区煤炭产运需衔接工作的通知》（发改运行〔2006〕2867号），进一步确定了由供需双方企业根据市场供求关系协商确定价格。2008年7月23日，国家发展改革委发布了《关于进一步完善电煤价格临时干预措施的通知》（发改电〔2008〕248号）。鉴于主要煤炭运输港口市场煤交易价格对全国煤价水平影响重大，且电煤与其他动力煤难以区分，决定在主要港口对动力煤进行统一限价。

为建立完善的成品油价格形成机制和规范的交通税费制度，促进节能减排和结构调整，公平负担，依法筹措交通基础设施维护和建设资金，国务院决定实施成品油价格和税费改革。2008年12月18日，国务院发布《国务院关于实施成品油价格和税费改革的通知》（国发〔2008〕37号），该文件的主要内容包括成品油税费改革、完善成品油价格形成机制、完善成品油价格配套措施等。

根据《国务院关于实施成品油价格和税费改革的通知》的有关规定，国家发展改革委《石油价格管理办法（试行）》（发改价格〔2009〕1198号）规定，我国成品油价格实行与国际市场原油价格有控制地间接接轨，油价最终将由市场竞争形成。

2007年4月，国务院办公厅转发电力体制改革工作小组《关于"十一五"深化电力体制改革的实施意见》，提出继续深化电价改革，逐步理顺电价机制是"十一五"深化电力体制改革的主要任务之一。结合区域电力市场建设，尽快建立与发电环节竞争相适应的上网电价形成机制，初步建立有利于促进电网健康发展的输、配电价格机制，销售电价要反映资源状况和电力供求关系并逐步与上网电价实现联动。实行有利于节能、环保的电价政策，全面实施激励清洁能源发展的电价机制，大力推行需求侧电价管理制度，研究制定发电排放的环保折价标准。在实现发电企业竞价上网前，继续实行煤电价格联动。

实行差别电价政策有利于遏制高耗能产业的盲目发展和低水平重复建设，淘汰落后生产能力，促进产业结构调整和技术升级，缓解能源供应紧张局面。2006年9月，国务院出台《国务院办公厅转发发展改革委关于完善差别电价政策意见的通知》（国办发〔2006〕77号），决定扩大差别电价实施范围。在对电解铝、铁合金、电石、烧碱、水泥、钢铁6个行业继续实行差别电价的同时，将黄磷、锌冶炼行业也纳入差别电价政策实施范围。

2007年9月30日，国家发展改革委、财政部和国家电监会三部门联合发布《关于进一步贯彻落实差别电价政策有关问题的通知》（发改价格〔2008〕2655号），取消国家出台的对电解铝、铁合金和氯碱企业的电价优惠政策，并公布了2007年国家电网企业供电的高耗能企业名单，共计 10 249 家。

为缓解火力发电企业经营困难，保证正常的电力生产经营秩序，2008 年 8 月 19 日，国家发展改革委发布《关于提高火力发电企业上网电价有关问题的通知》（发改电〔2008〕259 号），自 2008 年 8 月 20 日起，将全国火力发电（含燃煤、燃油、燃气发电和热电联产）企业上网电价平均每千瓦时提高 2 分钱，燃煤机组标杆上网电价同步调整。

2009 年 7 月，国家发展改革委发布了《关于完善风力发电上网电价政策的通知》（发改价格〔2009〕1906 号），完善了风力发电上网电价政策，将全国分为四类风能资源区，风电标杆电价水平分别为 0.51 元 /kW·h、0.54 元 /kW·h、0.58 元 /kW·h 和 0.61 元 /kW·h。

为进一步规范电能交易价格行为，维护正常的市场交易秩序，促进电力资源优化配置，2009 年 10 月，国家发改委、电监会、能源局三部门发布了《关于规范电能交易价格管理等有关问题的通知》（发改价格〔2009〕2474 号），从发电企业与电网企业的交易价格、跨省区电能交易价格以及电网企业与终端用户的交易价格等方面，对电价行为进行了全面规范。

三、"十二五"时期的能源政策

（一）能源体制改革政策

能源体制改革是实现能源可持续发展的关键。2015 年 3 月，中共中央、国务院印发《中共中央、国务院关于进一步深化电力体制改革的若干意见》（中发〔2015〕9 号），意味着新一轮电力体制改革大幕拉开。9 号文件的重点内容是"三放开、一独立、三强化"，即放开输配以外的竞争性环节电价，向社会资本放开配售电业务，放开公益性和调节性以外的发用电计划；推进交易机构相对独立，规范运行；强化政府监管，强化电力统筹规划，强化电力安全高效运行和可靠供应。该文件明确要求区分竞争性和垄断性环节，有效推动了能源领域的自然垄断性业务和竞争性业务分离。

为贯彻落实中共中央、国务院印发的《中共中央、国务院关于进一步深化电力体制改革的若干意见》精神，加快推进电力体制改革的实施，2015 年 11 月，国家发展改革委、国家能源局印发《电力体制改革配套文件》，配套文件包括《关于推进输配电价改革的实施意见》《关于推进电力市场建设的实施意见》《关于电力交易机构组建和规范运行的实施意见》《关于有序放开发用电计划的实施意见》《关于推进售电侧改革的实施意见》《关于加强和规范燃煤自备电厂监督管理的指导意见》6 个文件，进一步细化、明确了电力体制改革的有关要求及实施路径。

此外，国家发展改革委等有关单位陆续出台了一系列文件，为相关工作的落地实施提供了明确的路径。国家发改委、国家能源局印发的《国家发展改革委 国家能源局关于改善电力运行调节促进清洁能源多发满发的指导意见》（发改运行〔2015〕518 号），明确了电力市场化过程中要继续支持清洁能源发展，同时探索通过市场化手段来确定可再生能源的电价。国家发改委、财政部印发的《国家发展改革委 财政部关于完善电力应急机制做好电力需求侧管理城市综合试点工作的通知》（发改运行〔2015〕703号），要求试点城市及所在省份要借鉴上海需求响应试点的实践和国际经验，为吸引用户主动减少高峰用电负荷并自愿参与需求响应，可以制定、完善尖峰电价或季节电价。国家发改委印发的《国家发展改革委关于贯彻中发〔2015〕9号文件精神加快推进输配电价改革的通知》（发改价格〔2015〕742号），明确放开售电市场的方向，扩大输配电价改革的试点范围，在全国范围内推广。国家发改委印发的《国家发展改革委关于完善跨省跨区电能交易价格形成机制有关问题的通知》（发改价格〔2015〕962号），为跨省区电能交易制定了市场化规则。

（二）能源清洁利用政策

从世界范围看，在相当长的时期内，煤炭、石油等化石能源仍将是能源供应的主体，我国也不例外。因此，我国要统筹化石能源开发利用与环境保护，加快建设先进生产能力，淘汰落后产能，大力推动化石能源清洁发展，保护生态环境，应对气候变化，实现节能减排。不合理的能源消费是造成能源效率低下的重要原因，我国严格落实能耗双控制度，不断完善各领域节能制度，出台了一系列能源清洁利用政策文件。

2013年9月30日，财政部、发展改革委、工业和信息化部发布《财政部 发展改革委 工业和信息化部关于开展1.6升及以下节能环保汽车推广工作的通知》（财建〔2013〕644号），决定从2013年10月1日起，实施1.6 L及以下节能环保汽车推广政策。

为加快新能源汽车的推广应用，有效缓解能源和环境压力，促进汽车产业转型升级，2014年7月14日，国务院办公厅印发《国务院办公厅关于加快新能源汽车推广应用的指导意见》（国办发〔2014〕35号）。针对地方保护、充电设施建设滞后、扶持政策有待完善、产品性能需要提高等难题，《国务院办公厅关于加快新能源汽车推广应用的指导意见》明确要求严格执行全国统一的新能源汽车和充电设施国家标准和行业标准；执行全国统一的新能源汽车推广目录，各地不得阻碍外地生产的新能源汽车进入本地市场，不得限制消费者购买某一类新能源汽车。要求将充电设施建设和配套电网建设与改造纳入城市规划，并给予政策支持。同时，要求放宽整车生产准入，鼓励社会资本进入。

为进一步优化能源结构，落实煤炭消费总量控制目标，促进煤炭清洁高效利用，切实减少大气污染，改善空气质量，2014年12月29日，国家发展改革委、工业和信息化部、财政部、环境保护部、统计局、能源局联合印发《重点地区煤炭消费减量替代管理暂行办法》的通知（发改环资〔2014〕2984号），要求重点地区人民政府对本行政区域煤炭消费减量替代工作负总责。

为积极引导能源消费绿色转型，国家发展改革委、工信部、生态环境部、交通运输部、财政部等部门出台了《关于联合组织实施工业领域煤炭清洁高效利用行动计划的通知》（工信部联节〔2015〕45号）、《关于加快推动生活方式绿色化的实施意见》（环发〔2015〕135号）、《关于加快推进新能源汽车在交通运输行业推广应用的实施意见》（交运发〔2015〕34号）等专项文件。

四、"十三五"时期的能源政策

（一）煤炭行业"去产能"政策

2016 年 2 月 5 日，国务院印发《国务院关于煤炭行业化解过剩产能实现脱困发展的意见》（国发〔2016〕7 号）。7 号文件成为"十三五"时期煤炭行业实施供给侧结构性改革总纲领。在该文件的指引下，煤炭行业供给侧结构性改革一方面要淘汰落后产能，另一方面要培育发展优质产能。该文件提出的主要任务包括：严格控制新增产能；加快淘汰落后产能和其他不符合产业政策的产能；有序退出过剩产能；推进企业改革重组；推进行业调整转型；严格治理不安全生产；严格控制超能力生产；严格治理违法违规建设；严格限制劣质煤使用。

为了贯彻落实该文件，进一步规范和改善煤炭生产经营秩序，有效化解过剩产能，推动煤炭企业实现脱困发展，2016 年 3 月 21 日，国家发展改革委印发了《关于进一步规范和改善煤炭生产经营秩序的通知》（发改运行〔2016〕593 号），提出了引导煤炭企业减量生产、自觉规范生产经营行为、恪守行业自律等规范和改善生产经营秩序的主要措施。

2016 年，国家发展改革委还印发了《国家发展改革委办公厅　国家能源局综合司关于开展煤炭行业能耗情况专项检查的通知》（发改办环资〔2016〕1487 号）、《国家发展改革委办公厅关于进一步贯彻落实煤矿节日停产和落实减量化生产的通知》（发改办运行〔2016〕1556 号）、《关于加强市场监管和公共服务保障煤炭中长期合同履行的意见》（发改运行〔2016〕2502 号）等有关煤炭行业"去产能"政策文件。

2017 年 2 月 17 日，国家能源局发布了《2017 年能源工作指导意见》，将涵盖了煤炭煤电两方面内容的"防范化解产能过剩"列为 2017 年重点任务之首。

为指导煤炭产运需三方做好 2018 年中长期合同签订履行工作，促进煤炭稳定供应和上下游行业健康发展，2017 年 11 月 10 日，国家发展改革委办公厅发布《国家发展改革委办公厅关于推进 2018 年煤炭中长期合同签订履行工作的通知》（发改办运行〔2017〕1843 号）。

2017 年 12 月 19 日，国家发展改革委等 12 个部门联合印发《关于进一步推进煤炭企业兼并重组转型升级的意见》（发改运行〔2017〕2118 号），提出的主要目标是：通过兼并重组，实现煤炭企业平均规模明显扩大，中低水平煤矿数量明显减少，上下游产业融合度显著提高，经济活力得到增强，产业格局得到优化。到 2020 年年底，争取在全国形成若干个具有较强国际竞争力的亿吨级特大型煤炭企业集团，发展和培育一批现代化煤炭企业集团。

（二）油气行业市场化改革政策

2017 年 5 月 21 日，中共中央、国务院印发了《关于深化石油天然气体制改革的若干意见》，这份文件是我国油气行业改革的总纲性文件，进一步明确了我国深化石油天然气体制改革的路线图及基本任务。明确完善并有序放开油气勘查开采体制，改革油气管网运营机制，深化下游竞争性环节改革，改革油气产品定价机制。

2018 年 5 月 25 日，国家发展改革委印发《国家发展改革委关于理顺居民用气门站价格的通知》（发改价格规〔2018〕794 号），将居民用气由最高门站价格管理改为基准门站价格管理，价格水平按非居民用气基准门站价格水平（增值税税率 10%）安排，供需双方可以基准门站价格为基础，在上浮 20%、下浮不限的范围内协商确定具体门站价格，实现与非居民用气价格机制衔接。

2018 年 9 月 5 日，国务院发布《国务院关于促进天然气协调稳定发展的若干意见》（国发〔2018〕31 号），要求各油气企业全面增加国内勘探开发资金和工作量投入，确保完成国家规划部署的各项目标任务。严格执行油气勘查区块退出机制，全面实行区块竞争性出让。

2019 年 3 月，中央全面深化改革委员会第七次会议审议通过《石油天然气管网运营机制改革实施意见》，强调推动石油天然气管网运营机制改革，组建国有资本控股、投资主体多元化的石油天然气管网公司。2019 年 12 月，国家石油天然气管网集团有限公司正式挂牌成立。

2019 年 12 月 31 日，自然资源部印发《自然资源部关于推进矿产资源管理改革若干事项的意见（试行）》（自然资规〔2019〕7 号），规定了油气探采合一制度，即油气探矿权人发现可供开采的油气资源的，在报告有登记权限的自然资源主管部门后即可进行开采。进行开采的油气探矿权人应当在 5 年内签订采矿权出让合同，依法办理采矿权登记。实行油气探采合一制度使得油气探矿权人有了更加明确的权利预期。

2020 年 7 月 3 日，国家发展改革委、市场监管总局联合印发《国家发展改革委　市场监督总局关于加强天然气输配价格监管的通知》（发改价格〔2020〕1044 号），部署各地认真梳理供气环节减少供气层级，严格开展定价成本监审，合理制定省内管道运输价格和城镇燃气配气价格，切实降低过高的价格水平；同时，加强市场价格监管，依法查处各类价格违法违规行为。

第二节　我国的节能政策

节能政策是我国能源政策体系的重要组成部分。2018 年 10 月 26 日修订的《中华人民共和国节约能源法》第四条提出："节约资源是我国的基本国策。国家实施节约与开发并举、把节约放在首位的能源发展战略。"改革开放以来，为适应紧缺的能源形势和能源消费结构的转变，我国的节能政策经历了从无到有、从局部到全面的演进历程。

一、节能法律法规

（一）《中华人民共和国节约能源法》

中华人民共和国第八届全国人民代表大会常务委员会于 1997 年 11 月 1 日通过了《中华

人民共和国节约能源法》，自 1998 年 1 月 1 日起施行。《中华人民共和国节约能源法》（1998
年版）共六章五十条，确定了节能的基本原则和相关制度基础，对节能管理、合理使用资源、
鼓励节能技术进步和相关法律责任，作出了具体规定，是我国节能管理领域第一部综合性法律。

中华人民共和国第十届全国人民代表大会常务委员会第三十次会议于 2007 年 10 月
28 日通过新修订的《中华人民共和国节约能源法》，并从 2008 年 4 月 1 日起施行。《中华
人民共和国节约能源法》（2008 年版）共 7 章 87 条，分为总则、节能管理、合理使用与
节能、节能技术进步、激励措施、法律责任和附则。其中，在合理使用与节约能源中，对
工业节能、建筑节能、交通运输节能、公共机构节能、重点用能单位节能，进行了规范。
《中华人民共和国节约能源法》（2008 年版）把节约资源定为我国的基本国策，使得节能
减排成为全社会共同参与的大事。随后，国家发展改革委等 11 个部门联合印发了《关于
贯彻实施〈中华人民共和国节约能源法的通知〉》（发改环资〔2008〕2306 号）。

2016 年 7 月 2 日，第十二届全国人民代表大会常务委员会第二十一次会议对《中华
人民共和国节约能源法》（2008 年版）进行了修改，自 2016 年 9 月 1 日起施行。2016 年
新修订的《中华人民共和国节约能源法》新增了对政府投资项目审批建设的相关规定，其
他内容基本不变。2018 年 10 月 26 日第十三届全国人民代表大会常务委员会第六次会议
《关于修改〈中华人民共和国野生动物保护法〉等十五部法律的决定》对《中华人民共和
国节约能源法》进行修改。《中华人民共和国节约能源法》的实施对于国家实现节能减排
的目标任务发挥了积极的作用。

（二）《民用建筑节能条例》

2008 年 7 月 23 日，国务院第 18 次常务会议通过了《民用建筑节能条例》（国务院令
第 530 号），自 2008 年 10 月 1 日施行。《民用建筑节能条例》旨在加强民用建筑节能管
理，降低民用建筑使用过程中的能源消耗，提高能源利用效率。《民用建筑节能条例》共
计 6 章 45 条，对新建建筑和既有建筑的节能都提出了相关要求。国家鼓励和扶持在新建
建筑和既有建筑节能改造中采用太阳能、地热能等可再生能源。国家鼓励制定、采用优于
国家民用建筑节能标准的地方民用建筑节能标准。针对新建筑节能，《民用建筑节能条例》
从规划、设计、建设、竣工验收、销售和保修等环节予以规定。针对既有建筑节能，《民
用建筑节能条例》规定，实施既有建筑节能改造，应当符合民用建筑节能强制性标准，优
先采用遮阳、改善通风等低成本改造措施。

（三）《公共机构节能条例》

公共机构节能是我国节能工作的重要组成部分，推行公共机构节能可以加快资源节约
型、环境友好型社会的建设步伐，同时也是公共机构加强自身建设和树立良好社会形象的
必然要求。2008 年 7 月 23 日，国务院第 18 次常务会议通过了《公共机构节能条例》（国
务院令第 531 号），自 2008 年 10 月 1 日起施行。《公共机构节能条例》明确了公共机构节
能管理体制，规定了公共机构节能规划的编制和实施，规定了公共机构节能管理的基本制

度，规定了公共机构节能的具体措施，规定了公共机构节能的监督和保障制度。《公共机构节能条例》共计 6 章 43 条。

二、节能激励政策

《中华人民共和国节约能源法》第六十二条规定，国家实行有利于节约能源资源的税收政策，健全能源矿产资源有偿使用制度，促进能源资源的节约及其开采利用水平的提高。第六十六条规定，国家实行有利于节能的价格政策，引导用能单位和个人节能。

（一）节能税收激励政策

2022 年 5 月，国家税务总局发布的《支持绿色发展税费优惠政策指引汇编》对促进节能环保方面的 20 项税费优惠政策进行了梳理。促进节能环保方面的现行税收优惠政策包括推广合同能源管理项目、保障居民供热采暖、推进电池制造、建材等行业绿色化改造、促进节能节水环保、支持新能源车船使用、鼓励污染物集中安全处置等。

为鼓励企业运用合同能源管理机制，加大节能减排技术改造工作力度，财政部、国家税务总局发布了《财政部 国家税务总局关于促进节能服务产业发展增值税、营业税和企业所得税政策问题的通知》（财税〔2010〕110 号），对符合条件的节能服务公司实施合同能源管理项目，取得的营业税应税收入，暂免征收营业税。节能服务公司实施符合条件的合同能源管理项目，将项目中的增值税应税货物转让给用能企业，暂免征收增值税。

为促进节约能源，鼓励使用新能源，《财政部 税务总局 工业和信息化部 交通运输部关于节能 新能源车船享受车船税优惠政策的通知》（财税〔2018〕74 号）规定，对节能汽车，减半征收车船税；对新能源车船，免征车船税。

为支持新能源汽车产业发展，促进汽车消费，《财政部 税务总局 工业和信息化部关于新能源汽车免征车辆购置税有关政策的公告》（财政部公告 2020 年第 21 号）规定，自 2021 年 1 月 1 日至 2022 年 12 月 31 日，对购置的新能源汽车免征车辆购置税。

《关于延续新能源汽车免征车辆购置税政策的公告》（财政部 税务总局 工业和信息化部公告 2022 年第 27 号）规定，对购置日期在 2023 年 1 月 1 日至 2023 年 12 月 31 日期间内的新能源汽车，免征车辆购置税。《关于延续和优化新能源汽车车辆购置税减免政策的公告》（财政部 税务总局 工业和信息化部公告 2023 年第 10 号）规定，对购置日期在 2024 年 1 月 1 日至 2025 年 12 月 31 日期间的新能源汽车免征车辆购置税。

（二）节能财政补贴政策

为了规范和加强财政奖励资金管理，提高资金使用效益，财政部、国家发展改革委印发《合同能源管理项目财政奖励资金管理暂行办法》（财建〔2010〕249 号），规定财政奖励资金支持的对象是实施节能效益分享型合同能源管理项目的节能服务公司。财政奖励资金用于支持采用合同能源管理方式实施的工业、建筑、交通等领域及公共机构节能改造项目。

小链接 9-1　　　　　　　合同能源管理

合同能源管理（energy performance contracting，EPC）指节能服务公司与用能单位以契约形式约定节能项目的节能目标，节能服务公司为实现节能目标向用能单位提供必要的服务，用能单位以节能效益支付节能服务公司的投入及其合理利润的节能服务机制。

合同能源管理的实质就是以减少的能源费用来支付节能项目全部成本的节能业务方式。这种节能投资方式允许客户用未来的节能收益为工厂和设备升级，以降低运行成本；节能服务公司以承诺节能项目的节能效益或承包整体能源费用的方式为客户提供节能服务。

合同能源管理的国家标准是《合同能源管理技术通则》（GB/T 24915—2020），国家支持和鼓励节能服务公司以合同能源管理机制开展节能服务，享受财政奖励、营业税免征、增值税免征和企业所得税免三减三优惠政策。

促进节能技术进步的财政补贴政策主要是《节能技术改造财政奖励资金管理办法》（财建〔2011〕367号）。2011年6月21日，财政部和国家发展改革委联合发文，发布了《节能技术改造财政奖励资金管理办法》，这是进入“十二五”以后第一个针对节能技术改造的直接财政奖励政策。《中华人民共和国节约能源法》第六十条规定，中央财政和省级地方财政安排节能专项资金，支持节能技术研究开发、节能技术和产品的示范与推广、重点节能工程的实施、节能宣传培训、信息服务和表彰奖励等。正是依据此项规定，为加快推广先进节能技术，实现能耗降低指标，中央财政安排专项资金，采取“以奖代补”方式，对节能技术改造项目给予适当支持和奖励。奖励资金支持对象是对现有生产工艺和设备实施节能技术改造的项目。奖励标准是：东部地区节能技术改造项目根据项目完工后实现的年节能量按240元/t标准煤给予一次性奖励；中西部地区按300元/t标准煤给予一次性奖励。

三、节能管理机构

（一）国家应对气候变化及节能减排工作领导小组

在节能管理领域，2007年6月，国务院为了加强应对气候变化和节能减排工作的领导，决定成立国家应对气候变化及节能减排工作领导小组，对外视工作需要可称国家应对气候变化领导小组或国务院节能减排工作领导小组，作为国家应对气候变化和节能减排工作的议事协调机构。

领导小组的主要职责是研究制定国家应对气候变化的重大战略、方针和对策，统一部署应对气候变化工作，研究审议国际合作和谈判方案，协调解决应对气候变化工作中的重大问题；组织贯彻落实国务院有关节能减排工作的方针政策；统一部署节能减排工作，研究审议重大政策建议，协调解决工作中的重大问题。

领导小组下设国家应对气候变化领导小组办公室和国务院节能减排工作领导小组办公室（均设在国家发改委），具体承担领导小组的日常工作。国务院节能减排工作领导小组办公室，有关综合协调和节能方面的工作由国家发改委为主承担，有关污染减排方面的工作由生态环境部为主承担。

在地方层面，各省、市、县人民政府都建立了节能办公会议制度。办公会议由分管能源工作的主要负责人主持，日常工作由所属经贸委、发改委分工负责。各级政府的节能办公会议的主要职责包括研究贯彻国家节能方针、政策，审查本辖区的节能规划及改革措施，部署和协调本辖区城乡的节能工作。各省、市、县的节能办公会议的常设办公机构为节约能源办公室，一般设在经信委编制内。

（二）国家节能中心

国家节能中心是经中央机构编制委员会办公室批复成立，是中华人民共和国国家发展和改革委员会直属的事业单位。国家节能中心的主要职责是：承担节能政策、法规、规划及管理制度等研究任务；受政府有关部门委托，承担固定资产投资项目节能评估论证，提出评审意见；组织开展节能技术、产品和新机制推广；开展节能宣传、培训及信息传播、咨询服务；受政府有关部门委托，承担能效标识管理；开展节能领域国际交流与合作；承担国家发展改革委和其他单位委托的相关工作。国家节能中心下设7个处室：办公室（人事处）、综合业务处、评审处、节能管理处、宣传培训处、推广（信息传播）处、国际合作处。

（三）节能服务机构

中国节能协会（China Energy Conservation Association，CECA）成立于1989年，是经民政部注册的节能领域的国家一级社团组织。在业务上受国家发展和改革委员会、工业和信息化部等相关部门的指导。业务范围涉及工业节能、交通节能、建筑节能、公共机构节能、重点用能单位节能和社会节能等领域。协会主要从事节能政策研究、标准制定、节能监测、节能技术评估推广及节能领域的相关培训与咨询等方面工作。

协会自成立以来，始终以节约能源、提高能效、推动资源综合利用和保护环境为己任，以资源节约为中心，紧紧围绕节能减排中心工作，开展调查研究、宣传培训、咨询服务和组织节能减排技术开发及推广应用等活动，在政府和行业、企业之间发挥桥梁和纽带作用。

中国节能协会下设7个职能部门（办公室、财务部、会员部、宣传培训部、推广部、项目部、业务发展部）和23个专业委员会。

小链接 9-2　　　　北京节能环保中心

北京节能环保中心是由中国政府、法国政府和联合国开发计划署（The United Nations Development Programme，UNDP）为促进地区能源节约和环境保护，在北京设立的具有独立法人资格的全额拨款正局级事业单位，由北京市发展和改革委员会归口管理，是北京市唯一从事节能环保综合性工作和承担政府委托职能的专业机构。

第三节　我国的可再生能源政策

大力发展可再生能源是推进能源多元清洁发展、培育战略性新兴产业的重要战略举措，加强可再生能源的开发利用对于改善能源结构、增加能源供给、确保能源安全、实现环境保护等各方面具有重要意义。我国拥有较为丰富的可再生能源资源，为促进可再生能源成为我国能源优先发展的领域，自 2005 年可再生能源立法以来，我国制定了一系列有关可再生能源的政策规范，不断充实完善可再生能源政策体系。

一、可再生能源指令性政策

政策是法律制定的依据，法律是政策实施的有效手段。政策具有指向性、引导性和方向性，但不具有强制性；法律具有较高的稳定性和强制性。中央政府出台的有关可再生能源的指令性政策主要包括《中华人民共和国电力法》《中华人民共和国节约能源法》《中华人民共和国循环经济促进法》和《中华人民共和国可再生能源法》。

2005 年 2 月 28 日，第十届全国人民代表大会常务委员会第十四次会议通过《中华人民共和国可再生能源法》，并根据 2009 年 12 月 26 日第十一届全国人民代表大会常务委员会第十二次会议《关于修改〈中华人民共和国可再生能源法〉的决定》修正。

根据《中华人民共和国可再生能源法》，我国可再生能源发展的主要制度有可再生能源总量目标制度、规划制度、全国保障性收购制度、分类电价制度、费用分摊制度、发展基金制度等。

（一）总量目标制度

可再生能源总量目标制度指国家将可再生能源的开发利用列为能源发展的优先领域，通过制定可再生能源开发利用总量目标和采取相应措施，推动可再生能源市场的建立和发展。《中华人民共和国可再生能源法》（2009 修订版）第七条规定，国务院能源主管部门根据全国能源需求与可再生能源资源实际状况，制定全国可再生能源开发利用中长期总量目标。国务院能源主管部门根据前款规定的总量目标和省、自治区、直辖市经济发展与可再生能源资源实际状况，会同省、自治区、直辖市人民政府确定各行政区域可再生能源开发利用中长期目标。例如，2022 年 3 月 22 日，国家发改委、国家能源局印发的《"十四五"现代能源体系规划》（发改能源〔2022〕210 号）提出，到 2025 年，非化石能源消费比重提高到 20% 左右，非化石能源发电量比重达到 39% 左右。

（二）规划制度

可再生能源规划制度是指为了实现可再生能源的总量目标，制定可再生能源规划。《中华人民共和国可再生能源法》（2009 修订版）第八条规定，国务院能源主管部门会同国务院有关部门，根据全国可再生能源开发利用中长期总量目标和可再生能源技术发展状况，编制全国可再生能源开发利用规划。省、自治区、直辖市人民政府管理能源工作的部门会同本级人民政府有关部门，依据全国可再生能源开发利用规划和本行政区域可再生能源开发利用中长期目标，编制本行政区域可再生能源开发利用规划。《中华人民共和国可再生能源法》（2009 修订版）第九条规定，编制可再生能源开发利用规划，应当遵循因地制宜、统筹兼顾、合理布局、有序发展的原则。规划内容应当包括发展目标、主要任务、区域布局、重点项目、实施进度、配套电网建设、服务体系和保障措施等。

（三）全额保障性收购制度

根据《可再生能源发电全额保障性收购管理办法》（发改能源〔2016〕625 号），可再生能源发电全额保障性收购指电网企业（含电力调度机构）根据国家确定的上网标杆电价和保障性收购利用小时数，结合市场竞争机制，通过落实优先发电制度，在确保供电安全的前提下，全额收购规划范围内的可再生能源发电项目的上网电量。

《中华人民共和国可再生能源法》（2009 修订版）第十四条规定，国家实行可再生能源发电全额保障性收购制度。国务院能源主管部门会同国家电力监管机构和国务院财政部门，按照全国可再生能源开发利用规划，确定在规划期内应当达到的可再生能源发电量占全部发电量的比重，制定电网企业优先调度和全额收购可再生能源发电的具体办法，并由国务院能源主管部门会同国家电力监管机构在年度考核中督促落实。

电网企业应当与按照可再生能源开发利用规划建设，依法取得行政许可或者报送备案的可再生能源发电企业签订并网协议，全额收购其电网覆盖范围内符合并网技术标准的可再生能源并网发电项目的上网电量。发电企业有义务配合电网企业保障电网安全。

电网企业应当加强电网建设，扩大可再生能源电力配置范围，发展和应用智能电网、储能等技术，完善电网运行管理，提高吸纳可再生能源电力的能力，为可再生能源发电提供上网服务。

（四）分类电价制度

《中华人民共和国可再生能源法》（2009 修订版）第二十二条规定，国家投资或补贴建设的公共可再生能源独立电力系统的销售电价，执行同一地区分类销售电价，其合理运行和管理费用超出销售电价的部分，依照规定进行补偿。

例如，国家发展改革委印发的《国家发展改革委关于 2021 年新能源上网电价政策有关事项的通知》（发改价格〔2021〕833 号），明确从 2021 年 8 月 1 日起，对新备案集中式光伏电站、工商业分布式光伏项目和新核准陆上风电项目，中央财政不再补贴，实行平价上网。上网电价按当地燃煤发电基准价执行，也可自愿通过参与市场化交易形成上网电价。新核准（备案）海上风电项目、光热发电项目上网电价由当地省级价格主管部门制定，具备条件的可通过竞争性配置方式形成，上网电价高于当地燃煤发电基准价的，基准价以内的部分由电网企业结算。

（五）费用分摊制度

《中华人民共和国可再生能源法》（2009 修订版）第二十条规定，电网企业依照规定确定的上网电价收购可再生能源电量所发生的费用，高于按照常规能源发电平均上网电价计算所发生费用之间的差额，由在全国范围对销售电量征收可再生能源电价附加补偿。2006 年，国家发展改革委制定了《可再生能源发电价格和费用分摊管理试行办法》（发改价格〔2006〕7 号）来细化费用分摊制度。该《办法》第十二条规定：可再生能源发电项目上网电价高于当地脱硫燃煤机组标杆上网电价的部分、国家投资或补贴建设的公共可再生能源独立电力系统运行维护费用高于当地省级电网平均销售电价的部分，以及可再生能源发电项目接网费用等，通过向电力用户征收电价附加的方式解决。

（六）发展基金制度

《中华人民共和国可再生能源法》（2009 修订版）第二十四条规定，国家财政设立可再生能源发展基金，资金来源包括国家财政年度安排的专项资金和依法征收的可再生能源电价附加收入等。可再生能源发展基金征收使用管理的具体办法，由国务院财政部门会同国务院能源、价格主管部门制定。2011 年 11 月 29 日，财政部、发展改革委、能源局联合发布的《可再生能源发展基金征收使用管理暂行办法》（财综〔2011〕115 号）规定，可再生能源发展基金包括国家财政公共预算安排的专项资金和依法向电力用户征收的可再生能源电价附加收入等。可再生能源电价附加在除西藏自治区以外的全国范围内，对各省、自治区、直辖市扣除农业生产用电（含农业排灌用电）后的销售电量征收。可再生能源电价附加征收标准为 8 厘 /kW·h。根据可再生能源开发利用中长期总量目标和开发利用规划，以及可再生能源电价附加收支情况，征收标准可以适时调整。

二、可再生能源国家补贴政策

《中华人民共和国可再生能源法》（2009 修订版）第二十五条规定，对列入国家可再生能源产业发展指导目录、符合信贷条件的可再生能源开发利用项目，金融机构可以提供有财政贴息的优惠贷款。第二十六条规定，国家对列入可再生能源产业发展指导目录的项目给予税收优惠。具体办法由国务院规定。

例如，2013 年 7 月 15 日，国务院发布《国务院关于促进光伏产业健康发展的若干意见》（国发〔2013〕24 号），要求对分布式光伏发电实行按照电量补贴的政策。为贯彻落实《国务院关于促进光伏产业健康发展的若干意见》，2013 年 7 月 24 日，财政部发布《财政部关于分布式光伏发电实行按照电量补贴政策等有关问题的通知》（财建〔2013〕390号），明确国家对分布式光伏发电项目按电量给予补贴，补贴资金通过电网企业转付给分布式光伏发电项目单位。

2013年7月18日，国家发展改革委印发的《分布式发电管理暂行办法》明确对于分布式电源的发电量，用户可以自行选择全部自用、全部上网或自发自用后的余电上网。对符合条件的分布式发电给予建设资金补贴或单位发电量补贴。

光伏补贴极大地激活了国内光伏市场，但随着光伏装机快速攀升，补贴缺口在持续扩大。同时，在光伏发电市场高速增长的刺激下，光伏制造企业纷纷扩大产能，光伏制造产能过剩问题开始涌现。

为解决补贴资金不足问题，2015年12月，国家发展改革委发布了《国家发展改革委关于完善陆上风电光伏发电上网标杆电价政策的通知》（发改价格〔2015〕3044号），对风电、光伏电价进行了下调。随后在2016年底和2017年底，国家发展改革委又分别发布了《国家发展改革委关于调整光伏发电陆上风电标杆上网电价的通知》（发改价格〔2016〕2729号）和《国家发展改革委关于2018年光伏发电项目价格政策的通知》（发改价格〔2017〕2196号），继续对风电和光伏上网电价进行调减，这个过程也就是业界俗称的"补贴退坡"。

除了"补贴退坡"之外，为了缓解补贴资金不足问题，2017年有关部门还颁布了《国家发展改革委 财政部 国家能源局关于试行可再生能源绿色电力证书核发及自愿认购交易制度的通知》（发改能源〔2017〕132号），目的是引导全社会的绿色消费，促进清洁能源利用。

《国家发展改革委 财政部 国家能源局关于试行可再生能源绿色电力证书核发及自愿认购交易制度的通知》，为陆上风电、光伏发电企业（不含分布式光伏发电）所生产的可再生能源发电量发放绿色电力证书。风电、光伏发电企业出售可再生能源绿色电力证书后，相应的电量不再享受国家可再生能源电价附加资金的补贴。

2018年5月31日，《国家发展改革委、财政部、国家能源局关于2018年光伏发电有关事项的通知》（发改能源〔2018〕823号），提出加快光伏发电补贴退坡，降低补贴强度。

2019年4月28日，《国家发展改革委关于完善光伏发电上网电价机制有关问题的通知》（发改价格〔2019〕761号），将集中式光伏电站标杆上网电价改为指导价。将纳入国家财政补贴范围的I～III类资源区新增集中式光伏电站指导价分别确定为0.40元/kW·h（含税，下同）、0.45元/kW·h、0.55元/kW·h。新增集中式光伏电站上网电价原则上通过市场竞争方式确定，不得超过所在资源区指导价。

2019年5月21日，《国家发展改革委关于完善风电上网电价政策的通知》（发改价格〔2019〕882号），将陆上和海上风电标杆上网电价改为指导价。新核准的集中式陆上风电项目上网电价全部通过竞争方式确定，不得高于项目所在资源区指导价。新核准海上风电项目全部通过竞争方式确定上网电价。

2019年1月10日，《国家发展改革委 国家能源局关于积极推进风电、光伏发电无补贴平价上网有关工作的通知》（发改能源〔2019〕19号），明确提出鼓励满足不需要国家补贴、执行煤电标杆电价两个条件的风电、光伏项目发展。

2020年1月20日，财政部、发展改革委、能源部下发《关于促进非水可再生能源发电健康发展的若干意见》（财建〔2020〕4号），明确提出以收定支，合理确定新增补贴项目规模，以及按合理利用小时数核定中央财政补贴额度的规定，预示着我国对可再生能源项目进行大规模电价补贴的时代将淡出历史。

三、可再生能源电力消纳支持政策

扩展阅读9.1

可再生能源消纳指由于可再生能源发电（无论是水能、风能和其他可再生能源发电）后送上网，由于电能无法方便地储存，不用掉就是浪费，所以就要将富余的电能经调度送到有电能需求的负荷点，这个过程就是消纳。2015年，我国华北、西北部分地区出现了较为严重的弃风弃光现象。为了解决弃风限电问题，国家发展改革委、国家能源局出台了一系列可再生能源电力消纳支持政策。

2015年3月20日，《国家发展改革委　国家能源局关于改善电力运行调节促进清洁能源多发满发的指导意见》（发改运行〔2015〕518号），要求各省（区、市）政府主管部门组织编制本地区年度电力平衡方案时，应采取措施落实可再生能源发电全额保障性收购制度。

2015年10月8日，《国家发展改革委办公厅关于开展可再生能源就近消纳试点的通知》（发改办运行〔2015〕2554号），首次提出在可再生能源丰富的地区开展可再生能源就近消纳试点，初步的试点区域定在内蒙古自治区和甘肃省。

2015年11月30日，国家发展改革委、国家能源局正式公布《关于有序放开发用电计划的实施意见》，要求优先安排风能、太阳能、生物质能等可再生能源保障性发电，调度机构在保证电网安全运行的前提下，促进清洁能源优先上网；面临弃水弃风弃光情况时，及时预告有关情况，及时公开相关调度和机组运行信息。

为解决可再生能源发电并网消纳问题，2016年3月24日，国家发展改革委印发《可再生能源发电全额保障性收购管理办法》，明确电网企业根据国家确定的上网标杆电价和保障性收购利用小时数，全额收购规划范围内的可再生能源发电项目的上网电量。

2016年5月，《国家发展改革委　国家能源局关于做好风电、光伏发电全额保障性收购管理工作的通知》（发改能源〔2016〕1150号），首次核定了部分存在弃风、弃光问题地区规划内的风电、光伏发电最低保障收购年利用小时数。保障性收购电量由电网企业按标杆上网电价和最低保障收购年利用小时数全额结算，超出最低保障收购年利用小时数的部分通过市场交易方式消纳。

为提升电力系统调峰能力，有效缓解弃水、弃风、弃光，促进可再生能源消纳，2016年7月14日，国家发改委、国家能源局印发《可再生能源调峰机组优先发电试行办法》的通知，该通知共7章26条内容，要求在全国范围内通过企业自愿、电网和发电企业双方约定的方式确定部分机组为可再生能源调峰机组。在履行正常调峰义务的基础上，可再生能源调峰机组优先调度，按照"谁调峰、谁受益"原则，建立调峰机组激励机制。

2016 年 7 月 18 日，《国家能源局关于建立监测预警机制促进风电产业持续健康发展的通知》（国能新能〔2016〕196 号），建立了风电投资监测预警机制，明确提出在红色预警区域暂停风电开发建设等要求。

2017 年 11 月 8 日，《国家发展改革委 国家能源局关于印发〈解决弃水弃风弃光问题实施方案〉的通知》（发改能源〔2017〕1942 号）要求高度重视可再生能源电力消纳工作，采取有效措施提高可再生能源利用水平，推动解决弃水弃风弃光问题取得实际成效。

2018 年 3 月 5 日，《国家能源局关于发布 2018 年度风电投资监测预警结果的通知》（国能发新能〔2018〕23 号）公布了各省（区、市）风电开发投资监测预警结果。甘肃省、新疆维吾尔自治区（含兵团）、吉林省为红色预警区域。内蒙古自治区、黑龙江省为橙色预警区域，山西省北部忻州市、朔州市、大同市，陕西省北部榆林市及河北省张家口市和承德市按照橙色预警管理。其他省（区、市）和地区为绿色预警区域。

2018 年 5 月 18 日，《国家能源局关于 2018 年度风电建设管理有关要求的通知》（国能发新能〔2018〕47 号），要求严格落实规划和预警要求，将消纳工作作为首要条件，严格落实电力送出和消纳条件。

2019 年 5 月 10 日，《国家发展改革委 国家能源局关于建立健全可再生能源电力消纳保障机制的通知》（发改能源〔2019〕807 号），明确提出对电力消费设定可再生能源电力消纳责任权重的要求，标志着可再生能源配额制以可再生能源电力消纳责任权重的形式正式实施。

关键词

总量目标制度；规划制度；全额保障性收购制度；分类电价制度；费用分摊制度；发展基金制度；可再生能源消纳

思考题

1. 简述"十三五"时期我国能源政策的特点。
2. 我国煤炭行业为什么要去产能？能源清洁利用政策出台的背景是什么？
3. 我国部分地区出现弃风、弃光现象的原因是什么？如何解决弃风、弃光问题？
4. 可再生能源发电补贴退坡的原因有哪些？
5. 你认为可再生能源发电实现平价上网是否有可能？为什么？

【在线测试题】扫描二维码，在线答题。

第十章　能源战略实施效果

学习目标

1. 了解美国、欧盟、德国、法国和日本能源战略实施效果；
2. 理解我国"十五"至"十三五"时期节能战略实施效果；
3. 理解我国"十五"至"十三五"时期可再生能源战略实施效果。

本章提要

　　节能战略、可再生能源发展战略的实施效果可在一定程度上反映一个国家或地区的能源战略实施效果。单位 GDP 能耗是反映能源消费水平和节能降耗状况的主要指标，该指标说明一个国家经济活动中对能源的利用程度，反映经济结构和能源利用效率的变化。可再生能源占能源消费总量的比重，能够反映能源结构绿色低碳转型的成效。单位 GDP 碳排放量反映了经济与环境发展的协调程度，其值越低，则表明经济发展过程中的低碳化程度越高。本章首先分析美国、德国、法国和日本能源战略实施效果，然后主要分析我国"十五"至"十三五"时期节能战略实施效果，最后主要分析我国"十五"至"十三五"时期可再生能源战略实施效果。

第一节　发达国家能源战略实施效果

　　美国、德国、法国和日本都是当今世界能源主要消费国，其中美国既是能源生产大国，也是能源消费大国。由于在能源资源禀赋、消费结构和能源来源等方面存在巨大差异，因此美、德、法、日四国的能源战略在内容和方式上各具特色。例如，日本能源战略强调供给多元化和科技助推能源独立，德国则高度重视可再生能源、实施绿色能源战略。这些国家通过制定和实施一系列的能源政策，在提高能源效率、发展可再生能源、减少碳排放等方面取得了较为显著的成效，西方国家能源战略实施的经验值得广大发展中国家借鉴。

一、美国能源战略实施效果

　　第二次石油危机以后，美国通过相关政策推动能源战略转型，逐步实现了能源的供给安全和使用安全。到了特朗普政府时期，美国实现了能源独立，能源消费结构持续优化，二氧化碳排放进入了下降通道。

（一）非常规油气大发展

非常规油气资源包括油砂、页岩天然气、页岩石油和深海石油等，过去由于开采难度大，非常规油气资源成本高、产量较低，但随着水平钻井法、水压破裂法等技术的进步，非常规油气资源逐渐成为能源产出的重要组成部分。得益于先进的油气开采技术，近年来，美国非常规油气资源占能源产出的比重不断攀升。

2012—2021 年美国一次能源的产量如图 10-1 所示。这十年来，美国石油和天然气的产量逐年上升，天然气的产量一直稳居第一位。2021 年，美国一次能源产量 98.337 千万亿英制热单位（quadrillion btu，1 Btu ≈ 1.06 kJ），其中，天然气产量为 35.795 千万亿英制热单位；石油产量为 30.471 千万亿英制热单位，二者合计占一次能源产量的 67.4%。页岩气的开采深刻地影响了美国的能源战略，使得美国逐步摆脱了对外的能源依赖。

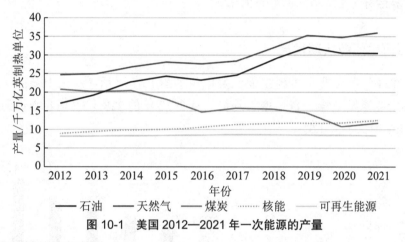

图 10-1　美国 2012—2021 年一次能源的产量

数据来源：美国能源信息署。

美国 2012—2021 年一次能源产量和消费量如图 10-2 所示。2019 年，美国一次能源的产量超过了消费量，自 20 世纪 70 年代第一次石油危机后，美国历届政府一直努力追求的能源独立梦想，终于变成了现实。

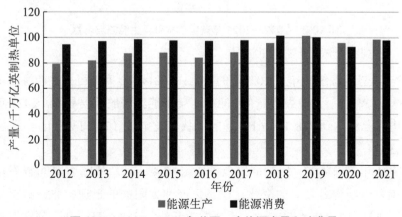

图 10-2　2012—2021 年美国一次能源产量和消费量

数据来源：美国能源信息署。

以页岩气革命为标志的非常规油气大发展是美国实现能源独立的最大依仗。不过也有学者指出,对页岩气革命起到实质性、关键推动作用的并不是美国的能源战略,而是成熟的能源市场和企业家精神。

小链接 10-1　　　　　页岩气革命

页岩气是从页岩层中开采出来的天然气,是一种重要的非常规天然气资源。世界上对页岩气资源的研究和勘探开发最早始于美国。依靠成熟的开发生产技术及完善的管网设施,美国的页岩气成本仅仅略高于常规气,这使得美国成为世界上唯一实现页岩气大规模商业性开采的国家。由于美国在页岩气勘探开发方面取得突破,产量快速增长,因而被称为"页岩气革命"。页岩气的开发利用,成为低碳经济战略发展机遇的推动力,成为世界油气地缘政治格局发生结构性调整的催化剂。

(二)可再生能源快速发展

2012—2021 年美国非水可再生能源发电量如图 10-3 所示。从图 10-3 可以看出,美国非水可再生能源发电量一直呈增长趋势,从 2012 年的 228.3 TW·h 增长到 2021 年的 624.5 TW·h,增长了 173.5%。

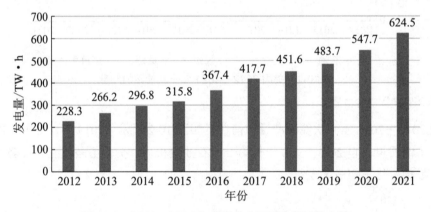

图 10-3　2012—2021 年美国非水可再生能源发电量

数据来源:BP《世界能源统计年鉴 2022》。

根据 BP《世界能源统计年鉴 2022》的数据,2021 年,美国可再生能源发电量(含水力发电量 257.7 TW·h)占总发电量的 20.0%。美国能源署的数据显示,2021 年,美国可再生能源发电量已经达到 888 TW·h,超越了核能发电量(778 TW·h),在总发电量中的份额为 21.3%。

2017—2021 年美国风能、太阳能发电量如图 10-4 所示。从图 10-4 可以看出,在过去五年里,美国发电结构最显著的变化之一是风能和太阳能的迅速扩张。截至 2021 年底,美国太阳能发电量约为 165.4 TW·h,风能发电量约为 383.6 TW·h,分别较上一年增长25.3% 和 12.4%。

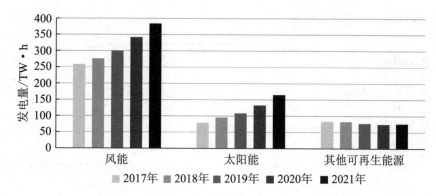

图 10-4　2017—2021 年美国风能、太阳能发电量

数据来源：BP《世界能源统计年鉴 2022》。

2012—2021 年美国风能、太阳能装机容量如图 10-5 所示。从图 10-5 可以看出，在过去十年里，美国风能、太阳能装机容量迅速增长。截至 2021 年年底，美国风能装机容量为 132.7 GW，同比增长 11.8%；太阳能装机容量为 93.7 GW，同比增长 27%。

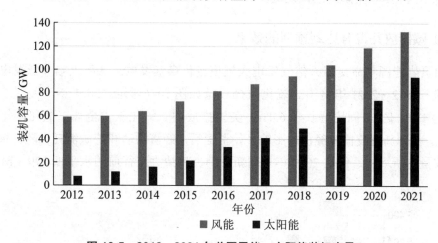

图 10-5　2012—2021 年美国风能、太阳能装机容量

数据来源：BP《世界能源统计年鉴 2022》。

（三）一次能源消费结构比较合理

2012—2021 年美国一次能源消费结构如图 10-6 所示。美国一次能源消费结构中，煤炭消费量的比重从 2012 年的 19.32% 下降至 2021 年的 11.37%，而天然气消费量的比重则从 2012 年的 27.47% 上升至 2021 年的 32.01%。

根据 BP《世界能源统计年鉴 2022》的数据，2021 年美国一次能源消费中，石油和天然气分列第一、第二位，煤炭位居第三位，包括地热能、太阳能、风能和生物燃料在内的可再生能源，位居第四位。而根据美国能源信息署的统计，2019 年美国一次能源消费总量中，可再生能源已首次超过了煤炭，成为第三大能源来源。如果加上核能，非化石燃料在 2019 年美国一次能源消费中所占的比重接近 20%。因此可以说，当前美国的能源消费结构已处于比较理想的状态。

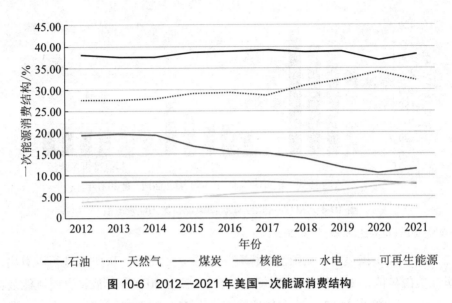

图 10-6 2012—2021 年美国一次能源消费结构

数据来源：BP《世界能源统计年鉴 2022》。

（四）碳排放并没有达到预期的效果

美国页岩能源革命使得天然气发电大规模替代煤气发电，从而大幅降低发电产生的碳排放量。2012—2021 年美国二氧化碳排放量如图 10-7 所示。2021 年，美国二氧化碳排放量为 47.01 亿 t，同比增长了 6.4%，美国排放的二氧化碳占全球二氧化碳排放总量的 13.9%。全球新冠疫情对经济的影响开始消退后，经济活动和能源消耗也随之增加。尽管总排放量有所增加，但比 2019 年全球新冠肺炎疫情大流行前的水平低 279.8 Mt，减少了 5.6%。

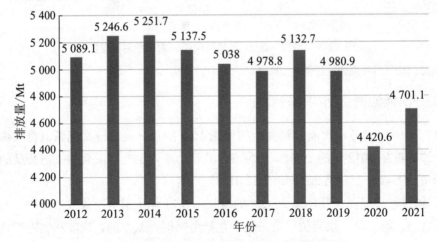

图 10-7 2012—2021 年美国二氧化碳排放量

数据来源：BP《世界能源统计年鉴 2022》。

美国总统拜登曾宣布，要在 2030 年前将温室气体排放量降至 2005 年水平的一半。这比此前奥巴马政府所设立的减排目标提升了一倍。尽管美国电力行业的脱碳在天然气替代煤炭、可再生能源发电持续发展的情况下取得了一定的进展，但在建筑物、交通和工业领域的减排效果不明显。从目前的情况来看，美国要在未来几年内实现其 2030 年减排 50% 的目标，是相当具有挑战性的任务。

扩展阅读10.1

（五）能源效率稳步提升

英、美等国的能源强度（energy intensity），是以每单位经济产出所消耗的能源数量来衡量，或者用生产单位国内生产总值（GDP）所消耗的英制热单位（Btu）来衡量。英制热单位（British thermal unit，Btu），简称英热，是英、美等国采用的一种计算热量的单位，它等于 1 lb（1 lb=0.45 kg）纯水温度升高 1 ℉ 所需的热量。

2012—2021 年美国能源强度如图 10-8 所示。2012 年，美国的能源强度为 5.55，2021 年为 4.77，10 年间下降了 14.05%。需要说明的是，这里的能源强度指标是根据每 1 000 美元的国内生产总值（GDP）所消耗兆英热能源计算的结果。例如，2012 年，美国的能源强度为 5.55，表明 2012 年，美国单位 GDP（按 2015 年美元购买力平价①）平均消耗 5 550 Btu 能量。得益于生产效率的提升、产业发展和清洁能源利用等因素，近十年来，美国的能源强度趋于下行。

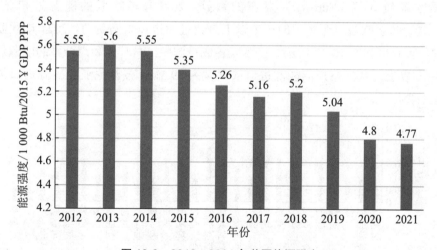

图 10-8　2012—2021 年美国能源强度

数据来源：美国能源信息署。

二、欧盟能源战略实施效果

（一）能源进口依存度很高

能源进口依存度可以从相当程度上反映一个国家或经济体的能源安全水平，它反映

---

① 购买力平价（purchase power parity，PPP）是根据各国不同的价格水平计算出来的货币之间的等值系数。目的是对各国的国内生产总值进行合理比较。

了一个国家或经济体为了满足其能源需求而依赖进口的程度。它是通过净进口（进口－出口）在本国总能源消耗（能源产出和净进口之和）中所占的份额来衡量的。

2012—2021年欧盟能源进口依存度如图10-9所示。这十年，欧盟能源进口依存度基本没有发生太大的变化，一半以上的能源需求依赖进口。从能源类别来看，欧盟原油和天然气的进口依存度一直畸高，并在十年间保持基本稳定。

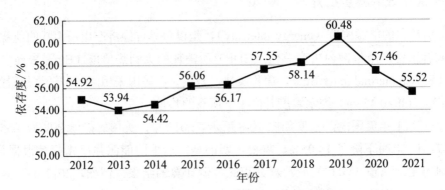

图 10-9　2012—2021年欧盟能源进口依存度

数据来源：Eurostat网上数据库。

根据欧盟统计局（Eurostat）发布的数据，2021年，欧盟的能源进口依存度为55.52%，这意味着欧盟能源需求的一半以上是通过净进口来满足的。2021年欧盟各成员国能源进口依存度如图10-10所示。在欧盟各成员国中，马耳他和卢森堡的能源进口依存度均在90%以上，塞浦路斯的能源进口依存度为89.5%，爱沙尼亚的能源进口依存度最低，只有1.4%。

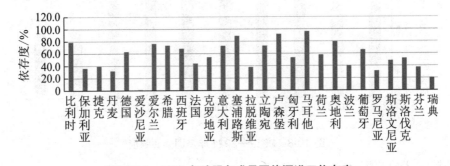

图 10-10　2021年欧盟各成员国能源进口依存度

数据来源：Eurostat网上数据库。

（二）可再生能源发电量持续增长

欧盟是最早制定可再生能源量化目标的经济体，同时也是全世界发展可再生能源最早、取得成就最显著的区域。以应对气候变化和实现《京都议定书》承诺为着眼点，欧盟大力发展可再生能源，可再生能源成为其重要的电力来源。

2012—2021年欧盟非水可再生能源发电量如图10-11所示，从图10-11中可以看出，欧盟非水可再生能源发电量一直呈增长趋势，从 2012 年的 397.2 TW·h 增长到 2021 年的 730.2 TW·h，增长了 83.8%。

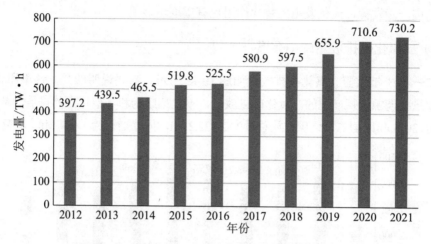

图 10-11　2012—2021 年欧盟非水可再生能源发电量

数据来源：BP《世界能源统计年鉴 2022》。

根据 BP《世界能源统计年鉴 2021》的数据，2020 年，欧盟可再生能源发电（包括水电）占比首次超过化石燃料，成为欧盟主要的电力来源。2021 年，欧盟非水可再生能源发电量为 730.2 TW·h，加上水力发电量 344.4 TW·h，可再生能源发电量占比达到 37.1%。2021 年，欧洲面临天然气供给危机，天然气发电量下降了 5%，煤电增长了 20%。石油、天然气和煤炭等化石燃料的发电量占比为 35.6%。可再生能源发电量再次超过化石燃料发电量，成为欧盟最大的电力来源。根据欧盟统计局发布的消息，2021 年，化石燃料在发电量中占据领先地位。

2021 年，欧盟的风力发电量为 389.5 TW·h，太阳能发电量为 160.6 TW·h，风能和太阳能发电量占欧盟国家总发电量的 19%。2017—2021 年欧盟风能和太阳能发电量在总发电量中的占比如表 10-1 所示。

表 10-1　2017—2021 年欧盟风能和太阳能发电量在总发电量中的占比

年　　份	风力发电量 /TW·h	太阳能发电量 /TW·h	总发电量 /TW·h	占比 /%
2017	362.0	119.1	2 951.4	16.3
2018	376.9	127.5	2 935.3	17.2
2019	364.5	125.2	2 894.0	16.9
2020	397.3	143.3	2 779.0	19.5
2021	389.5	160.6	2 895.3	19.0

数据来源：BP《世界能源统计年鉴 2022》。

表 10-1 表明，以风能和太阳能为代表的可再生能源继续保持增长态势。风电已经在欧盟地区发挥了替代能源的作用。在欧盟 27 个成员国中，丹麦的风能和太阳能发电量占比最高。2020 年，这两种能源占到该国总发电量的 61%。爱尔兰和德国的可再生能源发

电占比分别达 35% 和 33%。可再生能源发电占比最低的是斯洛伐克和捷克，均低于 5%。

随着光伏发电在欧洲国家的普及，太阳能资源分布广泛、分布式电源应用便利的优势将会得到进一步发挥，光伏发电的替代作用也有望逐步显现。

（三）二氧化碳排放量降中有增

2012—2021 年欧盟二氧化碳排放量如图 10-12 所示。需要说明的是，这里所说的二氧化碳排放量指能源消耗产生的二氧化碳排放量，不包括废物和其他化石的排放。从图 10-12 可以看出，2021 年欧盟二氧化碳排放总量为 2 728.2 Mt，同比增长约 1 644 Mt，增幅达 6.4%。

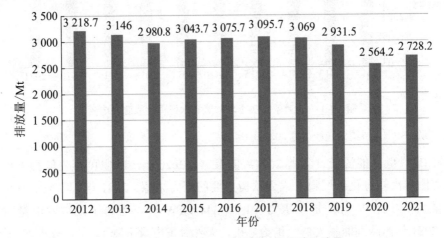

图 10-12　2012—2021 年欧盟二氧化碳排放量

数据来源：BP《世界能源统计年鉴 2022》。

2020—2021 年欧盟 27 个成员国二氧化碳排放量增长率如图 10-13 所示。从图 10-13 可以看出，2021 年几乎所有欧盟成员国的二氧化碳排放量都有所增长，其中保加利亚的增幅最大（+18.0%），其次是爱沙尼亚（+13.1%）、斯洛伐克（+11.4%）和意大利（+10.6%）。仅有两个国家二氧化碳排放量下降，分别是葡萄牙（-5.3%）和芬兰（-1.5%）。

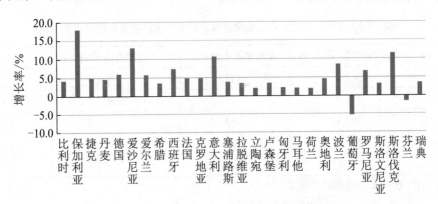

图 10-13　2020—2021 年欧盟二氧化碳排放量增长率

数据来源：Eurostat 网上数据库。

根据欧盟统计局发布的信息，能源使用产生的二氧化碳排放是全球变暖的主要原因，约占欧盟所有人为温室气体排放的 75%。气候条件（如寒冷 / 漫长的冬季或炎热的夏季）、经济增长、人口规模、运输和工业活动是影响排放的一些因素。2021 年，欧盟二氧化碳排放量的增加主要是由于固体化石燃料的使用增加（占增长的 50% 以上）。液体化石燃料占增长的29% 以上，而 21% 可归因于天然气。煤炭使用量的减少略微缓解了二氧化碳排放量的增加。

能源消耗的温室气体排放强度为与能源相关的温室气体排放量与能源消费总量之间的比率。它表示了在某一经济体中，每消耗单位能源排放多少吨二氧化碳当量的能源相关温室气体。2012—2021 年欧盟能源消耗的温室气体排放强度如图 10-14 所示。总的来说，欧盟能源消耗的温室气体排放强度呈下降趋势，从 2012 年的 91.2 下降到 2021 年的 81.2。

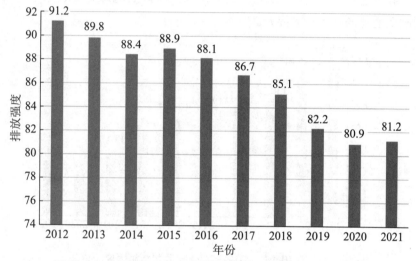

图 10-14　2012—2021 年欧盟能源消耗的温室气体排放强度

数据来源：Eurostat 网上数据库。

2021 年欧盟 27 个成员国的能源消耗的温室气体排放强度如图 10-15 所示。2021 年，在欧盟 27 个成员国中，能源消耗的温室气体排放强度最低的国家是丹麦，其排放强度为60.9，也就是相对于其他欧盟成员国，该国消耗同样多的能源，排出的温室气体最少。排放强度最大的欧盟成员国是立陶宛，其排放强度达到 103.7。

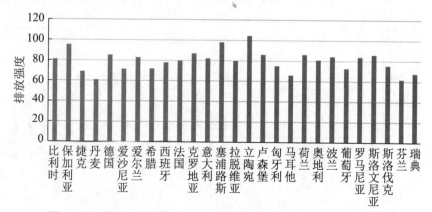

图 10-15　2021 年欧盟 27 个成员国能源消耗的温室气体排放强度

数据来源：Eurostat 网上数据库。

（四）能源效率不断提升

能源强度是衡量一个国家或地区的能源效率的指标，它显示了生产一单位的 GDP 所消耗的能源量。例如，如果一个国家或地区在能源使用方面变得更有效率，GDP 保持不变，那么这个指标的比率应该下降。欧盟能源强度的单位是每 1 000 欧元 GDP 的千克石油当量（能源使用量）。

2012—2021 年欧盟能源强度如图 10-16 所示。根据欧盟统计局发布的数据，2021 年，欧盟的能源强度为 117.04 千克石油当量 / 千欧元，较 2012 年的 138.44 千克石油当量 / 千欧元下降 21.4 千克石油当量 / 千欧元。近十年来，欧盟的能源强度逐年下降（2021 年除外），表明欧盟的能源效率不断提升。

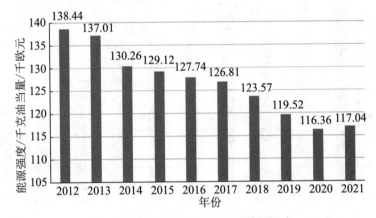

图 10-16　2012—2021 年欧盟能源强度

数据来源：Eurostat 网上数据库。

2021 年欧盟 27 个成员国的能源强度如图 10-17 所示。2021 年，在欧盟 27 个成员国中，能源强度最低的国家是爱尔兰，其能源强度为 40.8 千克石油当量 / 千欧元，也就是相对于其整体经济规模，该国消耗的能源最少。能源强度最高的欧盟成员国是保加利亚，其能源强度为 405.2 千克石油当量 / 千欧元。

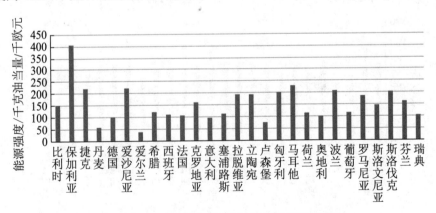

图 10-17　2021 年欧盟 27 个成员国的能源强度

数据来源：Eurostat 网上数据库。

需要说明的是，决定能源强度的是一个国家的经济结构，服务型经济的能源强度相对较低，而重工业（如钢铁生产）占比较大的经济结构会导致更高的能源强度。经济合作与发展组织（Organization for Economic Co-operation and Development，OECD）对爱尔兰环境绩效的回顾表明，该国能源强度的下降与3个因素密切相关：经济结构调整、提高发电效率、经济增长高于能源消费增长。

三、德国能源战略实施效果

作为世界上第七大能源消费国和欧洲最大能源消费国，德国的能源战略转型一直备受关注。德国能源转型的总体战略是"提高能效、弃核弃煤和发展可再生能源，同时，积极实施节能减碳"。近年来，德国积极推动能源转型，大力发展可再生能源，能源转型已取得明显成效。

（一）清洁能源消费比例逐步增加

德国是欧盟第一大经济体，能源消费总量巨大。2021年德国一次能源消费总量达到12.64 EJ，全球占比2.1%。其中石油消费量为4.18 EJ；天然气消费量为3.26 EJ；煤炭的消费量为2.12 EJ。2012—2021年德国一次能源消费量占比如图10-18所示。这十年，石油在德国整体能源消费结构中占据主导地位；作为清洁能源的天然气，是德国能源消费结构中除可再生能源以外能够保持正增长的能源类别，目前占比已超越煤炭，居第二位；煤炭在一次能源总消费中的份额逐年减少（2021年略有增加），已从第二位降至第四位；可再生能源的消费量增长的幅度最大，从第四位跃居第三位。

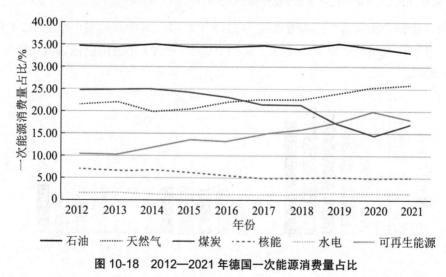

图 10-18　2012—2021 年德国一次能源消费量占比

数据来源：BP《世界能源统计年鉴 2022》。

根据 BP《世界能源统计年鉴 2022》的数据，2021 年，德国清洁能源（天然气、核能、水能、可再生能源）的消费总量占一次能源消费总量的 50.16%，说明德国逐渐淘汰煤炭等传统能源,转向清洁能源的战略取得了良好的成效。

但需要指出的是,德国能源赋存并不能有效满足其巨大的消费需求。根据欧盟统计局发布的数据,2021 年,德国的对外能源依存度为 63.5%,高于欧盟的能源对外依存度(55.5%),其中石油和天然气对外依存度居高不下,高度依赖进口。

(二)可再生能源发展迅速

自 20 世纪 90 年代起,德国开始实施能源转型战略,大力发展可再生能源是德国能源战略转型的重要内容。2012—2021 年德国非水可再生能源发电量如图 10-19 所示。2021 年,德国的发电总量为 584.5 TW·h,其中非水可再生能源发电量为 217.6 TW·h,水力发电量为 19.1 TW·h,可再生能源发电量占比达到 40.5%,在全球大国中位居前列。

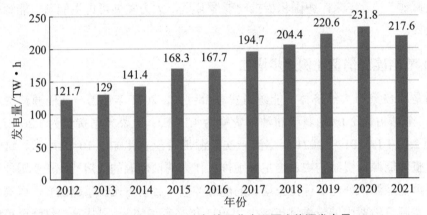

图 10-19 2012—2021 年德国非水可再生能源发电量

数据来源:BP《世界能源统计年鉴 2022》。

2020 年德国非水可再生能源发电量为 231.8 TW·h,其中风能发电量为 132.1 TW·h,创下历史新高;太阳能发电量为 48.6 TW·h。2017—2021 年德国风能、太阳能发电量如图 10-20 所示。

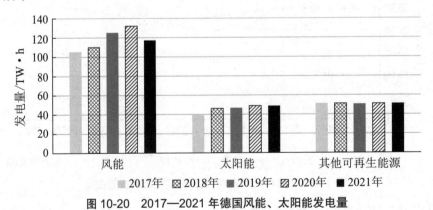

图 10-20 2017—2021 年德国风能、太阳能发电量

数据来源:BP《世界能源统计年鉴 2022》。

发电能力常用装机容量来表示。2012—2021 年德国风能和太阳能装机容量如表 10-21

扩展阅读10.2

所示。从图 10-21 可以看出，德国风电、太阳能发电装机容量逐年增长。2021 年，德国风能装机容量 63.8 GW，同比增长 2.6%；太阳能装机容量 58.5 GW，同比增长 8.9%。

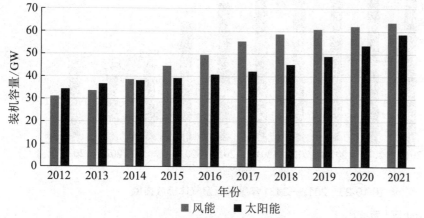

图 10-21　2012—2021 年德国风能和太阳能装机容量

数据来源：BP《世界能源统计年鉴 2022》。

（三）二氧化碳排放量逐渐降低

近年来，德国二氧化碳排放量总体呈下降趋势，在全球碳排放量中的占比也是逐渐降低的。2012—2021 年德国二氧化碳排放量如图 10-22 所示。从图 10-22 可以看出，2021 年德国二氧化碳排放总量为 628.9 Mt，较上一年增长 28.1 Mt，增幅达 4.7%。2021 年德国二氧化碳排放增长主要是疫情后经济复苏、天然气价格大幅上涨导致燃煤发电量增加、可再生能源发电量降低及气温变低等原因造成的。

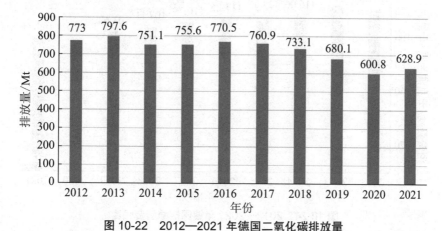

图 10-22　2012—2021 年德国二氧化碳排放量

数据来源：BP《世界能源统计年鉴 2022》。

2012—2021 年德国温室气体排放强度如图 10-23 所示。德国能源消耗的温室气体排放强度整体呈下降趋势，从 2012 年的 95.8 下降到 2021 年的 85.2。

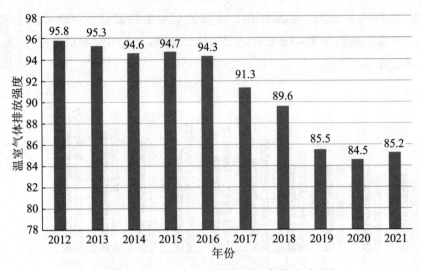

图 10-23　2012—2021 年德国温室气体排放强度

数据来源：Eurostat 网上数据库。

（四）能耗下降，能效提高

德国依靠技术进步不断提升能源效率。2012—2021 年德国能源消费强度如图 10-24 所示。2012 年以来，德国能源强度一直低于欧盟 27 国的水平，单位 GDP 能耗逐年下降（2013 年和 2021 年除外），从 2012 年的 121.87 千克油当量/千欧元下降到 2021 年的 100.71 千克油当量/千欧元。德国能源强度逐年下降的趋势表明，德国的能源使用效率逐年提高，节能措施取得了一定成效。

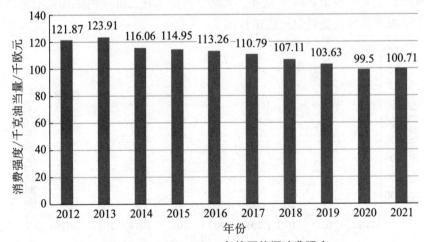

图 10-24　2012—2021 年德国能源消费强度

数据来源：Eurostat 网上数据库。

四、法国能源战略实施效果

法国是欧洲第二大能源消费国，仅次于德国。法国是全球核电大国，是仅次于美国的世界第二大核能发电国，能源消费以核电为主。法国长期坚持以核能为主的能源发展战略，不仅有效缓解了能源安全问题，而且以较低的电价支撑了国民经济快速发展。为了应对气候变化和电力需求增长的挑战，法国大力发展核能，法国期望通过发展核电补齐能源短板。

2012—2021 年法国各类能源在一次能源消费量中的占比如图 10-25 所示。2021 年，法国核能消费量为 3.43 EJ，在一次能源消费中的占比达到 36.45%，石油占比为 30.92%，天然气占比为 16.47%。

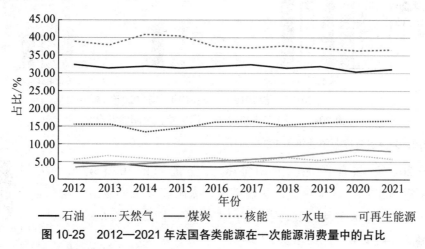

图 10-25 2012—2021 年法国各类能源在一次能源消费量中的占比

数据来源：BP《世界能源统计年鉴 2022》。

近年来，为了优化能源结构，法国开始走向增加可再生能源的能源转型之路，并在 2015 年颁布的《绿色增长能源转型法案》中明确提出建立核电与可再生能源并重的混合电力系统目标。法国的主要发电来源是核能，根据美国能源信息署的统计，2021 年法国的核能发电量为 361 TW·h，约占该国总发电量的 68%。

2012—2021 年法国非水可再生能源发电量如图 10-26 所示。2021 年，法国的发电总量为 547.2 TW·h，其中非水可再生能源发电量为 62.8 TW·h，同比下降 0.8%，非水可再生能源发电量占比达到 11.5%。

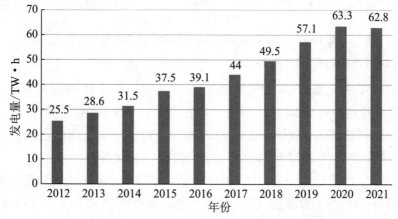

图 10-26 2012—2021 年法国非水可再生能源发电量

数据来源：BP《世界能源统计年鉴 2022》。

在可再生能源发展方面，法国重点发展太阳能和风能。2017—2021 年法国风能、太阳能发电量如图 10-27 所示。

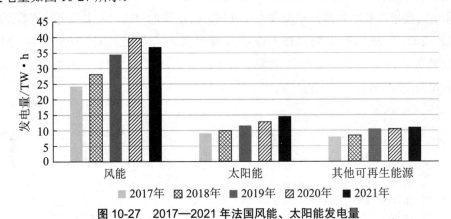

图 10-27　2017—2021 年法国风能、太阳能发电量

数据来源：BP《世界能源统计年鉴 2022》。

2012—2021 年法国风能、太阳能装机容量如图 10-28 所示。从图 10-28 可以看出，在这十年里，法国风能、太阳能装机容量逐年增长。截至 2021 年年底，法国风能装机容量为 18.7 GW，同比增长 6.9%；太阳能装机容量为 14.7 GW，同比增长 22.5%。

扩展阅读10.3

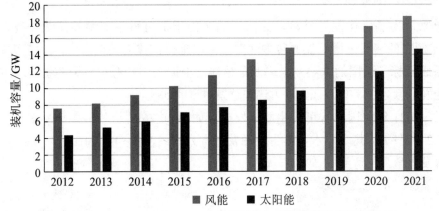

图 10-28　2012—2021 年法国风能、太阳能装机容量

数据来源：BP《世界能源统计年鉴 2022》。

2012—2021 年法国二氧化碳排放量如图 10-29 所示。从图 10-29 可以看出，2021 年法国二氧化碳排放总量约为 273.6 Mt，较上一年增长约 22 Mt，增幅达 8.7%。

2012—2021 年法国温室气体排放强度如图 10-30 所示。法国能源消耗的温室气体排放强度整体呈下降趋势，从 2012 年的 86 下降到 2021 年的 79.7。

2012—2021 年法国能源强度如图 10-31 所示，法国这十年的能源强度一直低于欧盟 27 国的平均水平，但高于德国的水平。法国的能源强度从 2012 年的 130.56 千克油当量 / 千欧元下降到 2021 年的 109.46 千克油当量 / 千欧元，单位 GDP 能耗逐年下降（2015 年和 2021 年除外）表明，能源使用效率逐步提高。

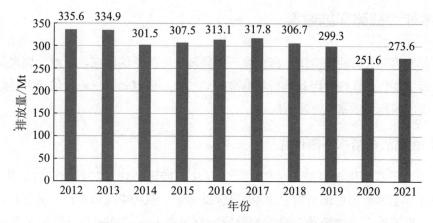

图 10-29　2012—2021 年法国二氧化碳排放量

数据来源：BP《世界能源统计年鉴 2022》。

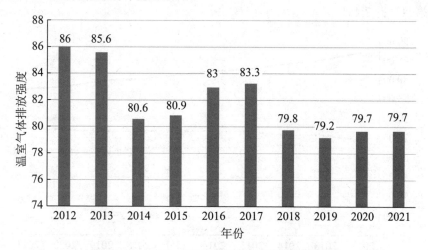

图 10-30　2012—2021 年法国温室气体排放强度

数据来源：Eurostat 网上数据库。

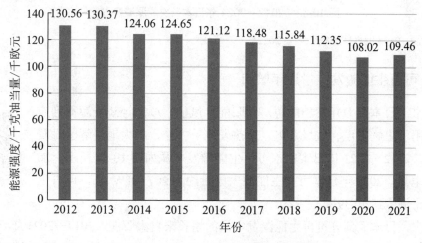

图 10-31　2012—2021 年法国能源强度

数据来源：Eurostat 网上数据库。

五、日本能源战略实施效果

作为世界第五大石油消费国，日本是一个能源极度匮乏的国家，石油、煤炭和天然气等化石能源主要依赖进口。因此，日本能源战略的核心内容是推进能源供给多样化，以科技进步提高能源使用效率和开发新能源。

（一）能源消费结构不断优化

近年来，日本积极调整能源结构，减少对化石能源特别是对石油进口的依赖程度。2012—2021 年日本一次能源消费占比如图 10-32 所示。从图中可以看出，尽管石油消费量逐年递减，但石油在能源消费总量中的份额一直居高不下。2021 年，日本一次能源消费结构中，石油第一，占 37.26%；煤炭第二，占 27.06%；天然气第三，占 21.03%；非水可再生能源第四，占 7.44%。

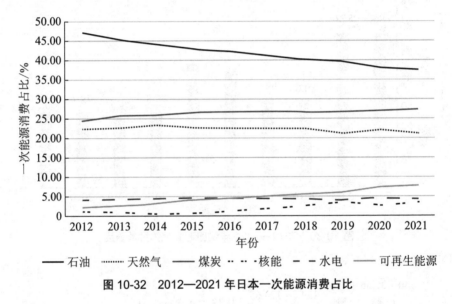

图 10-32 2012—2021 年日本一次能源消费占比

数据来源：BP《世界能源统计年鉴 2022》。

（二）可再生能源发电量逐年增加

扩展阅读10.4

近年来，日本大力开发新能源，太阳能、风能、核能等新能源得到应用，并利用了生物发电、垃圾发电、地热发电等方法，极大地缓解了对石油的依赖。2012—2021 年日本非水可再生能源发电量如图 10-33 所示。加上水力发电量，2021 年日本可再生能源发电量约为 207.9 TW·h，可再生能源发电比例达到 20.39%。

近年来，日本大部分可再生能源发电量的增长来自太阳能。2017—2021 年日本风能、太阳能发电量如图 10-34 所示。从图 10-34 可以看出，日本太阳能的发电量不断上升，2021 年，日本太阳能发电量约为 86.3 TW·h。

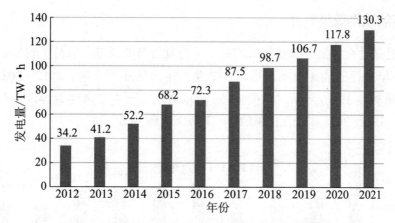

图 10-33　2012—2021 年日本非水可再生能源发电量

数据来源：BP《世界能源统计年鉴》。

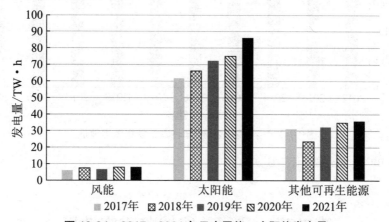

图 10-34　2017—2021 年日本风能、太阳能发电量

数据来源：BP《世界能源统计年鉴 2022》。

2012—2021 年日本风能、太阳能装机容量如图 10-35 所示。从图 10-35 可以看出，在这十年里，日本太阳能装机容量逐年增长，但风能装机容量增长缓慢。截至 2021 年年底，日本风能装机容量为 4.5 GW，同比增长 2.3%；太阳能装机容量为 74.2 GW，同比增长 6.3%。

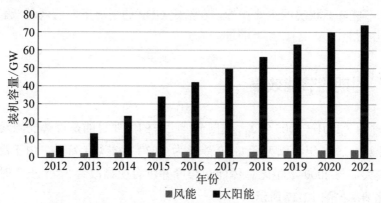

图 10-35　2012—2021 年日本风能、太阳能装机容量

数据来源：BP《世界能源统计年鉴 2022》。

（三）节能减排效果良好

日本通过鼓励企业生产节能高效产品，大力发展节能经济，取得了较好的节能效果。得益于 2013 年推行的能源改革，日本二氧化碳排放量逐年下降。2012—2021 年日本二氧化碳排放量如图 10-36 所示。从图 10-36 可以看出，日本二氧化碳排放量从 2012 年的 1 293.8 Mt，下降到 2021 年的 1 053.7 Mt，下降率达到 18.6%。

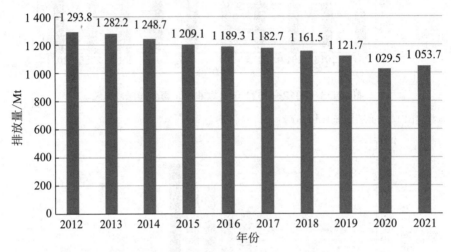

图 10-36　2012—2021 年日本二氧化碳排放量

数据来源：BP《世界能源统计年鉴 2022》。

第二节　我国节能战略实施效果

为了实施节能优先战略，我国实行了全面、严格的节约能源制度和措施，能源利用效率显著提高。单位 GDP 能耗、各省（区市）节能目标完成情况、主要高耗能产品单位综合能耗可以在一定程度上反映我国能源战略的实施效果。其中，单位 GDP 能耗是反映能源消费水平和节能降耗状况的主要指标，在给定 GDP 的情况下，能耗越低表明能源利用效率越高。

一、"十五"时期的节能效果

"十五"时期（2001—2005 年），我国节能工作的主要目的是缓解能源紧张。按 2000 年可比价格计算，2005 年我国万元 GDP 能耗为 1.63 t 标准煤 / 万元。由于高耗能行业过剩产能问题较大，与 2000 年相比总体能源强度并没有明显改善。"十五"时期我国万元 GDP 能耗变化情况如图 10-37 所示。

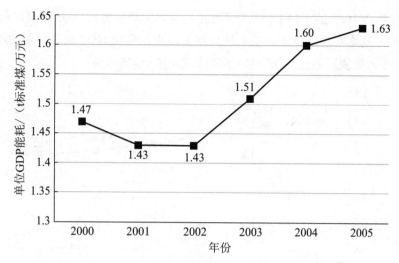

图 10-37　"十五"时期我国万元 GDP 能耗变化情况 ①

数据来源:《中国能源统计年鉴 2021》。

在主要高耗能产品单位综合能耗方面,与 2000 年相比,2005 年全国火电供电煤耗、钢可比能耗、电解铝交流电耗、水泥综合能耗、乙烯综合能耗、合成氨综合能耗、纸和纸板综合能耗下降率分别达到 5.6%、6.6%、5.5%、13.4%、4.6%、2.9%、10.4%,显示了"十五"期间我国能源效率的不断提升。"十五"时期我国主要高耗能产品单位综合能耗如表 10-2 所示。

表 10-2　"十五"时期我国主要高耗能产品单位综合能耗

指标名称	单位	2000 年指标值	2005 年指标值
火电厂供电煤耗	g 标准煤 /kW·h	392	370
钢可比能耗	kg 标准煤 /t	784	732
电解铝交流电耗	kW·h/t	15 418	14 575
水泥综合能耗	kg 标准煤 /t	172	149
乙烯综合能耗	kg 标准煤 /t	1 125	1 073
合成氨综合能耗	kg 标准煤 /t	1 699	1 650
纸和纸板综合能耗	kg 标准煤 /t	1 540	1 380

数据来源:《中国能源统计年鉴 2021》。

二、"十一五"时期的节能效果

(一)单位 GDP 能耗的目标基本实现

"十一五"时期(2006—2010 年),我国的节能减排工作取得了显著成效。国内生产总值保持了较高的增长速度,能耗强度持续下降,单位 GDP 能耗从 2005 年的 1.40 t 标准

---

① 单位 GDP 按照 2000 年可比价计算。

煤/万元下降到 2010 年的 1.13 t 标准煤/万元（国内生产总值按 2005 年可比价计算），累计下降 19.3%，基本实现了"十一五"规划纲要提出的单位 GDP 能耗降低 20% 左右的目标。"十一五"时期我国万元 GDP 能耗下降情况如图 10-38 所示。

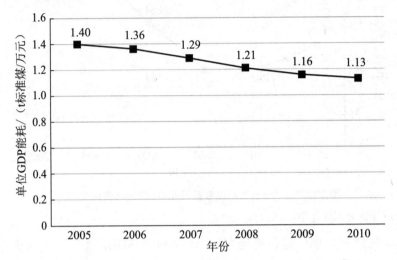

图 10-38   "十一五"时期我国万元 GDP 能耗下降情况[①]

数据来源：《中国能源统计年鉴 2021》。

（二）各地区节能目标完成情况良好

目标责任制作为一项基本的节能管理制度，在"十一五"节能过程中具有非常重要的地位，在各项政府文件中具有非常高的出现频率。"十一五"时期我国各省份节能目标完成情况如表 10-3 所示。从表 10-3 可以看出，除对新疆另行考核外，全国其他省份均完成了国家下达的节能目标任务。

表 10-3   "十一五"时期我国各省份节能目标完成情况

地　区	2005 年		2010 年	
	单位 GDP 能耗/（t 标准煤/万元）	"十一五"时期计划减低 /%	单位 GDP 能耗/（t 标准煤/万元）	比 2005 年降低 /%
北京	0.792	-20.00	0.583	-26.59
天津	1.046	-20.00	0.826	-21.00
河北	1.981	-20.00	1.583	-20.11
山西	2.890	-22.00	2.235	-22.66
内蒙古	2.475	-22.00	1.915	-22.62
辽宁	1.726	-20.00	1.380	-20.01
吉林	1.468	-22.00	1.145	-22.04
黑龙江	1.460	-20.00	1.156	-20.79

---

① 单位 GDP 按照 2005 年可比价计算。

续表

地　区	2005 年		2010 年	
	单位 GDP 能耗 /（t 标准煤 / 万元）	"十一五" 时期计划减低 /%	单位 GDP 能耗 /（t 标准煤 / 万元）	比 2005 年降低 /%
上海	0.889	-20.00	0.712	-20.00
江苏	0.920	-20.00	0.734	-20.45
浙江	0.897	-20.00	0.717	-20.01
安徽	1.216	-20.00	0.969	-20.36
福建	0.937	-16.00	0.783	-16.45
江西	1.057	-20.00	0.845	-20.04
山东	1.316	-22.00	1.025	-22.09
河南	1.396	-20.00	1.115	-20.12
湖北	1.510	-20.00	1.183	-21.67
湖南	1.472	-20.00	1.170	-20.43
广东	0.794	-16.00	0.664	-16.42
广西	1.222	-15.00	1.036	-15.22
海南	0.920	-12.00	0.808	-12.16
重庆	1.425	-20.00	1.127	-20.95
四川	1.600	-20.00	1.275	-20.31
贵州	2.813	-20.00	2.248	-20.06
云南	1.740	-17.00	1.138	-17.41
西藏	1.450	-12.00	1.276	-12.00
陕西	1.416	-20.00	1.129	-20.25
甘肃	2.260	-20.00	1.801	-20.26
青海	3.074	-17.00	2.550	-17.04
宁夏	4.140	-20.00	3.308	-20.09
新疆	另行考核			

资料来源：中华人民共和国国家发展和改革委员会、中华人民共和国国家统计局公告 2011 年第 9 号。

注：暂不包含港澳台数据。

（三）主要高耗能产品单位综合能耗大幅度下降

"十一五"期间，我国主要高耗能产品单位综合能耗明显下降。2010 年与 2005 年相比，全国火电供电煤耗、钢可比能耗、电解铝交流电耗、水泥综合能耗、乙烯综合能耗、合成氨综合能耗、纸和纸板综合能耗下降率分别达到 10.0%、7.0%、4.1%、4.0%、11.5%、3.8%、13.0%。"十一五"时期我国主要高耗能产品单位综合能耗如表 10-4 所示。

表 10-4 "十一五"时期我国主要高耗能产品单位综合能耗

指 标 名 称	单 位	2005 年指标值	2010 年指标值
火电厂供电煤耗	g 标准煤 /kW·h	370	333
钢可比能耗	kg 标准煤 /t	732	681
电解铝交流电耗	kW·h/t	14 575	13 979
水泥综合能耗	kg 标准煤 /t	149	143
乙烯综合能耗	kg 标准煤 /t	1 073	950
合成氨综合能耗	kg 标准煤 /t	1 650	1 587
纸和纸板综合能耗	kg 标准煤 /t	1 380	1 200

数据来源:《中国能源统计年鉴 2021》。

(四)排放总量逐步得到控制

据初步测算,2010 年全国化学需氧量排放量比 2005 年下降 12% 左右,二氧化硫下降 14% 左右,双双超额完成"十一五"规划确定的减排任务。

三、"十二五"时期的节能效果

(一)单位 GDP 能耗继续下降

"十二五"时期(2011—2015 年),我国国内生产总值(GDP)保持平稳增长,能耗强度持续下降,单位 GDP 能耗从 2010 年的 0.88 t 标准煤 / 万元(国内生产总值按 2010 年可比价计算)下降到 2015 年的 0.72 t 标准煤 / 万元,累计下降 22.22%,以能源消费年均 3.8% 的增速支撑了国民经济年均 7.9% 的增长,累计实现节能 8.6 亿 t 标准煤,相当于减少二氧化碳排放 19.3 亿 t。能源消费弹性系数不断降低,由"十一五"时期的 0.5 降低到 0.44,能源消费增速明显放缓。"十二五"时期我国万元 GDP 能耗下降情况如图 10-39 所示。

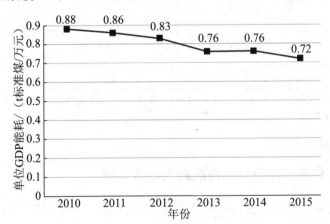

图 10-39 "十二五"时期我国万元 GDP 能耗下降情况 [①]

数据来源:《中国能源统计年鉴 2021》。

---

① 单位 GDP 按照 2010 年可比价计算。

（二）各地区节能目标完成情况良好

2016年11月27日，国家发展改革委公布了对全国各省、自治区、直辖市"十二五"节能目标完成情况、措施落实情况考核结果。北京、河北、上海、江苏、浙江、安徽、河南、湖北、广东、贵州10个省份考核结果为超额完成等级；天津、山西、内蒙古、辽宁、吉林、黑龙江、福建、江西、山东、湖南、广西、海南、重庆、四川、云南、西藏、陕西、甘肃、青海、宁夏20个省份考核结果为完成等级；新疆考核结果为基本完成等级。"十二五"各省份节能目标完成情况如表10-5所示。

表 10-5　"十二五"各省份节能目标完成情况 [①]

地　区	"十二五"节能目标 /%	2014—2015 年能耗年均增速控制目标	考 核 结 果
北京	17	2.9	超额完成
天津	18	2.6	完成
河北	17	2.6	超额完成
山西	16	3.1	完成
内蒙古	15	3.5	完成
辽宁	17	2.8	完成
吉林	16	4.5	完成
黑龙江	16	3.5	完成
上海	18	3.2	超额完成
江苏	18	2.5	超额完成
浙江	18	3.1	超额完成
安徽	16	2.7	超额完成
福建	16	2.4	完成
江西	16	3.3	完成
山东	17	2.2	完成
河南	16	3.4	超额完成
湖北	16	2.6	超额完成
湖南	16	3.0	完成
广东	18	2.9	超额完成
广西	15	4.1	完成
海南	10	6.0	完成
重庆	16	3.2	完成
四川	16	3.1	完成
贵州	15	3.4	超额完成
云南	15	4.0	完成
西藏	10	—	完成

[①]　西藏自治区数据暂缺。暂不包含港澳台数据。

地　区	"十二五"节能目标 /%	2014—2015 年能耗年均增速控制目标	考核结果
陕西	16	3.7	完成
甘肃	15	3.5	完成
青海	10	5.1	完成
宁夏	15	3.5	完成
新疆	10	3.4	基本完成

资料来源：中华人民共和国国家发展和改革委员会公告 2016 年第 27 号。

（三）主要高耗能产品单位综合能耗显著下降

在主要高耗能产品单位综合能耗方面，截至"十二五"期末，全国火电供电煤耗、钢可比能耗、电解铝交流电耗、水泥综合能耗、乙烯综合能耗、合成氨综合能耗、纸和纸板综合能耗都有非常显著的下降。与 2010 年相比，上述行业的产品单位综合能耗下降率分别达到 5.4%、5.4%、3.0%、4.2%、10.1%、5.8%、12.9%。"十二五"时期，我国主要高耗能产品单位综合能耗如表 10-6 所示。

表 10-6　"十二五"时期我国主要高耗能产品单位综合能耗

指标名称	单　位	2010 年指标值	2015 年指标值
火电厂供电煤耗	g 标准煤 /kW·h	333	315
钢可比能耗	kg 标准煤 /t	681	644
电解铝交流电耗	kW·h/t	13 979	13 562
水泥综合能耗	kg 标准煤 /t	143	137
乙烯综合能耗	kg 标准煤 /t	950	854
合成氨综合能耗	kg 标准煤 /t	1 587	1 495
纸和纸板综合能耗	kg 标准煤 /t	1 200	1 045

资料来源：《中国能源统计年鉴 2021》。

（四）减排预定目标任务超额完成

在减排方面，"十二五"时期，全国单位国内生产总值能耗降低 18.4%，化学需氧量、二氧化硫、氨氮、氮氧化物等主要污染物排放总量分别减少 12.9%、18%、13% 和 18.6%，超额完成节能减排预定目标任务，为经济结构调整、环境改善、应对全球气候变化作出了重要贡献。

四、"十三五"时期的节能效果

（一）单位 GDP 能耗大幅下降

"十三五"期间（2016—2020 年），我国以年均 2.8% 的能源消费增速支撑了年均

5.7% 的经济增长，单位 GDP 能耗大幅下降，节约能源约 6.5 亿 t 标准煤，能源消费总量控制在 50 亿 t 标准煤以内。"十三五"时期我国单位 GDP 能耗下降情况如图 10-40 所示。

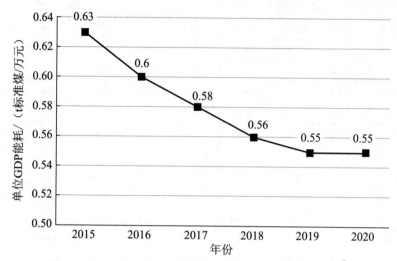

图 10-40　"十三五"时期我国单位 GDP 能耗下降情况[①]

数据来源：《中国能源统计年鉴 2021》。

"十三五"时期各省份万元地区生产总值能耗降低率等指标数据如表 10-7 所示。

表 10-7　"十三五"时期各省份万元地区生产总值能耗降低率等指标数据[②]

地 区	万元地区生产总值能耗上升或下降 /%					万元地区生产总值电耗上升或下降 /%				
	年　份					年　份				
	2016	2017	2018	2019	2020	2016	2017	2018	2019	2020
北京	-4.79	-3.99	-3.82	-4.53	-9.18	0.36	-2.01	0.42	-3.72	-3.39
天津	-8.41	-6.24	-1.54	-1.33	-3.07	-7.39	1.83	3.18	-1.94	-1.87
河北	-5.05	-4.42	-5.89	-5.28	-3.01	-3.75	-1.19	-0.08	-1.46	-1.77
山西	-4.22	-3.37	-3.23	-2.72	-2.88	-1.00	3.53	1.73	-1.37	-0.03
内蒙古	-4.06	-1.57	10.86	4.49	6.89	-4.39	6.77	9.72	3.60	6.61
辽宁	-0.41	-1.61	-1.15	0.90	3.96	-5.32	0.63	2.01	-1.09	0.27
吉林	-7.91	-5.00	-2.56	-1.04	-1.57	-4.20	0.03	2.22	0.99	0.83
黑龙江	-4.50	-4.02	-2.76	-2.49	-1.70	-2.71	-2.63	0.21	-1.84	0.92
上海	-3.70	-5.28	-5.56	-3.61	-6.64	-1.01	-3.88	-3.71	-5.50	-1.16
江苏	-4.68	-5.54	-6.18	-3.05	-3.10	-0.95	-0.71	-1.08	-3.61	-1.84
浙江	-3.82	-3.74	-3.72	-3.22	6.34	1.43	0.46	0.99	-2.74	-0.90
安徽	-5.30	-5.28	-5.45	-2.91	2.03	0.71	-1.37	2.87	0.28	1.59
福建	-6.42	-3.50	-3.41	-2.85	-1.83	-1.96	-0.69	1.14	-3.48	0.11
江西	-4.93	-5.54	-4.76	-3.59	-2.27	-0.22	0.49	1.61	-0.48	2.01

---

① 单位 GDP 按照 2015 年可比价计算。

② 西藏自治区数据暂缺。暂不包含港澳台数据。

续表

地　区	万元地区生产总值能耗上升或下降 /%					万元地区生产总值电耗上升或下降 /%				
	年　份					年　份				
	2016	2017	2018	2019	2020	2016	2017	2018	2019	2020
山东	-5.15	-6.94	-4.87	-3.27	-2.41	-1.96	-6.17	2.43	-3.06	-1.67
河南	-7.64	-7.90	-5.01	-7.98	0.76	-0.22	-1.72	0.29	-7.96	-0.43
湖北	-4.97	-5.54	-4.32	-3.41	-1.17	-2.09	-1.62	2.84	-0.52	1.97
湖南	-5.34	-5.24	-5.12	-4.29	-1.98	-3.95	-2.07	2.38	-0.68	-0.27
广东	-3.62	-3.74	-3.38	-3.52	-1.16	-2.05	-1.19	-0.64	-0.24	1.16
广西	-3.64	-3.39	-3.05	-1.72	1.05	-4.28	-1.14	10.38	5.70	2.42
海南	-3.71	-2.03	-1.32	-1.32	-3.12	-1.73	-0.84	1.36	2.61	-1.43
重庆	-6.90	-5.12	-2.52	-2.21	-3.88	-5.14	-1.81	5.45	-2.40	-1.54
四川	-4.98	-5.18	-4.06	-2.84	-1.79	-2.09	-2.92	3.32	-0.26	4.76
贵州	-6.96	-7.01	-6.54	-4.06	-2.45	-4.29	1.19	-1.88	-3.97	-1.45
云南	-5.35	-4.92	-4.80	-2.91	2.71	-9.80	-0.41	0.10	-0.12	7.52
西藏	—	—	—	—	—	—	—	—	—	—
陕西	-3.83	-4.19	-4.88	-1.39	-1.89	1.85	1.46	-1.49	-0.37	1.24
甘肃	-9.42	-0.75	-1.97	-5.85	-0.20	-9.93	5.55	4.15	-5.90	2.81
青海	-7.94	-4.71	-2.88	-8.67	-3.47	-10.29	0.44	0.28	-8.67	2.02
宁夏	-4.30	7.65	2.85	1.19	-0.16	-6.55	2.33	1.74	-4.40	-7.82
新疆	-3.20	-0.89	-4.04	-1.56	-0.70	0.06	1.46	2.65	0.41	2.26

数据来源：2016—2020 年省份万元地区生产总值能耗降低率等指标公报。

其中，万元地区生产总值能耗指一个地区生产每万元地区生产总值所消费的能源总量。万元地区生产总值电耗指一个地区生产每万元地区生产总值所消费的电力。地区生产总值按照 2015 年价格计算。计算方法如下

万元地区生产总值能耗上升或下降 ＝［（本年能源消费总量 / 本年地区生产总值）/（上年能源消费总量 / 上年地区生产总值）-1］×100%

万元地区生产总值电耗上升或下降 ＝［（本年全社会用电量 / 本年地区生产总值）/（上年全社会用电量 / 上年地区生产总值）-1］×100%

从表 10-7 可以看出，2016 年全国各省份万元地区生产总值能耗全部负增长，其中能耗下降最小的是辽宁，为 0.41%，能耗下降最大的是甘肃，为 9.42%。

2017 年，在各省份中，除宁夏上升 7.65% 外，其他地区生产总值能耗均出现不同程度的下降。其中，河南生产总值能耗下降最明显，幅度达 7.9%。

2018 年万元地区生产总值能耗，除了内蒙古、宁夏分别上升 10.86% 和 2.85% 以外，其余省份均下降，降幅排在前三位的分别是贵州降 6.54%、江苏降 6.18%、河北降 5.89%。

2019 年全国万元国内生产总值能耗比上年下降 2.6%，在 30 个地区中，万元地区生产总值能耗上升的只有内蒙古、宁夏和辽宁，能耗下降最大的是青海，为 8.67%。

2020 年全国各省份万元地区生产总值能耗上升位于前三的分别为内蒙古、浙江、辽

宁，万元地区生产总值能耗分别上升 6.89%、6.34%、3.96%；万元地区生产总值能耗下降最大的三个省份依次为北京、上海、重庆，分别下降 9.18%、6.64%、3.88%。

（二）能耗总量控制任务完成

根据国家统计局能源统计司公布的数据，2020 年我国能源消耗总量约为 49.8 亿 t 标准煤，实现了"十三五"规划纲要制定的目标，完成了能耗总量控制任务，但能耗强度累计下降幅度在 13.79% 左右，未完成"十三五"规划纲要制定的任务。"十三五"时期我国各省份能源消费总量增速如表 10-8 所示。

表 10-8　"十三五"时期我国各省份能源消费总量增速[①]

地　区	能源消费总量增速 /%				
	2016 年	2017 年	2018 年	2019 年	2020 年
北京	1.6	2.5	2.6	1.2	−8.1
天津	−0.2	−2.8	2.0	3.4	−1.7
河北	1.4	2.0	0.3	1.1	0.7
山西	0.1	3.4	3.2	3.3	0.6
内蒙古	2.8	2.4	16.7	9.9	7.1
辽宁	−2.9	2.5	4.5	6.4	4.6
吉林	−1.6	0.0	1.8	1.9	0.8
黑龙江	1.3	2.1	1.8	1.6	−0.8
上海	2.9	1.3	0.6	2.1	−5.1
江苏	2.7	1.2	0.1	2.8	0.5
浙江	3.4	3.7	3.1	3.3	10.1
安徽	2.9	2.8	2.1	4.3	6.0
福建	1.5	4.3	4.6	4.5	1.4
江西	3.6	2.8	3.5	4.1	1.5
山东	2.0	−0.1	1.2	2.0	1.1
河南	−0.2	−0.8	2.2	−1.6	2.0
湖北	2.7	1.8	3.1	3.8	−6.1
湖南	2.2	2.3	2.3	2.9	1.7
广东	3.6	3.5	3.2	2.4	1.1
广西	3.4	3.6	3.5	4.1	4.8
海南	3.5	4.8	4.4	4.3	0.3
重庆	3.0	3.7	3.4	3.9	−0.2
四川	2.4	2.5	3.6	4.4	1.9
贵州	2.8	2.5	1.9	3.9	1.9
云南	2.9	4.1	3.8	4.9	6.8
西藏	—	—	—	—	—
陕西	3.5	3.4	3.0	4.5	0.3
甘肃	−2.5	2.8	4.3	−0.1	3.7

① 西藏自治区数据暂缺。暂不包含港澳台数据。

续表

地　区	能源消费总量增速 /%				
	2016 年	2017 年	2018 年	2019 年	2020 年
青海	-0.6	2.2	4.1	-3.0	-2.0
宁夏	3.5	16.0	10.1	7.7	3.7
新疆	4.2	6.7	1.8	4.5	2.7

数据来源：2016—2020 年各省份万元地区生产总值能耗降低率等指标公报。

其中，能源消费总量指一定地域内国民经济各行业和居民家庭在一定时间消费的各种能源的总和。计算方法如下

能源消费总量增速 =（本年能源消费总量 / 上年能源消费总量 -1）× 100%

从表 10-8 可以看出，2016 年能源消费同比增长最快的是新疆，达到 4.2%，其次是江西、广东，能源消费总量均增长 3.6%。能源消费总量负增长的是河南、天津、青海、吉林、甘肃和辽宁。

2017 年能源消费同比增长最快的是宁夏，达到 16.0%，其次是新疆，能源消费总量增长 6.7%。能源消费总量负增长的是天津、河南和山东。

2018 年和 2019 年，我国能源消费增长最快的是内蒙古，分别达到 16.7% 和 9.9%，其次是宁夏，能源消费总量分别增长 10.1% 和 7.7%。2019 年能源消费总量负增长的是青海、河南和甘肃。

2020 年能源消费同比增长最快的是浙江，达到 10.1%，其次是内蒙古，能源消费总量增长 7.1%。能源消费总量负增长的是北京、湖北、上海、青海、天津、黑龙江和重庆。

（三）能源消费结构持续优化

根据《"十四五"现代能源体系规划》，"十三五"时期，我国能源消费结构持续优化，低碳转型成效显著。我国煤炭消费占比从 2015 年的 63.8% 下降到 2020 年的 56.8%。可再生能源持续快速发展，常规水电、风电、太阳能发电装机容量分别达到 3.4 亿 kW、2.8 亿 kW、2.5 亿 kW，稳居世界首位。非化石能源占比从 2015 年的 12.0% 提升到 2020 年的 15.9%。"十三五"时期能源消费结构变化情况如图 10-41 所示。

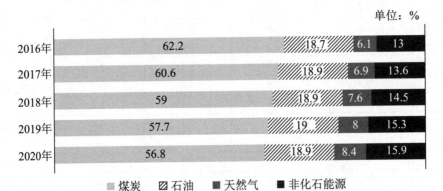

单位：%

	煤炭	石油	天然气	非化石能源
2016年	62.2	18.7	6.1	13
2017年	60.6	18.9	6.9	13.6
2018年	59	18.9	7.6	14.5
2019年	57.7	19	8	15.3
2020年	56.8	18.9	8.4	15.9

■ 煤炭　☑ 石油　■ 天然气　■ 非化石能源

图 10-41　"十三五"时期能源消费结构变化情况

数据来源：国家统计局。

（四）主要高耗能产品单位能耗继续下降

在工业领域，"十三五"期间我国主要高耗能产品单位能耗继续下降，有力推动了工业绿色发展。截至"十三五"期末，全国火电供电煤耗、钢可比能耗、电解铝交流电耗、水泥综合能耗、乙烯综合能耗、合成氨综合能耗、纸和纸板综合能耗都有一定程度的下降。与 2016 年相比，上述行业的产品单位综合能耗下降率分别达到 2.2%、5.8%、2.6%、5.2%、0.6%、4.3%、7.8%。"十三五"时期，我国主要高耗能产品单位综合能耗如表 10-9 所示。

表 10-9　"十三五"时期我国主要高耗能产品单位综合能耗

指 标 名 称	单　　位	2016 年	2017 年	2018 年	2019 年	2020 年
火电厂供电煤耗	g 标准煤 /kW·h	312	309	308	306	305
钢可比能耗	kg 标准煤 /t	640	634	613	605	603
电解铝交流电耗	kW·h/t	13 599	13 577	13 555	13 257	13 244
水泥综合能耗	kg 标准煤 /t	135	135	132	131	128
乙烯综合能耗	kg 标准煤 /t	842	841	840	839	837
合成氨综合能耗	kg 标准煤 /t	1 486	1 463	1 453	1 418	1 422
纸和纸板综合能耗	kg 标准煤 /t	1 027	1 006	981	962	947

资料来源：《中国能源统计年鉴 2021》。

第三节　我国可再生能源战略实施效果

开发利用可再生能源已成为我国缓解能源供需矛盾、减轻环境污染、调整能源结构、转变经济增长方式的重要途径。我国拥有丰富的可再生能源资源，在水电、风电、太阳能、生物质能利用方面已取得了显著成效。我国能源发展五年规划是根据国民经济与社会发展五年规划纲要制定的，是对五年内能源发展的规模与重点项目进行设计，因此，分析我国可再生能源发展战略实施效果需要按照五年规划进行。

一、"十五"可再生能源发展成效

根据《可再生能源发展"十一五"规划》，"十五"时期，我国可再生能源发展迅速。水电、沼气、生物液体燃料、风电、太阳能利用取得显著进展，可再生能源的作用逐步增大，显示出良好的发展势头。

截至 2005 年年底，我国水电装机容量达到 1.17 亿 kW（包括约 700 万 kW 抽水蓄能电站），约占全国发电总装机容量的 23%。生物质发电总装机容量约 200 万 kW，其中蔗渣发电装机容量约 170 万 kW，垃圾发电装机容量约 20 万 kW。风电装机容量达到 126 万 kW，太阳能光伏发电装机容量约 7 万 kW，太阳能热水器集热面积 8 000 多万 m²。"十五"期末可再生能源主要发展指标和实现情况如表 10-10 所示。

表 10-10 "十五"期末可再生能源主要发展指标和实现情况

指 标 名 称		单位	2000 年	"十五"预期目标	2005 年	年均增长 /%
发电	水电	万 kW	7 935	10 000	11 000	6.7
	并网风电	万 kW	34	120	126	30.0
	光伏发电	万 kW	1.9	5.3	7.0	30.0
	生物质发电	万 kW	170	—	200	3.0
供气	沼气	亿 m³	35	40	80	18.0
供热	太阳能热水器	万 m²	2 600	6 300	8 000	25.0
	地热等	万 t 标准煤 / 年	120		200	11.0
燃料	燃料乙醇	万 t			102	
	生物柴油	万 t			5	
总利用量		万 t 标准煤 / 年	12 000	13 600	16 600	6.7

资料来源：《可再生能源发展"十一五"规划》。

2005 年，我国可再生能源开发利用总量（不包括传统方式利用生物质能）为 1.66 亿 t 标准煤，约为 2005 年全国一次能源消费总量的 7.5%，相应减少二氧化硫年排放量 300 万 t，减少二氧化碳年排放量 4 亿多 t。

二、"十一五"可再生能源发展成效

"十一五"时期，我国可再生能源已步入全面、快速、规模化发展的重要阶段。根据《可再生能源发展"十二五"规划》，2010 年，水电、风电、生物液体燃料等计入商品能源统计的可再生能源利用量为 2.55 亿 t 标准煤，在能源消费总量中约占 7.9%。计入沼气、太阳能热利用等尚没有纳入商品能源统计的品种，可再生能源利用量为 2.86 亿 t 标准煤，约占当年能源消费总量的 8.9%。"十一五"期末可再生能源主要发展指标如表 10-11 所示。

表 10-11 "十一五"期末可再生能源主要发展指标

指 标 名 称		单 位	2005 年	"十一五"预期目标	2010 年	年均增长 /%
发电	水电	万 kW	11 739	19 000	21 606	13.0
	并网风电	万 kW	126	1 000	3 100	89.7
	光伏发电	万 kW	7	30	80	62.8
	各类生物质发电	万 kW	200	550	550	22.4
供气	沼气	亿 m³	80	190	140	11.8
供热	太阳能热水器	万 m²	8 000	15 000	16 800	16.0
	地热等	万 t 标准煤 / 年	200	400	460	18.1

指标名称		单位	2005年	"十一五"预期目标	2010年	年均增长/%
燃料	燃料乙醇	万t	102	200	180	12.0
	生物柴油	万t	5	20	50	58.5
总利用量		万t标准煤/年	16 600		28 600	11.5

资料来源:《可再生能源发展"十二五"规划》。

根据《水电发展"十二五"规划》,"十一五"时期是我国水电发展最快的时期,水电装机规模快速增加。我国新增水电在产装机容量9 867万kW,年均增长13%,其中大中型水电站6 882.5万kW、小水电站1 990万kW、抽水蓄能电站994.5万kW。到2010年底,全国水电装机容量达到21 606万kW,比2005年翻了近一番。其中,大中型水电站14 071.5万千瓦、小水电站5 840万kW、抽水蓄能电站1 694.5万kW,水电装机占全国发电总装机容量的22.3%。2010年水电发电量6 867亿千瓦时,占全国总发电量的16.2%,折合2.3亿t标准煤,约占能源消费总量的7%。"十一五"水电发展主要指标及完成情况如表10-12所示。

表10-12　"十一五"水电发展主要指标及完成情况

项目	2005年装机容量/万kW	"十一五"预期目标/万kW	2010年装机容量/万kW	年均增长/%
一、常规水电站	11 039	17 000	19 911.5	12.5
1. 大中型水电站	7 189	12 000	14 071.5	14.4
2. 小型水电站	3 850	5 000	5 840	8.7
二、抽水蓄能电站	700	2 000	1 694.5	19.3
合计	11 739	19 000	21 606	13.0

资料来源:《水电发展"十二五"规划》。

根据《风电发展"十二五"规划》,"十一五"时期,我国风电进入快速发展阶段,风电装机容量从2005年的126万kW迅速增长到2010年的3 100万kW。2010年全国风电发电量500亿kW·h,占全国总发电量的1.2%,在内蒙古西部电网,风电发电量已占到全部发电量的9%。

根据《太阳能发电发展"十二五"规划》,2010年,我国光伏电池产量达1 000万kW,占全球市场份额50%以上,其中5家企业光伏电池产量居全球前10位。光伏电池组件价格已从2005年的每瓦40元下降到2010年的每瓦7~8元,太阳能发电的上网电价从2009年以前的4元/kW·h下降到2010年的1元/kW·h左右。到2010年年底,全国累计光伏电池安装量总计86万kW,其中大型并网光伏电站共计45万kW,与建筑结合安装的光伏发电系统共计26万kW。

根据《可再生能源发展"十二五"规划》,到2010年年底,各类生物质发电装机容量总计约550万kW。2010年沼气利用量约140亿m³,成型燃料利用量约300万t,生物燃料乙醇利用量180万t,生物柴油利用量约50万t,各类生物质能源利用量合计约2 000万t标准煤。

三、"十二五"可再生能源发展成效

根据《可再生能源发展"十三五"规划》，2015 年，我国商品化可再生能源利用量为 4.36 亿 t 标准煤，占一次能源消费总量的 10.1%；如将太阳能热利用等非商品化可再生能源考虑在内，全部可再生能源年利用量达到 5.0 亿 t 标准煤；计入核电的贡献，全部非化石能源利用量占到一次能源消费总量 12%，比 2010 年提高 2.6 个百分点。

到 2015 年底，全国水电装机容量为 3.2 亿 kW，风电、光伏发电并网装机分别为 1.29 亿 kW、4 318 万 kW，太阳能热利用面积超过 4.0 亿 m²，应用规模都位居全球首位。全部可再生能源发电量 1.38 万亿 kW·h，约占全社会用电量的 25%，其中非水可再生能源发电量占 5%。生物质能继续向多元化发展，各类生物质能年利用量约 3 500 万 t 标准煤。"十二五"期末可再生能源主要发展指标如表 10-13 所示。

表 10-13 "十二五"期末可再生能源主要发展指标

指标名称		单位	2010 年	"十二五"预期目标	2015 年	年均增长 /%
发电	水电	万 kW	21 606	29 000	31 954	8.1
	并网风电	万 kW	3 100	10 000	12 900	33.0
	光伏发电	万 kW	80	2 100	4 318	122.0
	各类生物质发电	万 kW	550	1 300	1 030	13.4
供气	沼气	亿 m³	140	220	190	6.3
供热	太阳能热水器	万 m²	16 800	40 000	44 000	21.2
	地热等	万 t 标准煤 / 年	460	1 500	460	0.0
燃料	生物成型燃料	万 t	0	1 000	800	
	燃料乙醇	万 t	180	400	210	3.1
	生物柴油	万 t	50	100	80	9.9
总利用量		万 t 标准煤 / 年	28 600	47 800	51 248	12.4

资料来源：《可再生能源发展"十三五"规划》。

根据《水电发展"十三五"规划》，"十二五"期间，我国新增水电投产装机容量 10 348 万 kW，年均增长 8.1%，其中大中型水电站 8 076 万 kW，小水电站 1 660 万 kW，抽水蓄能 612 万 kW。到 2015 年底，全国水电总装机容量达到 31 954 万 kW，其中大中型水电站 22 151 万 kW，小水电站 7 500 万 kW，抽水蓄能电站 2 303 万 kW，水电装机占全国发电总装机容量的 20.9%。2015 年全国水电发电量约 1.1 万亿 kW·h，占全国发电量的 19.4%，在非化石能源中的比重达 73.7%。"十二五"时期水电发展主要指标及完成情况如表 10-14 所示。

表 10-14 "十二五"时期水电发展主要指标及完成情况

项目	2010 年装机量 / 万 kW	2015 年预期目标 / 万 kW	2015 年实际装机量 / 万 kW	年均增长 /%
一、常规水电站	19 915	26 000	29 651	8.3
1. 大中型水电站	14 075	19 200	22 151	9.5

项 目	2010年装机量/ 万kW	2015年预期目标/ 万kW	2015年实际装机 量/万kW	年均增长/%
2. 小型水电站	5 840	6 800	7 500	5.1
二、抽水蓄能电站	1 691	3 000	2 303	6.4
合计	21 606	29 000	31 954	8.1

资料来源:《水电发展"十三五"规划》。

根据《风电发展"十三五"规划》,"十二五"期间,我国风电新增装机容量连续五年领跑全球,累计新增 9 800 万 kW,占同期全国新增装机总量的 18%,在电源结构中的比重逐年提高。到 2015 年年底,全国风电并网装机达到 1.29 亿 kW,年发电量 1 863 亿 kW·h,占全国总发电量的 3.3%,比 2010 年提高 2.1 个百分点。风电已成为我国继煤电、水电之后的第三大电源。"十二五"期间我国风电并网装机容量、年发电量分别如图 10-42 和图 10-43 所示。

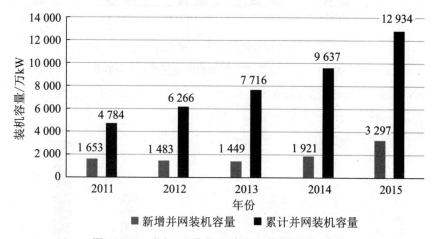

图 10-42 "十二五"期间我国风电并网装机容量

数据来源:《中国可再生能源发展报告 2021》。

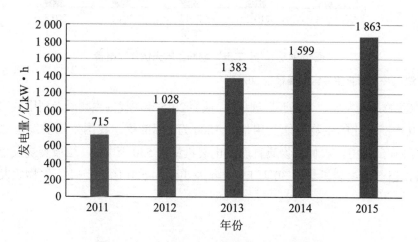

图 10-43 "十二五"期间我国风电年发电量

数据来源:《中国可再生能源发展报告 2021》。

根据《太阳能发展"十三五"规划》,"十二五"时期,我国光伏发电累计装机量从2011年的293万kW增长到2015年的4 318万kW,2015年新增装机1 513万kW,累计装机和年度新增装机均居全球首位。"十二五"期间我国光伏发电装机容量、年发电量分别如图10-44和图10-45所示。

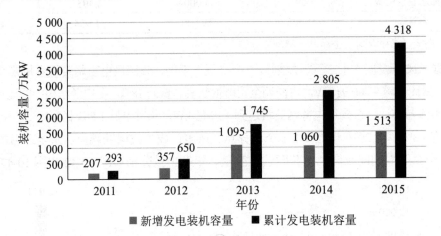

图 10-44　"十二五"期间我国光伏发电装机容量

数据来源:《中国可再生能源发展报告 2021》。

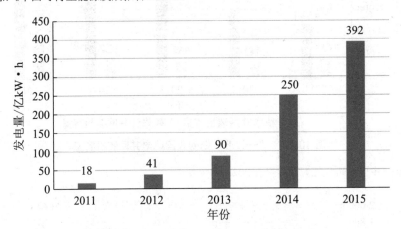

图 10-45　"十二五"期间我国光伏年发电量

数据来源:《中国可再生能源发展报告 2021》。

根据《生物质能发展"十三五"规划》,截至2015年,我国生物质能利用量约3 500万t标准煤,其中商品化的生物质能利用量约1800万t标准煤。我国生物质发电总装机容量约1 030万kW,其中,农林生物质直燃发电装机量约530万kW,垃圾焚烧发电装机量约470万kW,沼气发电装机量约30万kW,年发电量约520亿kW·h,生物质发电技术基本成熟。

四、"十三五"可再生能源发展成效

"十三五"期间，我国可再生能源实现跨越式发展，装机规模、利用水平、技术装备、产业竞争力迈上新台阶，取得了举世瞩目的成就。

（一）主要规划目标顺利完成

到"十三五"期末，我国《可再生能源发展"十三五"规划》目标完成情况良好。

一方面，表现在可再生能源开发规模的持续扩大上面。根据《"十四五"可再生能源发展规划》，截至2020年底，我国可再生能源发电装机容量达到9.34亿kW，占发电总装机容量的42.5%，其中，风电、光伏发电、水电、生物质发电装机容量分别达到2.8亿kW、2.5亿kW、3.4亿kW、0.3亿kW，连续多年稳居世界第一。"十三五"期末，我国可再生能源发电装机容量实际完成情况如图10-46所示，与规划目标（6.8亿kW）对比，可再生能源发电装机容量有了较大幅度的增长。

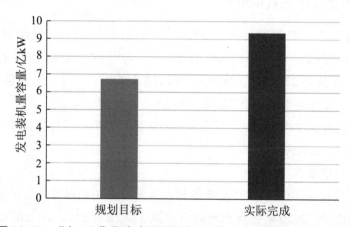

图10-46　"十三五"期末我国可再生能源发电装机容量实际完成情况

数据来源：《"十四五"可再生能源发展规划》。

另一方面，表现在可再生能源的利用水平显著提升上面。根据《"十四五"可再生能源发展规划》，2020年，我国可再生能源利用总量达6.8亿t标准煤，占一次能源消费总量的13.6%。其中，可再生能源发电量2.2万亿kW·h，占全部发电量的29.1%，主要流域水电、风电、光伏发电利用率分别达到97%、97%、98%；可再生能源非电利用量约5 000万t标准煤。"十三五"期末，我国可再生能源发电量实际完成情况如图10-47所示，与规划目标（1.9万亿kW·h）对比，可再生能源发电量有了大幅增长。

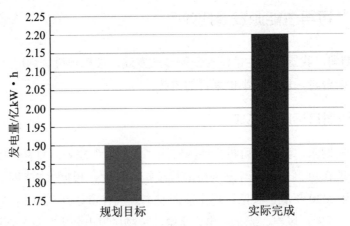

图 10-47　"十三五"期末我国可再生能源发电量实际完成情况

数据来源:《"十四五"可再生能源发展规划》。

（二）可再生能源实现较快增长

根据《中国可再生能源发展报告 2020》,"十三五"期间,我国可再生能源发电装机容量从 50 202 万 kW 增长到 93 464 万 kW,年均增长 13.2%;可再生能源发电量从 13 800 亿 kW·h 增长到 22 154 亿 kW·h,年均增长 9.9%。其中,太阳能发电装机容量、发电量增长较快,分别年平均增长 42.5%、46.1%,比全球平均水平高出 22 个百分点。水电、风电、光伏发电、生物质发电规模多年来稳居世界首位,成为我国推动能源转型、参与全球能源治理的一张亮丽名片。

1. 常规水电稳步增长

"十三五"期间,我国常规水电稳步增长,成为可再生能源发展的基石。根据《中国电力统计年鉴 2022》,2020 年我国水电装机容量 37 028 万 kW,占全部发电装机容量的 16.8%。"十三五"期间我国水电装机容量如图 10-48 所示。

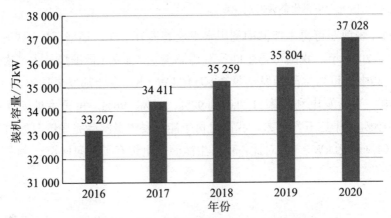

图 10-48　"十三五"期间我国水电年装机容量

数据来源:《中国电力统计年鉴 2022》。

根据《中国电力统计年鉴 2022》,2020 年我国水电发电量 13 553 亿 kW·h,占全部发电量的 17.8%。"十三五"期间我国水电年发电量如图 10-49 所示。

图 10-49　"十三五"期间我国水电年发电量

数据来源:《中国电力统计年鉴 2022》。

2. 风电持续较快增长

　　根据《中国可再生能源发展报告 2020》,截至 2020 年年底,我国风电累计并网装机容量达到 28 153 万 kW(2021 年核实调整后的数据为 28 091 万 kW),其中,陆上风电 27 254 万 kW,海上风电 899 万 kW,较好地完成了"十三五"规划目标。"十三五"期间我国风电装机容量如图 10-50 所示。

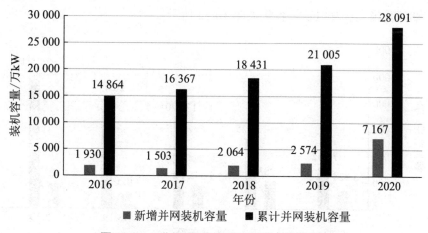

图 10-50　"十三五"期间我国风电装机容量

数据来源:《中国可再生能源发展报告 2021》。

　　"十三五"期间,我国风电年发电量占全国电源总发电量的比重稳步提升,风能利用水平持续提高。根据《中国电力统计年鉴 2022》,2020 年我国风电年发电量达 4 665 亿 kW·h,占全部电源总年发电量的 6.1%,保持位于煤电、水电之后的第三位。"十三五"期间我国风电年发电量如图 10-51 所示。

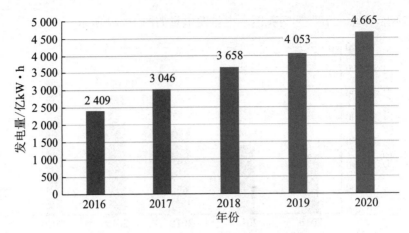

图 10-51　"十三五"期间我国风电年发电量

数据来源:《中国电力统计年鉴 2022》。

3. 光伏产业领跑全球

根据《中国可再生能源发展报告 2020》,2020 年我国太阳能发电新增装机容量 4 869 万 kW,其中光伏发电新增装机容量 4 859 万 kW(2021 年核实调整后的数据为 4 681 万 kW),光热发电新增装机容量 10 万 kW,新增装机容量连续 8 年保持世界第一。2020 年我国太阳能发电累计装机容量达到 25 343 万 kW,其中,光伏发电累计装机容量 25 289 万 kW(2021 年核实调整后的数据为 25 111 万 kW),光热发电累计装机容量 54 万 kW。"十三五"期间我国光伏发电装机容量如图 10-52 所示。

图 10-52　"十三五"期间我国光伏发电装机容量

数据来源:《中国可再生能源发展报告 2021》。

"十三五"期间,我国太阳能发电量占全国电源总发电量的比重稳步提升。根据《中国电力统计年鉴 2022》,2020 年,我国太阳能发电量达 2 611 亿 kW·h,占全部电源年发电量的 3.4%。"十三五"期间我国太阳能发电量如图 10-53 所示。

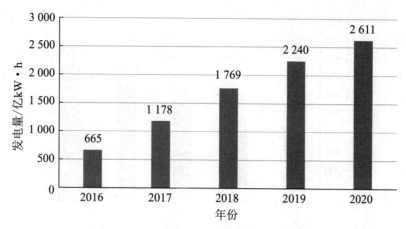

图 10-53 "十三五"期间我国太阳能发电量

数据来源:《中国电力统计年鉴 2022》。

4. 生物质发电平稳增长

根据《中国可再生能源发展报告 2020》,"十三五"期间我国生物质发电年装机容量保持了较高增速,年均增长率为 18.2%。截至 2020 年年底,我国生物质发电累计并网装机容量为 2 952 万 kW(2021 年核实调整后的数据为 2 990 万 kW)。其中,农林生物质发电累计并网装机容量为 1 330 万 kW;生活垃圾焚烧发电累计并网装机容量为 1 533 万 kW;沼气发电累计并网装机容量为 89 万 kW。"十三五"期间我国生物质发电年装机容量如图 10-54 所示。

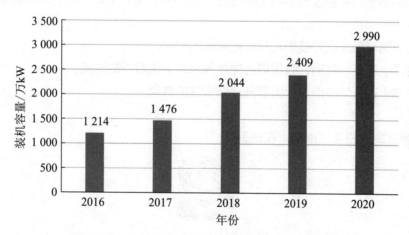

图 10-54 "十三五"期间我国生物质发电年装机容量

数据来源:《中国可再生能源发展报告》。

"十三五"期间我国生物质发电量显著提升。2020 年我国生物质发电年发电量达到 1 326 亿 kW·h,占全部电源总年发电量的 1.8%,占可再生能源年发电量的 5.0%。其中,农林生物质发电年发电量为 510 亿 kW·h;生活垃圾焚烧发电年发电量为 778 亿 kW·h;沼气发电年发电量为 38 亿 kW·h。"十三五"期间我国生物质发电量如图 10-55 所示。

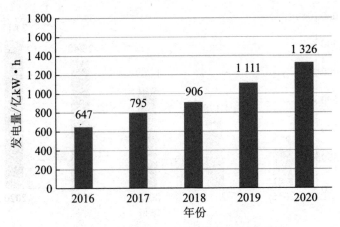

图 10-55 "十三五"期间我国生物质发电量

数据来源:《中国可再生能源发展报告》。

关键词

能源进口依存度;温室气体排放强度;能源强度;单位 GDP 能耗

思考题

1. 美国页岩气革命对世界能源格局带来了怎样的影响?

2. 欧盟能源进口依存度高的原因有哪些? 大力发展可再生能源是否能够降低能源进口依存度?

3. 简述德国可再生能源战略实施成效带来的启示。

4. 简述"十三五"时期,我国可再生能源战略实施取得的成就。

5. 简述"十三五"时期,我国节能战略实施的效果。

【在线测试题】扫描二维码,在线答题。

参 考 文 献

[1] 世界经济百科全书编委会.世界经济百科全书 [M].北京：中国大百科全书出版社，1987.

[2] 邱立新.能源政策学 [M].太原：山西经济出版社，2016.

[3] 张季风.日本能源形势与能源战略转型 [M].北京：中国社会科学出版社，2016.

[4] 于文轩.可再生能源政策与法律 [M].北京：中国政法大学出版社，2019.

[5] 董秀成等.能源战略与政策 [M].北京：科学出版社，2016.

[6] 胡光宇.能源体制革命：中国能源政策发展概论 [M].北京：清华大学出版社，2016.

[7] 张志耀，赵慧娟.能源系统工程学 [M].太原：山西经济出版社，2016.

[8] 国家统计局能源统计司.中国能源统计年鉴 2021[M].北京：中国统计出版社，2022.

[9] 国家统计局能源统计司.中国能源统计年鉴 2022[M].北京：中国统计出版社，2023.

[10] 宫飞翔.综合能源系统关键技术综述与展望 [J].可再生能源，2019，37（8）：1229-1235.

[11] 黄素逸.能源管理 [M].北京：中国电力出版社，2016.

[12] 唐钧.能源政策评估的国际趋势与特征 [J].管理现代化，2008，（3）：48-50，64.

[13] 英国石油公司（BP）.BP 世界能源展望（2022）[R].伦敦：British Petroleum，2022.

[14] 刘文强.中国工业节能减排蓝皮书（2018—2019）[M].北京：电子工业出版社，2019.

[15] 魏一鸣.中国能源报告（2010）：能源效率研究 [M].北京：科学出版社，2010.

[16] 胡红.节能政策的实施、演进和展望 [M].北京：中国发展出版社，2019.

[17] 白泉，等.等中国节能管理制度体系：历史与未来 [M].北京：中国经济出版社，2017.

[18] 国网能源研究院有限公司.2020 中国节能节电分析报告 [M].北京：中国电力出版社，2020.

[19] 周赣.节能节电技术 [M].北京：中国电力出版社，2014.

[20] 董锋.中国能源效率的系统分析 [M].北京：经济科学出版社，2012.

[21] 王桂兰.能源战略与和平崛起 [M].北京：科学出版社，2011.

[22] 修勤绪.《德国 2050 年能源效率战略》对我国的启示 [J].上海节能，2023（5）：566-570.

[23] 李严波.欧盟可再生能源战略与政策研究 [M].北京：中国税务出版社，2013.

[24] 庄贵阳，周宏春.碳达峰碳中和的中国之道 [M].北京：中国财政经济出版社，2021.

[25] 国家发展和改革委员会.可再生能源中长期发展规划 [EB/OL].http://www.nea.gov.cn/131053171_15211696076951n.pdf.

[26] 国家发展改革委.可再生能源发展"十一五"规划 [EB/OL].http://www.nea.gov.cn/2012-01/04/c_131260262.htm.

[27] 国家能源局.可再生能源发展"十二五"规划 [EB/OL].https://news.bjx.com.cn/html/20120810/379617.shtml.

[28] 国家发展改革委.可再生能源发展"十三五"规划 [EB/OL].https://www.ndrc.gov.cn/fggz/fzzlgh/gjjzxgh/201706/t20170614_1196797_ext.html.

[29] 国家发展改革委，国家能源局.清洁能源消纳行动计划（2018—2020 年）[EB/OL].https://zfxxgk.ndrc.gov.cn/web/iteminfo.jsp?id=15797.

[30] 国家发改委，国家能源局，财政部等九部门."十四五"可再生能源发展规划 [EB/OL].http://zfxxgk.

nea.gov.cn/1310611148_16541341407541n.pdf.

[31] 国家发改委, 国家能源局. "十四五"现代能源体系规划 [EB/OL]. http://www.nea.gov.cn/1310524241_16479412513081n.pdf.

[32] 国务院. 2030 年前碳达峰行动方案 [EB/OL]. https://www.gov.cn/zhengce/content/2021-10/26/content_5644984.htm.

[33] 国家发展和改革委员会能源研究所可再生能源发展中心. 国际可再生能源发展报告（2020）[M]. 北京：中国水利水电出版社, 2021.

[34] 曹石亚, 王乾坤. 德国《能源战略 2050》要点及对我国可再生能源发展的启示 [J]. 华北电力大学学报（社会科学版）, 2011（5）：19-22.

[35] 李俊峰, 时璟丽. 国内外可再生能源政策综述与进一步促进我国可再生能源发展的建议 [J]. 可再生能源, 2006.125（1）：1-6.

[36] 花亚萍. 可再生能源发展政策与法律国别研究 [M]. 兰州：兰州大学出版社, 2022.

[37] 吕迁, 潘文静. 《京津冀能源协同发展行动计划（2017—2020 年）》印发实施"八大协同"推动三地能源协同发展 [N]. 河北日报, 2017-11-11.

[38] 谢克昌. 因地制宜推进区域能源革命的战略思考和建议 [J]. 中国工程科学, 2021, 23（1）：1-6.

[39] 尹明, 张铁峰. 欧盟能源科技创新战略对我国能源互联网发展的启示 [J]. 电力信息与通信技术, 2016, 14（3）：96-102.

[40] 佚名. 世界能源技术创新方向及发展趋势示 [J]. 有色冶金节能, 2020（8）：3-9.

[41] 崔民选. 中国能源发展报告（2010）[M]. 北京：社会科学文献出版社, 2010.

[42] 雷鸣. 日本节能与新能源发展战略研究 [M]. 长青：吉林大学出版社, 2010.

[43] 寇静娜. 德国可再生能源政策及创新路径的形成 [M]. 北京：经济管理出版社, 2018.

[44] 许勤华, 钟兆伟. 中国能源政策解读：能源革命与"一带一路"倡议 [M]. 北京：石油工业出版社, 2017.

[45] 乐欢. 美国能源政策研究 [D]. 武汉：武汉大学, 2014.

[46] 祝佳. 欧盟能源政策研究 [M]. 广州：中山大学出版社, 2015.

[47] 白洋. 从三次能源立法看美国能源政策演变 [J]. 经济研究导刊, 2013, 186（4）：132-134.

[48] 杨泽伟. 发达国家新能源法律与政策研究 [M]. 武汉：武汉大学出版社, 2011.

[49] 胡德胜. 美国能源法律与政策 [M]. 郑州：郑州大学出版社, 2010.

[50] 尹晓亮. 战后日本能源政策 [M]. 北京：社会科学文献出版社, 2011.

[51] 王乾坤, 蒋莉萍, 李琼慧. 欧盟可再生能源发电上网电价机制及对我国的启示 [J]. 可再生能源, 2012, 30（12）：109-113.

[52] 徐金金, 黄云游. 拜登政府的能源政策及其影响 [J]. 国际石油经济, 2022, 30（9）：21-32.

[53] 边文越. 世界主要发达国家能源政策研究与启示 [J]. 能源政策与科技发展趋势, 2019, 34（4）：488-496.

[54] 刘世俊, 尹玉霞. 德国节能政策（上）[J]. 电器, 2014（6）：72-74.

[55] 刘世俊, 尹玉霞. 德国节能政策（下）[J]. 电器, 2014（7）：76-77.

[56] 国网能源研究院有限公司. 2020 中国节能节电分析报告 [M]. 北京：中国电力出版社, 2020.

[57] 吴昱. 我国可再生能源补贴措施及激励政策研究 [M]. 北京：对外经济贸易大学出版社, 2017.

[58] 周云亨. 多维视野下的中国清洁能源革命 [M]. 杭州：浙江大学出版社, 2020.

[59] 国家能源局. 水电发展"十二五"规划 [EB/OL]. https://news.bjx.com.cn/html/20121114/401502.shtml.

[60] 国家能源局. 风电发展"十二五"规划 [EB/OL]. https://news.bjx.com.cn/html/20120914/388347.shtml.

[61] 国家能源局 . 太阳能发展"十三五"规划 [EB/OL]. https://www.ndrc.gov.cn/fggz/fzzlgh/gjjzxgh/201708/t20170809_1196883.html.

[62] 国家能源局 . 生物质能发展"十三五"规划 [EB/OL]. https://www.ndrc.gov.cn/fggz/fzzlgh/gjjzxgh/201708/t20170809_1196882.html.

[63] 水电水利规划设计总院 . 中国可再生能源发展报告（2019）[M]. 北京：中国水利水电出版社，2020.

[64] 水电水利规划设计总院 . 中国可再生能源发展报告（2020）[M]. 北京：中国水利水电出版社，2021.

[65] 水电水利规划设计总院 . 中国可再生能源发展报告（2021）[M]. 北京：中国水利水电出版社，2022.

[66] 中国电力企业联合会 . 中国电力统计年鉴（2022）[M]. 北京：中国统计出版社，2022.

教师服务

感谢您选用清华大学出版社的教材！为了更好地服务教学，我们为授课教师提供本书的教学辅助资源，以及本学科重点教材信息。请您扫码获取。

➤➤ 教辅获取

本书教辅资源，授课教师扫码获取

➤➤ 样书赠送

管理科学与工程类重点教材，教师扫码获取样书

 清华大学出版社

E-mail: tupfuwu@163.com
电话：010-83470332 / 83470142
地址：北京市海淀区双清路学研大厦 B 座 509

网址：https://www.tup.com.cn/
传真：8610-83470107
邮编：100084